JN228523

A Practical Guide to Web Programming with Rails 6

impress top gear

現場のプロから学ぶ
本格Webプログラミング

Ruby on Rails 6 実践ガイド

黒田 努＝著

インプレス

● 本書の利用について

◇ 本書の内容に基づく実施・運用において発生したいかなる損害も、株式会社インプレスと著者は一切の責任を負いません。

◇ 本書の内容は、2019 年 12 月の執筆時点のものです。本書で紹介した製品／サービスなどの名称や内容は変更される可能性があります。あらかじめご注意ください。

◇ Web サイトの画面、URL などは、予告なく変更される場合があります。あらかじめご了承ください。

◇ 本書に掲載した操作手順は、実行するハードウェア環境や事前のセットアップ状況によって、本書に掲載したとおりにならない場合もあります。あらかじめご了承ください。

● 商　標

◇ Rails、Ruby on Rails、および Rails ロゴは、David Heinemeier Hansson の登録商標です。

◇ Docker は、Docker, Inc. の商標です。

◇ VirtualBox は、Oracle Corporation の米国およびその他の国における商標です。

◇ Linux は、Linus Benedict Torvalds の米国およびその他の国における商標もしくは登録商標です。

◇ Ubuntu は、Canonical Ltd. の米国およびその他の国における商標もしくは登録商標です。

◇ Microsoft、Windows、Windows Server は、米国 Microsoft Corporation の米国およびその他の国における登録商標または商標です。

◇ UNIX は、Open Group の米国およびその他の国での商標です。

◇ その他、本書に登場する会社名、製品名、サービス名は、各社の登録商標または商標です。

◇ 本文中では、®、©、™ は、表記しておりません。

はじめに

本書は、2014 年 4 月出版の『実践 Ruby on Rails 4: 現場のプロから学ぶ本格 Web プログラミング』を Ruby on Rails（以下、Rails）のバージョン 6 向けにアップデートしたものです。私が読者に伝えたいことに本質的な変化はありませんが、この 5 年半の間に起きた Rails そのものおよび Rails を取り巻く環境の変化に追随するため原稿全体に手を入れました。

たとえば、旧著では VirtualBox と Vagrant を用いて開発環境を構築していましたが、本書では仮想化ソフトウェアとして Docker を採用しました。また、JavaScript プログラムのビルドシステムとして Webpacker を利用し、CoffeeScript に関する章を削除しました。

さて、本書の特徴はその題材と構成にあります。読者は、全体を通じて 1 つの企業向け顧客管理システムを作ることになります。そして、その中で Rails による Web アプリケーション開発の基礎知識とさまざまなノウハウを習得していきます。各章末には演習問題が設けられているので、理解度を確かめながら読み進めていくことができます。

本書が想定する主な読者層は、Rails の入門書を読み終えて初心者から中級者へとステップアップしたいと考えている方々です。実際に自分で Web アプリケーション作りに挑戦してみたけれど、なかなか思い通りに開発が進まないと悩んでいる方にぜひお試しいただきたいと考えています。

ここで言う「Rails の入門書」の例としては、私が佐藤和人氏とともに書いた『改訂 4 版　基礎 Ruby on Rails』（2018 年、インプレス刊）を挙げることができます。はじめて Web 開発に挑戦する方が読者ターゲットであり、Ruby の文法や HTTP の基本から説明が始まり、Rails の基礎知識が平易に説明されています。

それに対し、本書では読者が Ruby の基礎知識（クラス、メソッド、ブロックなど）と HTTP に関する基礎知識（GET メソッドと POST メソッドの違いなど）を理解しているという前提で話が進んでいきます。読者が現実の Rails 開発で遭遇する不測の事態に対応できるように制約付きルーティングや単一テーブル継承といった「変化球」を積極的に紹介していますし、サービスオブジェクトやフォームオブジェクトといった Rails の標準的な枠組みにない考え方も導入しています。また、テストフレームワークとして RSpec と Capybara を採用したことも、本書の特徴です。プロフェッショナルの開発現場における必須知識として、テストの考え方や書き方にかなりのページ数を割きました。

本格的な Rails アプリケーション開発を実践したい読者の皆様に、本書が役に立てば幸いです。

2019 年 11 月吉日

黒田努

本書の表記

- 本文内で注目すべき要素は、太字で表記しています。
- コマンドラインのプロンプトは、“%”“$”で示されます。
- 実行結果の出力を省略している部分は、“...”あるいは（**省略**）で表記します。
- 紙面の幅に収まらないコマンドラインでは、行末に“\”を入れ、改行しています。

```
% sudo apt-get install \
    apt-transport-https \
... 省略
```

- 行番号に“+”が付いている行は、追加する行、“-”が付いて、薄い文字で示されるリストは、削除する行を表します。また、リストで注目すべき箇所は、下線で示されます。

```
:
11 -      example "nilの追加" do
11 +      xexample "nilの追加" do
12          s = "ABC"
13          s << nil
14          expect(s.size).to eq(4)
15        end
16      end
17    end
```

- 出力結果が紙面の幅に収まらないコードは、>を入れ、改行しています。

```
7
8       <%= stylesheet_link_tag "application", media: "all", "data-turbolinks-track": >
   true %></p>
9       <%= javascript_pack_tag "application", "data-turbolinks-track": true %>
```

本書で使用するコード

本書で使用するサンプルコードは、以下の URL から入手できます。なお、サンプルコードに関しては、随時更新される可能性がありますのでご了承ください。

```
https://github.com/kuroda/baukis2
```

各章終了時点におけるソースコード一式を入手するには、ブランチを切り替えてください。ブランチ名は `gamma-chNN` のような形式となっています。`NN` の部分を章番号で置き換えてください。たとえば、Chapter 9 に対応するブランチは `gamma-ch09` です。

読者サポートページ

```
https://www.oiax.jp/jissen_rails6
```

本書で使用した実行環境

オペレーティングシステム

- macOS 10.15（Catalina）
- Ubuntu 18.04
- Windows 10 (May 2019 Update 1903)

仮想環境

- Docker CE 19.03
- Docker Compose 1.24
- Docker Desktop for Macintosh
- Oracle VirtualBox 6.0 (for Windows)

本書では仮想化ソフトウェアとして Docker を採用しています。筆者は本書執筆時点で Docker for Windows が十分に安定していないと判断したため、Windows はサポート対象外としています。Windows ユーザーの方には、Oracle VirtualBox をを使って Ubuntu 18.04 の仮想マシンを構築し、その上で Docker を利用することをお勧めします。詳しくは、Chapter 2 を参照してください。

開発環境

- Ruby 2.6
- Ruby on Rails 6.0
- PostgreSQL 11

目　次

Part I

目標設定と開発環境構築

Chapter 1 イントロダクション

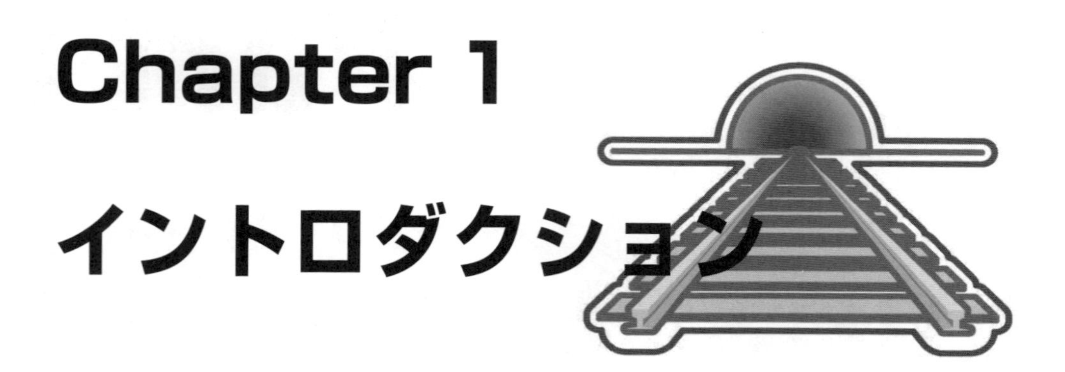

Baukis2 は、Ruby on Rails の学習用に作られた顧客管理システムです。読者の皆さんには本書を通じて段階的に Baukis2 を構築しながら、Rails アプリケーションの開発プロセスを体験していただきます。Chapter 1 では、Baukis2 の概要と開発の流れを説明します。

1-1 Ruby on Rails で業務システムを開発する

本書では、Rails アプリケーションの見本として顧客管理システムを段階的に作りながら、Ruby と Ruby on Rails の学習を進めていきます。本節では、このシステムの概要を紹介します。

1-1-1 顧客管理システム Baukis2

私は本書全体を通じて、1 つの業務システムを Ruby on Rails で開発する手順を読者の皆さんに伝えたいと考えています。そのため Baukis2[*1] という企業向け顧客管理システムのプロトタイプを用意しました。

＊1 ギリシャ神話の登場人物の名前から取りました。貧しい身なりの旅人を装い、神々を親切にもてなした老女です。前著『実践 Ruby on Rails 4』のサンプルアプリ Baukis と区別するため「2」を加えました。

Baukis2 は Ruby on Rails と同様に MIT ライセンスによるオープンソースソフトウェアとして提供されます。つまり、本書の読者であってもなくてもこのシステムを無償で利用できます。また、自由にソースコードを改変して再配布することができます。改変したソースコードを販売しても問題ありません。

ただし、Baukis2 はあくまで学習用のサンプルである点に留意してください。そのままサーバーコンピュータにインストールしてインターネットで公開することは避けてください。

1-1-2 Baukis2 の動作環境

顧客管理システム Baukis2 の動作環境は次のとおりです。

- Ruby 2.6
- Ruby on Rails 6.0
- PostgreSQL 11
- Linux 系 OS

ただし、本書では Docker を用いて開発環境を整えることにします。詳しくは、Chapter 2 で説明します。

1-1-3 システムの利用者と主な機能

このシステムの利用者は、職員（staff members）と管理者（administrators）と顧客（customers）に分類されます。

最も頻繁にシステムを利用するのはおそらくは職員です。彼らは顧客から電話やメールを通じて毎日さまざまな問い合わせや苦情を受け取り、店頭あるいは営業先で顧客と向き合っています。

職員は顧客の一覧を表示したり、特定の条件で顧客を抽出したりします。もちろん、顧客の情報を追加・更新・削除できなくてはなりません。

管理者は職員の管理をする人です。職員を登録・更新・削除する他、職員のログイン・ログアウト履歴を閲覧します。実際には、職員と管理者は同じ人が兼ねる場合もありますが、システムの観点では別物です。

顧客にはログイン用のアカウントが発行されています。彼らは主に企業への問い合わせ機能を利用します。職員とのやり取りを一覧表示したり、検索したりできます。また、自分自身の個人情報（氏名、メールアドレス、住所、電話番号など）を閲覧・修正することもできます。

また、顧客管理システム Baukis2 には、副次的な機能としてプログラム参加者管理機能があります。プログラムとは、セミナー、説明会、相談会などの名目で開催される顧客向けのプログラムのことです。職員は、タイトル、申し込み開始日時、最大参加者数などを指定してプログラムを登録します。顧客は一覧からプログラムを選択して参加を申し込みます。

> ここで列挙した Baukis2 の機能の一部は、本書の続編である『Ruby on Rails 実践ガイド［機能拡張編］』で扱います。詳しくは章末のコラムをご参照ください。

1-1-4 利用者別のトップページ

顧客管理システム Baukis2 には、もう 1 つ重要な仕様があります。Baukis2 を導入する企業は、利用者別にトップページの URL を設定できるということです。たとえば、次のように。

- 職員……`https://baukis.example.com/`
- 管理者……`https://baukis.example.com/admin`
- 顧客……`http://example.com/mypage`

URL の各部分はアプリケーションの設定ファイルで変更できるようにします。たとえば、https を http に変更したり、職員・管理者向けトップページのドメインを `baukis2.example.com` から `crm.example.com` に変更したり、顧客向けトップページの URL パスを`/mypage` から`/customer` に変更したりできます。

1-2 本書の構成

■開発ステップ

顧客管理システム Baukis2 の開発は、おおまかに言えば次のように進みます。

1. 開発環境の構築（Chapter 2）
2. Rails アプリケーションの新規作成（Chapter 3）
3. テスト環境の構築（Chapter 4）
4. 仮設トップページの作成（Chapter 5）
5. エラー画面の作成（Chapter 6）
6. ログイン／ログアウト機能の実装（Chapter 7、Chapter 8）

7. ルーティング（Chapter 9）
8. 管理者が職員のアカウント情報を変更する機能の実装（Chapter 10）
9. Strong Parameters によるセキュリティ強化（Chapter 11）
10. アクセス制御の仕組みを導入（Chapter 12）
11. 管理者が職員のログイン・ログアウト記録を閲覧する機能の実装（Chapter 13）
12. 職員が自分のパスワードを変更する機能の実装（Chapter 14）
13. フォームプレゼンターを用いたソースコードの改善（Chapter 15）
14. 職員が顧客アカウントを追加・編集・削除する機能の実装（Chapter 16、Chapter 17）
15. 職員が顧客の電話番号を追加・編集・削除する機能の実装（Chapter 18）

■各章での解説内容

Part Ⅰ　目標設定と開発刊行構築

・Chapter 1　イントロダクション

この章。本書の位置付け、Baukis2 の紹介

・Chapter 2　開発環境の構築

Docker を利用して Rails アプリケーションの開発環境を構築します。

・Chapter 3　開発プロジェクト始動

Rails アプリケーションを新規作成して、利用者別の仮設トップページを作成します。

Part Ⅱ　Rails アプリケーションの土台作り

・Chapter 4　RSpec

RSpec（アールスペック）というソフトウェアライブラリを紹介し、これらによって Rails アプリケーションのテストを自動化する仕組みを導入します。

・Chapter 5　ビジュアルデザイン

仮設トップページを作成しながら、ERB テンプレート、SCSS といったビジュアルデザイン関連の基本概念について学習します。

・Chapter 6　エラーページ

実運用環境でユーザーに表示するエラーページを作成しながら、例外処理について学びます。

Part Ⅲ ユーザー認証と DB 処理の基本

・Chapter 7 ユーザー認証（1）／ Chapter 8 ユーザー認証（2）

ユーザー認証の仕組みを作ります。マイグレーション、モデル、セッション、フラッシュなどの Rails の基礎知識を復習しつつ、フォームオブジェクトやサービスオブジェクトという新たな概念を学ぶことになります。

・Chapter 9 ルーティング

ルーティングに関するやや高度な内容を扱います。URL のホスト名やパスによって名前空間を切り替える仕組みについて解説します。

・Chapter 10 レコードの表示・新規作成・更新・削除

Rails 流の標準的なコントローラの作り方をひと通り学びます。

Part Ⅳ 堅牢なシステムを目指して

・Chapter 11 Strong Parameters

セキュリティ強化策 Strong Parameters について学習します。

・Chapter 12 アクセス制御

コントローラごとにアクセス可能なユーザーを限定する方法を解説します。

・Chapter 13 モデル間の関連付け

モデル間の関連付け、外部キー制約、ネストされたリソースなどについて学びます。

・Chapter 14 値の正規化とバリデーション

データベースに無効な値が格納されるのをどのように防ぐかを考察します。

・Chapter 15 プレゼンター

ERB テンプレートのソースコードを整理整頓する方法を解説します。

Part Ⅴ 顧客情報の管理

・Chapter 16 単一テーブル継承

単一テーブル継承の仕組みを用いて効率的なデータ管理のやり方を学習します。

・Chapter 17 Capybara

Capybara（カピバラ）を利用したテストの書き方を解説します。

・Chapter 18 フォームオブジェクト

フォームオブジェクトの発展的な使い方を学びます。

Column 『Ruby on Rails 6 実践ガイド［機能拡張編］』

本章で説明した顧客管理システム Baukis2 の仕様のうち、以下の機能に関しては本書の続編である『Ruby on Rails 6 実践ガイド［機能拡張編］』で解説します。

- 職員が顧客を検索する機能
- 管理者が職員のパスワードを変更する機能
- 顧客が Baukis2 にログイン・ログアウトする機能
- 顧客が自分自身の個人情報を閲覧・修正する機能
- 職員がプログラム（各種イベント）およびその参加者を管理する機能
- 顧客がプログラムに申し込む機能
- 顧客が企業に問い合わせを行う機能
- 職員が顧客からの問い合わせに答える機能
- 顧客が職員とのやり取りを一覧表示・検索する機能
- 接続元の IP アドレスによりアクセスを制限する機能

Chapter 2
開発環境の構築

Chapter 2 では、Docker（ドッカー）を用いて構築した仮想環境の上に Rails の開発環境を整える手順を解説します。

2-1　Docker を利用した Rails 開発

本書では Rails の開発環境構築のために Docker（ドッカー）と呼ばれるオープンソースソフトウェアを利用します。なぜ仮想環境を使うのか、Docker の何が優れているのかを簡単に説明します。

2-1-1　仮想環境を使う理由

単なる演習用のサンプルではない“本物”の Rails アプリケーションを開発しようとするとき、私たちエンジニアを悩ませる問題があります。それは、開発用のマシン（作業マシン）と実運用を行うマシン（プロダクションマシン）の環境が異なることです。ここで言う「環境」とは、OS の種類やバージョン、あるいは OS 上で動くソフトウェアやライブラリの種類やバージョンを指しています。

Ruby on Rails 自体は Windows でも macOS でも Linux でも動作するように設計されています。しかし、私たちが Rails を拡張するために導入する Gem パッケージは必ずしもそうではありません。また、仮に動いたとしても特定の環境では振る舞いが微妙に異なったり、不具合が出たりすることがあります。

この問題の単純な解決法は、作業マシンとプロダクションマシンの環境を一致させることです。あなたの PC の OS をプロダクションマシンと同じ（あるいはほぼ同等の）OS で置き換えるか、あるいはプロダクションマシンにログインして Vim や Emacs で直接ソースコードを書き換えながら開発するのです。

しかし、これは言うほど簡単なことではありません。PC を Rails 開発以外の用途（メールの送受信、動画の再生、表計算など）にも使うのであれば、気軽に OS の入れ替えなどできません。また、GUI を持つテキストエディタや統合開発環境（IDE）での開発に慣れた人は、Vim や Emacs でのソースコード編集に不満を抱くことでしょう。

そこで現れるのが**仮想環境**というオプションです。Windows、macOS、Ubuntu などのデスクトップ OS の上に仮想環境を構築し、そこに Linux ベースの Server OS をインストールするのです（図 2-1）。

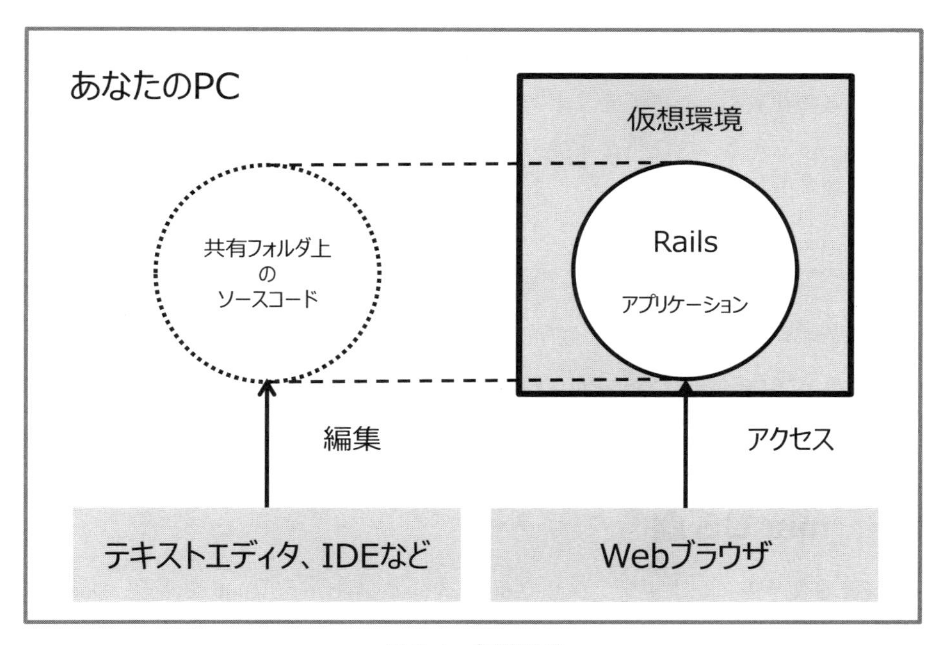

図 2-1　仮想環境

開発中の Rails アプリケーションは仮想環境で動作させます。そして、デスクトップ OS 上の Web ブラウザから Rails アプリケーションにアクセスして動作を確認します。他方、Rails アプリケーションのソースコードは、「共有フォルダ」の機能によって、デスクトップ OS 上で開いて編集します。こうすれば、使い慣れたテキストエディタや IDE を使い続けながら、プロダクションマシンと同等の環境下でRailsアプリケーションの開発が行えることになります。

2-1-2 Dockerとは

Docker（ドッカー）は、仮想環境を提供するオープンソース・ソフトウェアです。設定の容易さや起動の速さなどの理由により、Rails開発者の間でとても人気があります。

Dockerでは、個々の仮想環境を**コンテナ**と呼びます。コンテナの内容は`Dockerfile`と呼ばれるテキストファイルで記述されます。このファイルがあればさまざまなOS上でコンテナを復元できます。

2-1-3 Docker Composeとは

Dockerを用いてRailsアプリケーションを開発したり、プロダクション環境で動かすとき、Railsアプリケーションとデータベースサーバーを別々のコンテナとして構築するのが一般的です。Docker Composeはこれらの複数のコンテナをまとめて起動・停止するためのツールです。後述するように、`docker-compose up`というコマンドを1つ実行するだけで、Webアプリケーションを構成するすべてのコンテナ群が動き出します。

2-2 Docker/Docker Composeのインストール

Docker および Docker Compose をインストールする手順を、OS 別に解説します。

2-2-1 macOS編

初めてDockerを使う方は、まずブラウザでhttps://hub.docker.com/signupを開き、Docker Hubのアカウントを取得してください。そして、ブラウザで次のアドレスを開きます。

```
https://hub.docker.com/editions/community/docker-ce-desktop-mac
```

そして、画面（図2-2）の右側にある「Get Docker」ボタンをクリックして、インストーラをダウンロードします。

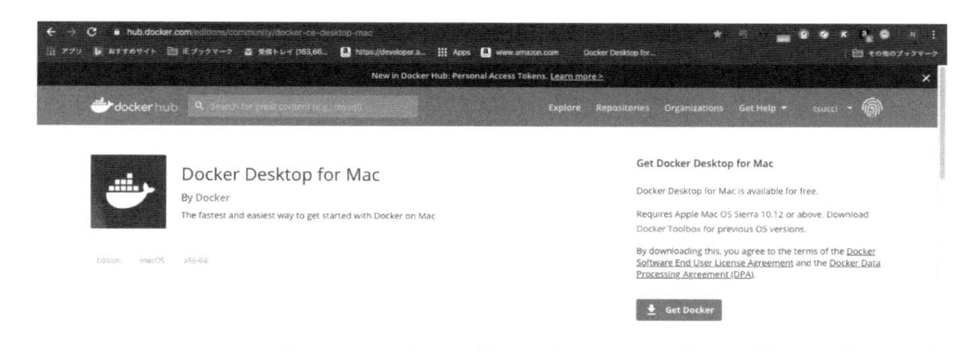

図 2-2　Docker Desktop for Mac のダウンロード

ダウンロードされたファイル `Docker.dmg` をダブルクリックすると、インストーラが開きます（図 2-3）。Docker の鯨アイコンをドラッグして Application フォルダにドロップすればインストール完了です。

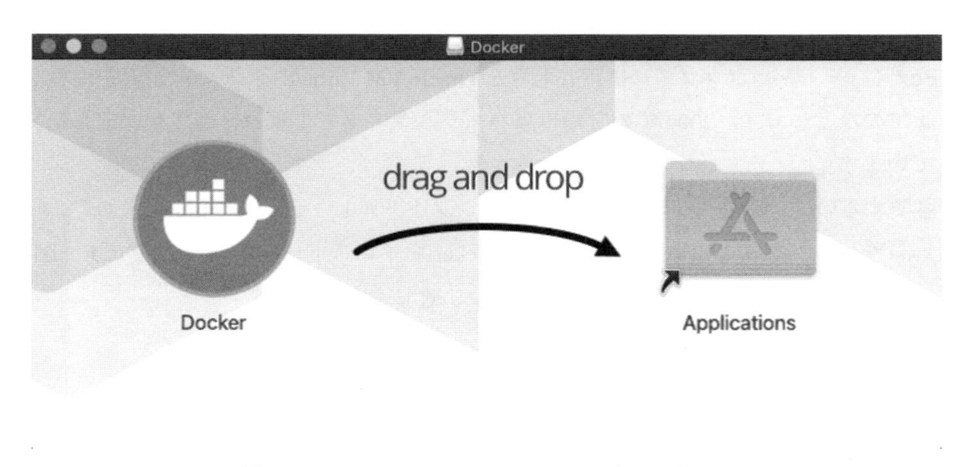

図 2-3　Docker Desktop for Mac のインストーラ

Finder の「アプリケーション」フォルダにある Docker アイコンをダブルクリックすると Docker Desktop for Mac が起動します。初回起動時は Mac のパスワード入力を求められます。デスクトップ最上部のステータスバーにある鯨のアイコンで Docker の状態が表示されます。起動直後は鯨のアイコンが動き続けます。Docker の準備が整うとアイコンが静止します。

最後に、ターミナルを開いてバージョン番号を確認します。

```
% docker --version
```

```
Docker version 19.03.2, build 6a30dfc
% docker-compose --version
docker-compose version 1.24.0, build 0aa59064
```

各コマンドの先頭にある%記号は、コマンドの入力を促すプロンプトを示します。実際のコマンド入力の際には、この記号を省いてください。

2-2-2 Windows編

Docker for Windowsと呼ばれるソフトウェアを用いれば、Windows上に直接Dockerをインストールできますが、いくつかのやや厳しい条件を満たす必要があります（23ページのコラムを参照）。Docker自体のインストール作業で時間を浪費しないよう、本書ではWindowsユーザーにVirtualBoxを利用して間接的にDockerをインストールする方法を推奨します。

VirtualBox（バーチャルボックス）は正式名称をOracle VM VirtualBoxといい、仮想環境を作り出すソフトウェアのひとつです。2007年の登場以来バージョンアップを重ね、とても安定したソフトウェアに育っています。

本書で推奨するのは、WindowsにVirtualBoxをインストールし、その上にLinux系OSであるUbuntu 18.04 Desktopをインストールし、さらにその上Dockerをインストールという方法です（図2-4）。とても複雑に見えますが、実際にやってみればそんなに難しくありません。

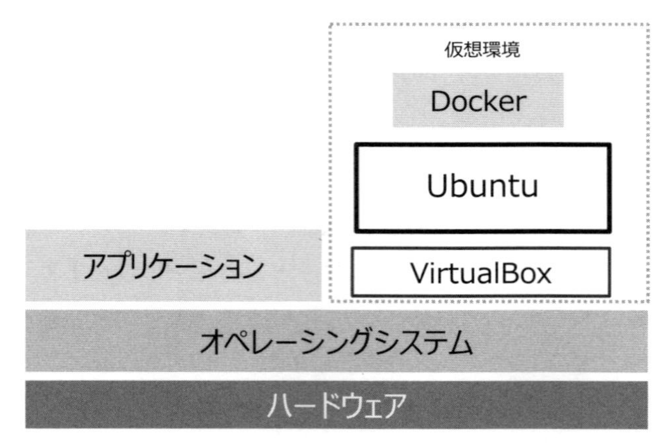

図2-4　VirtualBox＋Dockerにおける仮想環境

紙幅に限りがありますので、VirtualBox および Ubuntu の詳細なインストール手順は省略します。「virtualbox ubuntu windows10」などの語句でネット検索すると多数のブログ記事などにヒットしますので、なるべく日付の新しいものを選んで参考にしてください。

Ubuntu をインストールする際に注意すべき事項を 2 点挙げます。

1. 仮想ディスクに確保するサイズは 16GB 以上にしてください。
2. 可能であれば 4GB 以上のメモリを割り当ててください。

Ubuntu のインストールが完了したら、次の項「Ubuntu 編」に進み、Docker と Docker Compose をインストールしてください。

Column　Docker for Windows

Docker for Windows を使うには、以下の条件をすべて満たす必要があります。

- 64bit 版の Windows 10 Pro または Enterprise または Education
- Windows 10 May 2019 Update (1903) が適用済みであること
- BIOS 設定で BIOS レベルのハードウェア仮想化が有効化されていること
- 4GB 以上の RAM

「BIOS レベルのハードウェア仮想化」の状態を調べる方法は、PC によって異なります。PC の型番・機種名と「BIOS 仮想化」というキーワードを組み合わせてインターネット検索を行うと解説記事が見つかるでしょう。

Docker for Windows のインストーラをダウンロードするにあたっては、まずブラウザで https://hub.docker.com/signup を開き、Docker Hub のアカウントを取得し、ログインします。そして、次の URL を開きます。

https://hub.docker.com/editions/community/docker-ce-desktop-windows

そして、画面の右側にある「Get Docker」ボタンをクリックして、インストーラをダウンロードしてください。インストール作業自体はそれほど難しいものではありませんが、途中で Windows への再ログアウトや Windows 自体の再起動を求められます。

本書の執筆時点（2019 年秋）では、Docker for Windows はまだ十分に安定していないというのが筆者の印象です。本文中で紹介したように、遠回りのようでも VirtualBox 上の Ubuntu に Docker をインストールする方が Rails 開発環境構築手段としては確実です。本書は Docker for Windows をサポートしません。

2-2-3 Ubuntu編

この項では、Ubuntu 18.04へDocker EngineとDocker Composeをインストールする方法を説明します。

> Dockerの公式ドキュメントはhttps://docs.docker.com/install/linux/docker-ce/ubuntu/とhttps://docs.docker.com/compose/install/にあります。

まず、古いバージョンのDocker Engineをアンインストールします。初めてDocker Engineをインストールする方はこの手順をスキップしてください。

```
% sudo apt-get remove docker docker-engine docker.io containerd runc
```

> 各コマンドの先頭にある%記号は、コマンドの入力を促すプロンプトを示します。以下、実際のコマンド入力の際には、この記号を省いてください。

パッケージ情報を更新します。

```
% sudo apt-get update
```

次のコマンドを実行します。全体で1つのコマンドです。

```
% sudo apt-get install \
    apt-transport-https \
    ca-certificates \
    curl \
    gnupg-agent \
    software-properties-common
```

Dockerの公式GPG鍵を追加します。

```
% curl -fsSL https://download.docker.com/linux/ubuntu/gpg | sudo apt-key add -
```

次のコマンドを実行します。全体で1つのコマンドです。

```
% sudo add-apt-repository \
   "deb [arch=amd64] https://download.docker.com/linux/ubuntu \
   $(lsb_release -cs) \
   stable"
```

再度、パッケージ情報を更新します。

```
% sudo apt-get update
```

Docker Engine と Docker Compose をインストールします。

```
% sudo apt-get install docker-ce docker-ce-cli containerd.io
% sudo apt-get install docker-compose
```

現在ログインしているユーザーで docker コマンドを実行できるようにします。

```
% sudo usermod -aG docker $(whoami)
```

最後に、バージョン番号を確認します。

```
% docker --version
Docker version 19.03.2, build 6a30dfc
% docker-compose --version
docker-compose version 1.24.0, build 0aa59064
```

ここで、いったん Ubuntu からログアウトして、再ログインしてください。

2-3　Rails 開発環境の構築

Docker と Docker Compose を用いて、Rails 開発用コンテナ群を構築していきましょう。

ここから先、Windows ユーザーの方は Ubuntu にログインして作業を行ってください。

2-3-1　Git のインストール

■ macOS の場合

ブラウザでhttps://git-scm.com/download/macを開き、インストーラをダウンロードしてインストールしてください。

■ Ubuntu の場合

ターミナルを開いて以下のコマンド群を順に実行します。

```
% sudo add-apt-repository ppa:git-core/ppa
% sudo apt-get update
% sudo apt-get install git
```

2-3-2 Rails 開発用コンテナ群の構築

ターミナルを開いて以下のコマンド群を順に実行します。

```
% git clone https://github.com/oiax/rails6-compose.git
% cd rails6-compose
% ./setup.sh
```

> Ubuntu の場合、ここで「Got permission denied while trying to connect to the Docker daemon socket at unix:///var/run/docker.sock: ...」というエラーメッセージが出るかもしれません。25ページで説明した `usermod` コマンドが正しく実行されていないか、実行後に Ubuntu への再ログインを行っていないことが考えられます。

2-3-3 コンテナ群の起動と停止

本書では Baukis2 の開発に 2 つのコンテナを使用します。1 つでは Rails アプリケーションが動き、もう 1 つではデータベース管理システム PostgreSQL が動きます。前者のコンテナを `web`、後者のコンテナを `db` と呼びます。

コンテナ群をすべて起動するにはターミナルで次のコマンドを実行します。オプション `-d` は、コンテナをデーモン（バックグラウンドプロセス）として動かすためのものです。

```
% docker-compose up -d
```

コンテナ群を停止するにはターミナルで次のコマンドを実行します。

```
% docker-compose stop
```

パソコンの電源を入れて（Windows の場合は VirtualBox から Ubuntu を起動して）本書の学習を再開するとき、コンテナ群を起動してください。そして、学習を中断してパソコンの電源を落とす（Windows の場合は VirtualBox 上の Ubuntu を停止する）前に、コンテナ群を停止してください。

Chapter 3
開発プロジェクト始動

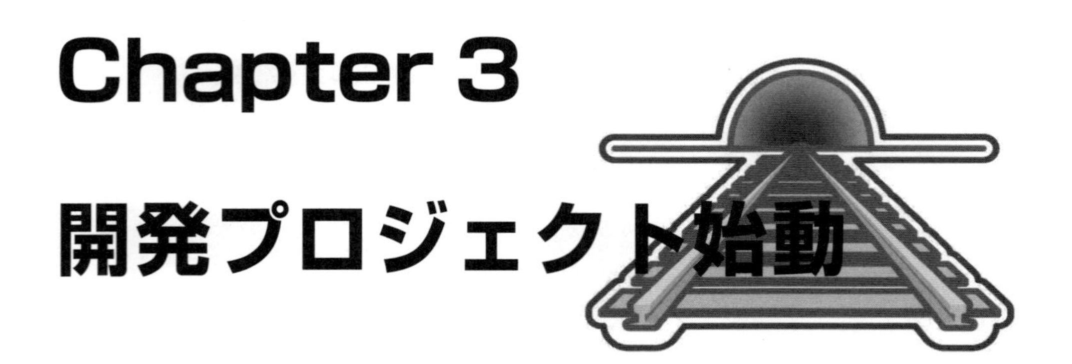

Chapter 3 では、顧客管理システム Baukis2 の初期ソースコードを生成した後、データベースのセットアップと各種準備作業を行います。

3-1　新規 Rails アプリケーションの作成

いよいよ顧客管理システム Baukis2 の開発プロジェクトが始まります。最初の仕事は Rails アプリケーションの初期ソースコードを生成することです。

3-1-1　web コンテナへのログイン

本書では前章でセットアップした Docker コンテナ上で顧客管理 Bauikis2 の開発を行います。今後、読者の皆さんは Docker を動かしているホスト OS（macOS、Windows、Ubuntu）と Rails アプリケーションが動く `web` コンテナの間を頻繁に行き来することになります。現在、自分がどちらにいるのかをしっかりと認識することが大切です。

本書では、コマンド実行を指示するときに、ホスト OS 上のターミナルでのプロンプトを`%`で示し、`web` コンテナ上のターミナルでのプロンプトを`$`で示すことにします。

さて、まだ Docker コンテナ群を起動していなかったら `docker-compose up -d` コマンドで起動してください。そして、次のコマンドで、`web` コンテナにログインします。

```
% docker-compose exec web bash
```

すると、ターミナルが図 3-1 のような表示になります。実際のプロンプトは「bash-4.4$」のように表示されていますが、本書ではこれを$記号で表します。

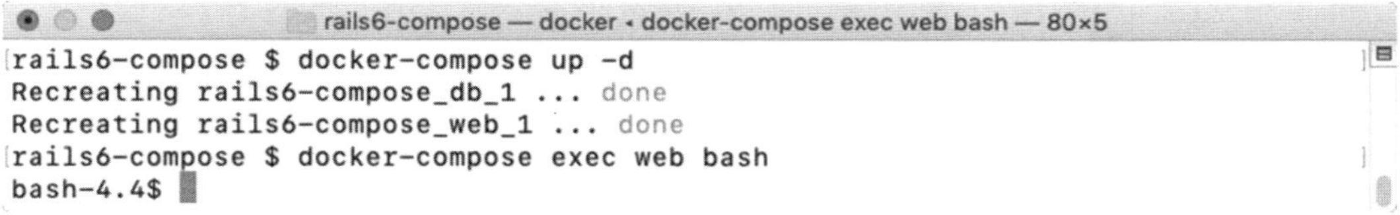

```
rails6-compose — docker ‹ docker-compose exec web bash — 80×5
rails6-compose $ docker-compose up -d
Recreating rails6-compose_db_1 ... done
Recreating rails6-compose_web_1 ... done
rails6-compose $ docker-compose exec web bash
bash-4.4$
```

図 3-1　コンテナにログイン

手始めに、Rails のバージョンを調べるために次のコマンドを実行してください。

```
$ rails --version
```

「Rails 6.0.0」という結果が出力されれば OK です。

web コンテナからログアウトする際には、次のコマンドを実行します。

```
$ exit
```

練習のため一度ログアウトしてから、web コンテナに再ログインしてください。

3-1-2　初期ソースコードの生成

では、rails new コマンドで新規 Rails アプリケーションを作成します。アプリケーション名は baukis2 とします。データベース管理システムとして PostgreSQL を使用するため、-d オプションに postgresql を指定しています。

```
$ rails new baukis2 -d postgresql --skip-test-unit
```

> 本書ではテストフレームワークとして Test::Unit の代わりに RSpec を使用するので、Test::Unit 関連のコードの生成を省略するためオプション--skip-test-unit を加えています。

生成された初期ソースコードは baukis2 ディレクトリの中にできています。念のため ls -a コマンドで中身を確認しておきましょう。

```
$ ls -a baukis2/
.                   Gemfile.lock        config.ru           public
..                  README.md           db                  storage
.browserslistrc     Rakefile            lib                 test
.git                app                 log                 tmp
.gitignore          babel.config.js     node_modules        vendor
.ruby-version       bin                 package.json        yarn.lock
Gemfile             config              postcss.config.js
```

> rails new コマンドは Rails アプリケーションの骨格を作ると同時に、Gemfile（後述）に記載された Gem パッケージ群をインストールします。Gem パッケージ群のインストールを後回しにしたい場合は、rails new コマンドに--skip-bundle オプションを付けてください。初期状態の Gemfile を事前に修正したい場合に便利なオプションです。

3-2 Gem パッケージのインストール

Baukis2 で利用する追加の Gem パッケージ群をまとめてインストールします。

3-2-1 Gemfile の編集

ホスト OS 側で baukis2 ディレクトリを開くと、Gemfile というファイルが見つかります。これをテキストエディタで開いてください。そして、#記号で始まる行（コメント行）をすべて削除してください。また、すべてのシングルクォートをダブルクォートで置換してください。

> 書籍上で Gemfile の中身を簡潔に表示するためコメント行を削除しています。また、本書では文字列を囲む記号としてダブルクォートを使用する方針であるため、引用符号の一括置換をしています。

結果として Gemfile は次のような内容となります。

リスト 3-1 Gemfile

```
1  source "https://rubygems.org"
2  git_source(:github) { |repo|"https://github.com/#{repo}.git" }
3
4  ruby "2.6.4"
```

```
 5
 6  gem "rails", "~> 6.0.0"
 7  gem "pg", ">= 0.18", "< 2.0"
 8  gem "puma", "~> 3.11"
 9  gem "sass-rails", "~> 5"
10  gem "webpacker", "~> 4.0"
11  gem "turbolinks", "~> 5"
12  gem "jbuilder", "~> 2.7"
13
14  gem "bootsnap", ">= 1.4.2", require: false
15
16  group :development, :test do
17    gem "byebug", platforms: [:mri, :mingw, :x64_mingw]
18  end
19
20  group :development do
21    gem "web-console", ">= 3.3.0"
22    gem "listen", ">= 3.0.5", "< 3.2"
23    gem "spring"
24    gem "spring-watcher-listen", "~> 2.0.0"
25  end
26
27  group :test do
28    gem "capybara", ">= 2.15"
29    gem "selenium-webdriver"
30    gem "webdrivers"
31  end
32
33  gem "tzinfo-data", platforms: [:mingw, :mswin, :x64_mingw, :jruby]
```

このファイルをさらに編集していきます。まず、Lunix 系 OS で不要となる最終行を取り除きます。

リスト 3-2　Gemfile

```
30      gem "webdrivers"
31    end
32 -
33 -  gem "tzinfo-data", platforms: [:mingw, :mswin, :x64_mingw, :jruby]
```

続いて、Baukis2 で使用する Gem パッケージ群を組み込みます。

リスト 3-3　Gemfile

```
:
14    gem "bootsnap", ">= 1.4.2", require: false
15 +
16 +  gem "bcrypt"
17 +  gem "rails-i18n"
18 +  gem "kaminari"
19 +  gem "date_validator"
20 +  gem "valid_email2"
21 +  gem "nokogiri"
22
23    group :development, :test do
:
```

Gem パッケージ bcrypt はパスワードの暗号化で使用します（Chapter 7）。rails-i18n は、Rails が出力するエラーメッセージ、日付、時刻、通貨単位などの翻訳ファイルを集めた Gem パッケージです。kaminari は、ページネーション機能のための Gem パッケージです（Chapter 13）。date_validator は日付のバリデーションを行うための Gem パッケージです（Chapter 14）。valid_email2 はメールアドレスのバリデーションを行うための Gem パッケージです（Chapter 14）。nokogiri は XML/HTML の解析・生成のための Gem パッケージです（Chapter 15）。

『実践 Ruby on Rails 4』で使用した email_validator は、最近のバージョンアップでバリデーションの基準が緩くなり、実用性が乏しくなりました。たとえば、@を 2 個含むようなメールアドレスを有効と判定してしまいます。そこで、本書では別の Gem パッケージ valid_email2 を採用することにしました。

さらに、テストフレームワーク RSpec で使用する Gem パッケージ群を組み込みます。RSpec に関しては次章で解説します。

リスト 3-4　Gemfile

```
:
33    group :test do
34      gem "capybara", ">= 2.15"
35      gem "selenium-webdriver"
36      gem "webdrivers"
37 +    gem "rspec-rails"
38 +    gem "factory_bot_rails"
39    end
```

3-2-2 bin/bundle コマンドの実行

追加された Gem パッケージ群をインストールします。web コンテナのターミナルで以下のコマンド群を実行してください。

```
$ cd baukis2
$ bin/bundle
```

結果として図 3-2 のような結果がターミナルに出力されれば成功です。失敗した場合は、おそらく Gemfile の記述に誤りがありますので、丁寧に読み返して修正してください。

```
rails6-compose — docker • docker-compose exec web bash — 80×13
Using selenium-webdriver 3.142.4
Using spring 2.1.0
Using spring-watcher-listen 2.0.1
Using turbolinks-source 5.2.0
Using turbolinks 5.2.1
Fetching valid_email2 3.0.5
Installing valid_email2 3.0.5
Using web-console 4.0.1
Using webdrivers 4.1.2
Using webpacker 4.0.7
Bundle complete! 23 Gemfile dependencies, 91 gems now installed.
Bundled gems are installed into `/usr/local/bundle`
bash-4.4$
```

図 3-2　Gem パッケージ群のインストールに成功

稀に rubygems.org のサーバーメンテナンスなどが原因で、bin/bundle に失敗することがあります。その場合は、次のようなエラーメッセージがターミナルに表示されます。しばらく時間をおいてやり直してください。

```
Fetching source index from https://rubygems.org/
Retrying source fetch due to error (2/3): Bundler::HTTPError Could not fetch
specsfrom https://rubygems.org/
Retrying source fetch due to error (3/3): Bundler::HTTPError Could not fetch
specsfrom https://rubygems.org/
Could not fetch specs from https://rubygems.org/
```

インストールが完了すると、プロジェクトディレクトリに Gemfile.lock というファイルが生成されます。

> Bundler は Gemfile に記述されたパッケージ群の相互依存関係を調べて、矛盾が起きないようにバージョンを選択します。Gemfile.lock ファイルには、Bundler によって選択された具体的なバージョン番号がパッケージ別に記述されています。バージョン管理システムを利用している場合は、このファイルをリポジトリに加えてください。開発チーム全員でパッケージのバージョン番号を揃えるためです。

`bin/bundle list` コマンドを実行すると、このアプリケーションが利用する Gem パッケージのリストを表示できます。

```
$ bin/bundle list
Gems included by the bundle:
  * actioncable (6.0.0)
  * actionmailbox (6.0.0)
  * actionmailer (6.0.0)
  * actionpack (6.0.0)
  * actiontext (6.0.0)
  * actionview (6.0.0)
  * activejob (6.0.0)
  * activemodel (6.0.0)
  * activerecord (6.0.0)
  * activestorage (6.0.0)
  * activesupport (6.0.0)
  （省略）
  * xpath (3.2.0)
  * zeitwerk (2.1.10)
```

3-3 JavaScript パッケージ群のインストール

続いて、Baukis2 で利用する JavaScript パッケージ群をインストールするため `yarn` コマンドを実行します。

```
$ yarn
[1/4] Resolving packages...
success Already up-to-date.
Done in 0.79s.
```

実は、`rails new` コマンドで新規 Rails アプリケーションを作成する際にこのコマンドは実行済みです。そのため「すでに最新状態です。(Already up-to-date.)」というメッセージが出るはずです。

`yarn` コマンドは、実行時に `yarn.lock` ファイルの有無を調べ、なければ `package.json` ファイルの中身を見て必要な JavaScript パッケージ群をインストールし、インストールしたパッケージのリストとそれらのバージョン番号を yarn.lock ファイルに書き込みます。yarn.lock ファイルが存在する状態で yarn コマンドを実行すると yarn.lock ファイルの内容を読んで JavaScript パッケージ群をインストールします。

インストール済みの JavaScript パッケージ群をアップグレードしたい場合は、yarn upgrade コマンドを実行します。この場合、yarn.lock ファイルが存在しても無視されることになります。

さて、これから Baukis2 の開発を進める中で、Rails サーバーを起動したときなどに次のようなエラーメッセージに遭遇するかもしれません。

```
========================================
  Your Yarn packages are out of date!
  Please run `yarn install --check-files` to update.
========================================
```

このときは、エラーメッセージの中に記されているコマンドを実行してください。

```
$ yarn install --check-files
```

> --check-files はすでにインストールされたファイルが削除されていないことを確認するオプションです。

3-4 データベースのセットアップ

データベースに接続するための設定を行ったのちに、空のデータベースを作成します。

3-4-1 database.yml の編集

テキストエディタで config/database.yml を開き、次のように書き換えます。

リスト 3-5 Gemfile

```
 :
17  default: &default
18    adapter: postgresql
19    encoding: unicode
```

```
20      # For details on connection pooling, see Rails configuration guide
21      # https://guides.rubyonrails.org/configuring.html#database-pooling
22      pool: <%= ENV.fetch("RAILS_MAX_THREADS") { 5 } %>
23 +    host: db
24 +    username: postgres
25 +    password: ""
26
27    development:
28      <<: *default
29      database: baukis2_development
 :
```

3-4-2 データベースの作成

web コンテナで次のコマンドを実行すると、データベースが作成されます。

```
$ bin/rails db:create
Created database 'baukis2_development'
Created database 'baukis2_test'
```

3-5 その他の準備作業

3-5-1 ドキュメントの整備

■ README.md の修正

Rails の初期ソースコードには README.md というファイルが含まれています。ここに Baukis2 アプリケーションの基本的な情報を記述しましょう。記述すべき情報とは、たとえば以下のようなことがらです。

- アプリケーションの簡単な説明
- 推奨されるシステム環境
- インストールの手順
- データベース初期化の手順

- テストの実行手順

> 初期状態で書かれているのは単なる記述例に過ぎませんので、すべて削除して構いません。

README.md は Markdown 形式で記述します。次に記述例を示します。本書読者サポートページで配布されるソースコードには README.md の完成形が含まれています。

リスト 3-6　README.md

```
1  # Baukis2 - 顧客管理システム
2
3  ## 説明
4
5  Baukis2 は企業向けの顧客管理システム（Ruby on Rails 学習用サンプル）です。
6
7  ## 推奨されるシステム環境
8
9  * Ubuntu 18.04
10 * Ruby 2.6.4
11 * PostgreSQL 11.2
 :
```

■ ライセンス文書の作成

次にライセンス文書をアプリケーションのルートディレクトリ直下に作成しましょう。Baukis2 は MIT ライセンスを採用しますので、次のような内容のテキストファイル MIT-LICENSE.txt を作成してください

リスト 3-7　MIT-LICENSE.txt (New)

```
1  Copyright (c) 2019 Tsutomu Kuroda
2
3  Permission is hereby granted, free of charge, to any person obtaining
4  a copy of this software and associated documentation files (the
5  "Software"), to deal in the Software without restriction, including
6  without limitation the rights to use, copy, modify, merge, publish,
7  distribute, sublicense, and/or sell copies of the Software, and to
8  permit persons to whom the Software is furnished to do so, subject to
9  the following conditions:
10
```

```
11  The above copyright notice and this permission notice shall be
12  included in all copies or substantial portions of the Software.
13
14  THE SOFTWARE IS PROVIDED "AS IS", WITHOUT WARRANTY OF ANY KIND,
15  EXPRESS OR IMPLIED, INCLUDING BUT NOT LIMITED TO THE WARRANTIES OF
16  MERCHANTABILITY, FITNESS FOR A PARTICULAR PURPOSE AND
17  NONINFRINGEMENT. IN NO EVENT SHALL THE AUTHORS OR COPYRIGHT HOLDERS BE
18  LIABLE FOR ANY CLAIM, DAMAGES OR OTHER LIABILITY, WHETHER IN AN ACTION
19  OF CONTRACT, TORT OR OTHERWISE, ARISING FROM, OUT OF OR IN CONNECTION
20  WITH THE SOFTWARE OR THE USE OR OTHER DEALINGS IN THE SOFTWARE.
```

読者の皆さんがBaukis2を拡張して作ったアプリケーションを配布する際には、適宜書き換えてください。

3-5-2 タイムゾーンとロケールの設定

`config/application.rb`はアプリケーションの設定を記述するためのファイルです。これをテキストエディタで開いて、`Gemfile`のときと同様にコメント行をすべて除去し、シングルクォートをすべてダブルクォートで置換します。その結果、中身は次のようなものになります。

リスト3-8 config/application.rb

```
1   require_relative "boot"
2
3   require "rails/all"
4
5   Bundler.require(*Rails.groups)
6
7   module Baukis2
8     class Application < Rails::Application
9       config.load_defaults 6.0
10    end
11  end
```

これを次のように変更してください。

リスト 3-9　config/application.rb

```
   :
   7    module Baukis2
   8      class Application < Rails::Application
   9        config.load_defaults 6.0
  10 +
  11 +      config.time_zone = "Tokyo"
  12 +      config.i18n.load_path +=
  13 +        Dir[Rails.root.join("config", "locales", "**", "*.{rb,yml}").to_s]
  14 +      config.i18n.default_locale = :ja
  15      end
  16    end
```

変更箇所に現れるクラスメソッド config は Rails::Application::Configuration オブジェクトを返します。このオブジェクトを通じて、Rails アプリケーションの各種設定を変更できます 。

> どのような設定項目があるのか知りたい方は、https://guides.rubyonrails.org/configuring.html を参照してください。

11 行目ではタイムゾーンを「東京」に設定しています。時刻を日本時間（協定世界時から 9 時間の時差がある）で表示するために必要な設定です。

12〜13 行では、ロケールファイル（国際化のためのデータファイル）のロードパスを設定しています。config/locales ディレクトリ以下を再帰的に読み込む設定にしています。14 行目はデフォルトロケールを「日本語（ja）」にセットしています。

3-5-3　ジェネレータの設定

Rails にはソースコードのひな形を生成する**ジェネレータ**という機能があります。しかし、筆者の考えでは初期状態のジェネレータは少し親切すぎます。たとえば、あるコントローラを生成すると、それ専用のヘルパーとアセットファイル（スタイルシートなど）も生成してくれるのですが、それらは常に必要ではありません。また、コントローラやビューの spec ファイル（RSpec による自動テストのためのファイル）も毎回作ってほしくありません。

そこで、筆者は config/application.rb を次のように書き換えることにしています。

リスト 3-10　config/application.rb

```
   :
14        config.i18n.default_locale = :ja
15 +
16 +      config.generators do |g|
17 +        g.skip_routes true
18 +        g.helper false
19 +        g.assets false
20 +        g.test_framework :rspec
21 +        g.controller_specs false
22 +        g.view_specs false
23 +      end
24      end
25    end
```

20 行目でテストフレームワークを標準の mini_test から RSpec に変更している以外は、すべてジェネレータによるソースコードの生成を off にする設定をしています。あくまでこれらは筆者が個人的に採用している設定に過ぎません。必要に応じて設定値を変更してください。

3-5-4　hosts ファイルの設定

顧客管理システム Baukis2 の仕様に、3 種類の利用者（職員、管理者、顧客）ごとのトップページを別々の URL に設定できる、というものがありました。これからこの仕様を踏まえて開発を進めるには、仮想マシン上で動いている Rails アプリケーションに特定のホスト名でアクセスする必要があります。

そこで localhost に相当する 127.0.0.1 という IP アドレスに example.com と baukis2.example.com という 2 つのホスト名を設定することにしましょう。

作業はホスト OS 側で行います。どの OS でも hosts というファイルを管理者権限で編集します。hosts ファイルのあるディレクトリはホスト OS によって異なります。macOS の場合は/private/etc ディレクトリに、Windows の場合は C:\Windows\System32\drivers ディレクトリ、Ubuntu の場合は/etc ディレクトリにあります。

テキストエディタで hosts ファイルを開き、次の 1 行を追加してください。

```
127.0.0.1   example.com baukis2.example.com
```

> もしあなたの hosts ファイルに 127.0.0.1 で始まる行がすでに存在した場合でも、その行を消したりコメントアウトせずに、単純にこの 1 行を追加してください。

3-5-5 Blocked Hosts の設定

Blocked Hosts は Rails 6 の新機能です。ブラウザが Rails アプリケーションにアクセスする際に使用できるホスト名（ドメイン名）を制限するためのものです。デフォルトでは `localhost` のみが許可されています。本書では、`example.com` と `baukis2.example.com` という 2 つのホスト名を使用するので、これらをホワイトリストに登録する必要があります。

`config/initializers` ディレクトリに新規ファイル `blocked_hosts.rb` を次の内容で作成してください。

リスト 3-11　config/initializers/blocked_hosts.rb (New)

```
1  Rails.application.configure do
2    config.hosts << "example.com"
3    config.hosts << "baukis2.example.com"
4  end
```

> もしホスト名の制限が不要であれば、`config.hosts = nil` のように設定して Blocked Hosts を無効にしてください。

3-5-6 web-console の設定

`web-console` は Ruby on Rails アプリケーション用のデバッグツールです。`Gemfile` に始めから入っています。

ただし、初期状態では `127.0.0.1` からのアクセスしか受け付けないようになっているため、Docker 環境で Rails アプリケーションを動かして、ホスト OS 側のブラウザでアクセスすると `web-console` は応答しません。この場合、Rails アプリケーションのログに次のようなメッセージが表示されます。

```
Cannot render console from 172.19.0.1!
Allowed networks: 127.0.0.0/127.255.255.255, ::1
```

この問題を回避するため、config/environments ディレクトリにあるファイル development.rb を次のように書き換えてください。

リスト 3-12　config/environments/development.rb

```
 :
61     config.file_watcher = ActiveSupport::EventedFileUpdateChecker
62 +
63 +   config.web_console.whitelisted_ips = [ "172.16.0.0/12" ]
64   end
```

172.16.0.0/12 は、172.16.0.0 から 172.31.255.255 までのアドレス範囲を示します。

3-5-7　アプリケーションの動作確認（起動と終了）

動作確認をしましょう。web コンテナ側で Rails アプリケーションを起動します。

```
$ bin/rails s -b 0.0.0.0
```

-b は Rails サーバーが応答する IP アドレスを指定するオプションです。デフォルト値は 127.0.0.1 であり、このままでは web コンテナの外、すなわちホスト OS 側のブラウザからアクセスできません。-b オプションに 0.0.0.0 を指定すると、すべての IP アドレスからのアクセスに応答するようになります。

ターミナルに次のようなメッセージが現れたら起動完了です。

```
=> Booting Puma
=> Rails 6.0.0 application starting in development
=> Run 'rails server --help' for more startup options
Puma starting in single mode...
* Version 3.12.1 (ruby 2.6.4-p104), codename: Llamas in Pajamas
* Min threads: 5, max threads: 5
* Environment: development
* Listening on tcp://0.0.0.0:3000
Use Ctrl-C to stop
```

ホスト OS 側からブラウザで http://example.com:3000 と http://baukis2.example.com:3000 にアクセスしてみてください。どちらの場合でも、図 3-3 のようなページが表示されれば設定完了です。

図 3-3　初期状態のトップページ

動作確認ができたら、`web` コンテナ上で Ctrl ＋ C を入力し、Rails アプリケーションを終了してください。

Part II

Railsアプリケーションの土台作り

Chapter 4
RSpec

Chapter 4 では、顧客管理システム Baukis2 に自動テストの仕組みを導入します。テストフレームワークとしては RSpec を採用します。テストの基本的な考え方と初期設定の手順を学びましょう。

4-1 RSpec の基礎知識

本書では、テストフレームワークとして RSpec を採用します。RSpec をうまく活用すると、簡潔で読みやすいテストコードを書くことができ、Rails アプリケーションの保守性を高めることができます。しかし、RSpec の用語法や表記法はやや独特で、慣れるまでには時間がかかります。読者の中にはとまどいを覚える方がいらっしゃるかもしれませんが、次章以降を読み進めるうえでの鍵となりますので、是非じっくりと読んで理解してください。

4-1-1 テストとは

Web アプリケーション開発の文脈において、テストという言葉はさまざまな意味で用いられます。日常的な場面では、人が Web アプリケーションの動きを目視でチェックする作業を意味します。たとえば、Web アプリケーションをサーバーコンピュータにインストールし、人が実際に Web ブラウザを操作して、仕様どおりの反応を返すかどうか確かめるといった作業です。

しかし、プログラマの間では「テスト」という言葉がしばしば異なる意味で用いられます。私たちは、専用のプログラムによってWebアプリケーションの動作を確認することを「テスト」と呼びます。この意味でのテストは自動で行われます。人間がディスプレイを見守っていなくてもテストが進行し、テストが終わると成功あるいは失敗という結果がディスプレイに表示されます。

本書では「テスト」という言葉を、ソフトウェアによって自動で実施されるテストという意味で用います。

> テストを実行するための専用のプログラムを「テスト」と呼ぶ用法もあります。たとえば、私たちはしばしば「テストを書く」という言い方をします。これは、テストを実行するためのプログラムを作ることを意味します。

4-1-2　RSpecとは

Ruby on RailsにはMinitestというテストフレームワークが標準で組み込まれていますが、本書ではRSpec（アールスペック）という別のテストフレームワークを採用することにします。

RSpecを採用した理由は、正直に言えば「私が普段使っているから」ということになります。RSpecはRailsプログラマの間で高い人気を獲得していますが、その独特の用語法や書き方になじめない方も多いようです。私はRSpecには`Minitest`にはない優れた特徴があると考えています。しかし、RSpecがRailsに組み込まれていないことからもわかるように、けっして「事実上の標準（de facto standard）」の地位をRails業界において確立しているわけではありません。

4-1-3　RSpecの初期設定

RailsでRSpecを利用する場合、一度だけ次のコマンドを実行する必要があります。

```
$ bin/rails g rspec:install
```

ターミナルに次のような結果が出力されればOKです。

```
Running via Spring preloader in process 1087
      create  .rspec
      create  spec
      create  spec/spec_helper.rb
```

```
    create  spec/rails_helper.rb
```

すると、specディレクトリが作られて、その下にspec_helper.rbおよびrails_helper.rbというファイルが生成されます。テキストエディタで後者（rails_helper.rb）を開き、コメント行を削除し、シングルクォートをダブルクォートで置き換えるとその中身は次のようになります（適宜、空行を追加・削除しています）。

リスト4-1 spec/rails_helper.rb

```
1  require "spec_helper"
2  ENV["RAILS_ENV"] ||= "test"
3  require File.expand_path("../../config/environment", __FILE__)
4  abort("The Rails environment is running in production mode!") if Rails.env. >
   production?
5  require "rspec/rails"
6
7  begin
8    ActiveRecord::Migration.maintain_test_schema!
9  rescue ActiveRecord::PendingMigrationError => e
10   puts e.to_s.strip
11   exit 1
12 end
13
14 RSpec.configure do |config|
15   config.fixture_path = "#{::Rails.root}/spec/fixtures"
16   config.use_transactional_fixtures = true
17   config.infer_spec_type_from_file_location!
18   config.filter_rails_from_backtrace!
19 end
```

4-1-4 RSpec ―― はじめの一歩

RSpecがどんなものであるかを感覚的に理解するため、実際にRSpecによる簡単なテストコードを書いて、実行してみることにしましょう。

Baukis2のプロジェクトディレクトリ直下にspecディレクトリがあります。その下にexperimentsというサブディレクトリを作り、string_spec.rbというファイルを作成してください。

リスト 4-2　spec/experiments/string_spec.rb (New)

```
 1  require "spec_helper"
 2
 3  describe String do
 4    describe "#<<" do
 5      example "文字の追加" do
 6        s = "ABC"
 7        s << "D"
 8        expect(s.size).to eq(4)
 9      end
10    end
11  end
```

RSpecのテストコードは、通常specディレクトリの下に置きます。ファイル名の末尾は_spec.rbで終わるようにしてください。これらのファイルをspecファイルと呼びます。

specファイルはspecディレクトリのサブディレクトリに適宜分類して配置します。どのサブディレクトリにどんなspecファイルを置くかは慣習的に決まっています。たとえば、モデルクラスに関するspecファイルはspec/modelsディレクトリに、APIに関するspecファイルはspec/requestsディレクトリに置くのが一般的です。しかし、独自のサブディレクトリを用意しても構いません。ここでは、RubyもしくはRailsの仕様に関する実験を行うspecファイルを置く場所としてexperimentsサブディレクトリを作成しました。これは本書独自のルールです。

テストコードの本体は次の3行です。

```
s = "ABC"
s << "D"
expect(s.size).to eq(4)
```

まず変数sに"ABC"という文字列をセットし、それに"D"という文字を追加しています。最後に、expectメソッドで変数sの状態(s.size)を調べています。expectメソッドの使い方は後述しますが、ここではsの長さが4であるかどうかをチェックしています。

では、このspecファイルを実行してみましょう。webコンテナのターミナルで、次のコマンドを実行してください。

```
$ rspec spec/experiments/string_spec.rb
```

すると、次のような結果がターミナルに表示されます。

```
.
Finished in 0.00456 seconds
1 example, 0 failures
```

ただし、3行目の「0.00456」は、実行するたびに値が変化します。この結果の読み方については、後述します。

このようにrspecコマンドはspecファイルのパスを指定して個別に実行することも可能ですが、specファイルを含むディレクトリを指定して、そこに含まれるspecファイルを一括して実行することもできます。たとえば、次のコマンドはspecディレクトリ以下にあるすべてのspecファイルを実行します。

```
$ rspec spec
```

あるいは、もっと短く

```
$ rspec
```

というコマンドを実行しても同じ結果になります。なぜなら、rspecコマンドはデフォルトでspecディレクトリに含まれるspecファイルを実行するからです。

4-2 エグザンプル

4-2-1 エグザンプルとは

RSpecは「ビヘイビア駆動開発（Behavior Driven Development：BDD）」というプログラム開発手法をRubyで実践するために作られたテストフレームワークです。従来の開発手法との違いを強調するためか、RSpecは独特の用語を採用しています。その1つが**エグザンプル**（example）です。

さきほど作成したstring_spec.rbでexampleとendで囲まれた部分がありました。

```
    example "文字の追加" do
      s = "ABC"
      s << "D"
      expect(s.size).to eq(4)
    end
```

これがエグザンプルです。exampleメソッドの引数には、このエグザンプルを説明する短い文を指定します。　exampleメソッドには、itという別名があります。これを利用すると、先ほどの例は次のように書けます。

```
      it "appends a character" do
        s = "ABC"
        s << "D"
        expect(s.size).to eq(4)
      end
```

エグザンプルの説明を英語で記述する場合、it と引数で 1 つの文のように見えるため、この別名がしばしば使われます。example メソッドには、さらに specify という別名もあります。

もちろん日本語で説明を記述する場合でも it を使用して構いませんが、私は違和感があるため使いません。

さて、エグザンプル（example）を日本語に直訳すれば「例」あるいは「用例」です。この用語は、伝統的な用語で言えばテストケース（test case）に相当します。すなわち、ソフトウェアのある機能の前提条件と期待される結果をコードで表現したものです。

なぜ RSpec はそれをエグザンプルと呼ぶのでしょうか。それは、ビヘイビア駆動開発では、テストコードによってソフトウェアの仕様（specification）が定義される、と考えるからです。RSpec という名前もそこに由来しています。RSpec は単にソフトウェアのテストをするだけでなく、ソフトウェアの仕様を記述することに重点を置いています。ある意味では、テストコードが仕様書の代わりになるのです。仕様は言葉で表現するよりも、実際の用例を列挙した方がわかりやすいものです。

4-2-2 エグザンプルグループ

RSpec ではいくつかの関連するエグザンプルを**エグザンプルグループ**（example group）としてまとめることができます。先ほどの string_spec.rb をご覧ください。

```
  require "spec_helper"

  describe String do
    describe "#<<" do
      example "文字の追加" do
        （省略）
      end
    end
  end
```

describe と end で囲まれた部分がエグザンプルグループです。describe メソッドの引数には、クラスまたは文字列を指定します。エグザンプルグループは入れ子構造にすることが可能です。ここでは、全体としてStringクラスに関する仕様をまとめたエグザンプルグループを作った後、その内側に<<メソッドに関する仕様をまとめるためのエグザンプルグループを作っています。<<メソッドの働きの一例が、「文字の追加」というエグザンプルとして表現されているのです。なお、4行目のメソッド名の頭にあるシャープ記号（#）は、インスタンスメソッドであることを示す慣用的な記号です。RSpecにとって何か特別な意味があるわけではありません。

4-2-3 テスト結果の読み方

当然のことながら、テストは失敗することもあります。テストが失敗するとどんな結果になるのか見るため、string_spec.rbに意図的に失敗するエグザンプルを追加してみましょう。

リスト4-3 spec/experiments/string_spec.rb

```
 :
 8        expect(s.size).to eq(4)
 9      end
10 +
11 +    example "nilの追加" do
12 +      s = "ABC"
13 +      s << nil
14 +      expect(s.size).to eq(4)
15 +    end
16    end
17  end
```

実行してみましょう。

```
$ rspec spec/experiments/string_spec.rb
```

次のような結果が出力されるはずです。

```
.F

Failures:

  1) String#<< nilは追加できない
     Failure/Error: s << nil
```

```
     TypeError:
       no implicit conversion of nil into String
     # ./spec/experiments/string_spec.rb:13:in 'block (3 levels) in <top (required)>

Finished in 0.00375 seconds (files took 0.09538 seconds to load)
2 examples, 1 failure

Failed examples:

rspec ./spec/experiments/string_spec.rb:11 # String#<< nilの追加
```

結果の1行目にはドット（.）とFという文字が出力されています。複数のエグザンプルを実行する場合、その実行順はランダムなので、もしかするとFが先に表示されているかもしれません。これらの文字の数はエグザンプルの数と同じです。ドットは成功、Fは失敗を意味します。

Failures:以下には、失敗したエグザンプルについて説明が表示されています。「String#<< nilの追加」という文字列は、エグザンプルグループとエグザンプルの説明文を連結したものです。Failure/Error:の右側にある s << nil は、失敗した箇所のコードです。その下にエラーメッセージが出力されています。

```
     TypeError:
       no implicit conversion of nil into String
```

ここから例外TypeErrorが発生したことがわかります。「nilは暗黙裏にStringに変換されない」と説明が書かれています。

その下のシャープ記号（#）で始まる行は、エラーの発生箇所を示しています。

```
     # ./spec/experiments/string_spec.rb:13:in 'block (3 levels) in <top (required)>'
```

string_spec.rbの13行目でエラーが発生していることがわかります。

4-2-4 pendingメソッド

テストが失敗したら、通常はテスト対象のクラスかspecファイルのいずれかに誤りがあるということですので、すべてのテストが成功するまでソースコードの修正とrspecコマンドの実行を繰り返すことになります。しかし、原因がわからないとか時間が足りないといった理由ですぐには直せないこともあります。その場合は、次のようにpendingメソッドを使ってエグザンプルに「保留中（pending）」の印を付けます。

リスト 4-4　spec/experiments/string_spec.rb

```
:
11       example "nilの追加" do
12 +       pending("調査中")
13         s = "ABC"
14         s << nil
15         expect(s.size).to eq(4)
16       end
17     end
18   end
```

pendingメソッドの引数には、保留中とした理由などを表すテキストを指定してください。この状態でテストを実行すると結果は次のようになります。

```
.*

Pending: (Failures listed here are expected and do not affect your suite's status)

  1) String#<< nilの追加
     # 調査中
     Failure/Error: s << nil

     TypeError:
       no implicit conversion of nil into String
     # ./spec/experiments/string_spec.rb:14:in `block (3 levels) in <top (required)>

Finished in 0.00385 seconds (files took 0.09683 seconds to load)
2 examples, 0 failures, 1 pending
```

1行目のアスタリスク（*）はpendingの状態にあるエグザンプルを表します。6行目にpendingメソッドに与えた文字列が表示されています。

4-2-5　xexampleメソッド

pendingメソッドを書くのが面倒な場合には、exampleをxexampleに書き換えるという方法もあります。

リスト 4-5　spec/experiments/string_spec.rb

```
:
11 -      example "nilの追加" do
11 +      xexample "nilの追加" do
12          s = "ABC"
13          s << nil
14          expect(s.size).to eq(4)
15        end
16      end
17    end
```

この場合は、テストの実行結果は次のようになります。

```
.*

Pending: (Failures listed here are expected and do not affect your suite's status)

  1) String#<< nilの追加
     # Temporarily skipped with xexample
     # ./spec/experiments/string_spec.rb:11


Finished in 0.00229 seconds (files took 0.09726 seconds to load)
2 examples, 0 failures, 1 pending
```

6行目に「Temporarily disabled with xexample」と出力されています。「xexampleにより一時的に無効化されている」という意味です。

4-3　expect メソッドとマッチャー

4-3-1　オブジェクトを対象にする場合

さて、ここまで後回しにしてきたexpectメソッドについて説明しましょう。expectメソッドの一般的な使用法は、以下のとおりです。

```
expect(T).to M
```

Tをターゲット、Mをマッチャーと呼びます。string_spec.rbでは次のように書かれていましたね。

```
expect(s.size).to eq(4)
```

ターゲットは s.size メソッドが返すオブジェクト、マッチャーは eq(4) が返すオブジェクトです。

マッチャーは、ターゲットに指定されたオブジェクトがある条件を満たすかどうか（マッチするかどうか）を調べるオブジェクトです。ターゲットがその条件を満たさなければ、そのエグザンプルは失敗したと判定されます。

eq メソッドは引数に指定したオブジェクトとターゲットが等しいかどうかを調べるマッチャーを返します。string_spec.rb の場合は、s.size == 4 であれば成功、そうでなければ失敗です。

expect メソッドの後ろに付いている to を not_to に変えると、全体の意味が反転します。

```
expect(s.size).not_to eq(4)
```

s.size が 4 に等しくなければ成功で、等しければ失敗になります。

RSpec には数多くのマッチャーが用意されています。本書を通じて少しずつ紹介していきます。

4-3-2 ブロックを対象にする場合

expect メソッドには expect(T).to M の他にもう 1 つの使用法があります。

```
expect { ... }.to M
```

{ ... }はブロックです。実例をお見せしましょう。string_spec.rb を次のように修正してください。

リスト 4-6 spec/experiments/string_spec.rb

```
:
11 -     xexample "nil の追加" do
11 +     example "nil は追加できない" do
12         s = "ABC"
13 -       s << nil
14 -       expect(s.size).to eq(4)
13 +       expect { s << nil }.to raise_error(TypeError)
14       end
15     end
16   end
```

raise_error マッチャーは、expect メソッドに指定されたブロックが特定の例外を発生させることを確かめます。ここでは s << nil という式を評価して、例外 TypeError が発生すれば成功で、発生しなければ失敗となります。

4-4 エグザンプルの絞り込み

4-4-1 行番号による絞り込み

すでに見たように rspec コマンドに spec ファイルのパスを指定すれば、その spec ファイルに記述されたエグザンプルだけを実行できます。しかし、特定の spec ファイルの中の特定のエグザンプルだけを実行したい場合もあります。そのときは、次のようにパスの後ろにコロン（:）と行番号を指定してください。

```
$ rspec spec/experiments/string_spec.rb:11
```

4-4-2 タグによる絞り込み

次に**タグ**を使ってエグザンプルを絞り込む方法を紹介します。string_spec.rb を次のように修正してください。

リスト 4-7 spec/experiments/string_spec.rb

```
:
11 -      example "nil は追加できない" do
11 +      example "nil は追加できない", :exception do
:
```

example メソッドの第 2 引数に加えた:exception というシンボルがタグです。こうしておくと、次のコマンドで:exception タグの付いたエグザンプルだけをまとめて実行できます。

```
$ rspec spec --tag=exception
```

Chapter 5 ビジュアルデザイン

Chapter 5 では、顧客管理システム Baukis2 の仮設トップページを作成しながら、Rails アプリケーションのビジュアルデザインを整えるための基礎的な知識を習得していただきます。

5-1　仮設トップページの作成

いよいよ Baukis2 開発の始まりです。まずは、利用者別の仮設トップページを作成しましょう。

5-1-1　ルーティングの設定

Chapter 1 で説明した Baukis2 の仕様では、利用者の種類（職員、管理者、顧客）別にトップページの URL を設定ファイルで自由に変更できることになっています。しかし、この仕様を実装するにはいろんな前提知識が必要となりますので、しばらくは後回しです。いったん、各利用者は以下の URL でトップページにアクセスすることにしましょう。

- 職員……`http://localhost:3000/staff`
- 管理者……`http://localhost:3000/admin`
- 顧客……`http://localhost:3000/customer`

エディタで config/routes.rb を開いてください。初期状態は次のような内容です（あらかじめコメント行を削除しています）。

リスト 5-1　config/routes.rb

```
1    Rails.application.routes.draw do
2    end
```

これを次のように変更してください。

リスト 5-2　config/routes.rb

```
1    Rails.application.routes.draw do
2 +    namespace :staff do
3 +      root "top#index"
4 +    end
5 +
6 +    namespace :admin do
7 +      root "top#index"
8 +    end
9 +
10 +   namespace :customer do
11 +     root "top#index"
12 +   end
13 + end
```

config/routes.rb はルーティングを設定するファイルです。ルーティングに関しては、Chapter 9 で解説しますので、ここではあまり気にしないでください。変更箇所は全部で 3 つありますが、すべてよく似た構造を持っています。最初の変更だけを取り上げて、詳しく見ていきましょう。

まず 2 行目で namespace というメソッドを使用しています。文字どおり「名前空間（namespace）」を設定するメソッドです。ここでは namespace メソッドの第 1 引数に :staff というシンボルを指定しています。この結果、URL パスの先頭に含まれる "staff" という文字列が Rails アプリケーションにとって特別な意味を持つようになります。

namespace メソッドのブロック内では、次のように記述されています。

```
root "top#index"
```

root は、クライアント（Web ブラウザ）がルート URL パスにアクセスした場合に、どのアクションが処理を受け持つかを指定するメソッドです。シャープ記号（#）の左側の "top" がコントローラ名で、右側の"index"がアクション名です。

ルートURLパスとは通常/というURLパスを意味しますが、ここではstaffという名前空間の中でrootメソッドが使われているので、/staffというURLパスを指します。

また、"top"というコントローラ名に対応するクラスは通常TopControllerですが、やはりstaffという名前空間の中で使用されているため、Staff::TopControllerというクラスを指すことになります。二重コロン記号（:）の前にあるStaffはモジュールです。

5-1-2 コントローラとアクションの作成

次に、config/routes.rbで指定した3つのコントローラを生成します（webコンテナのターミナルで実行）。

```
$ bin/rails g controller staff/top
$ bin/rails g controller admin/top
$ bin/rails g controller customer/top
```

gはgenerateの略です。この結果、app/controllersディレクトリの下にstaff、admin、customerという3つのディレクトリが作られて、それらの下にtop_controller.rbというファイルが生成されます。また、app/viewsディレクトリの下にもstaff、admin、customerという3つのディレクトリが作られ、さらにその下にtopディレクトリが作られます。　続いて、生成された3つのコントローラにindexアクションを追加してください。

リスト5-3　app/controllers/staff/top_controller.rb

```
1    class Staff::TopController < ApplicationController
2 +    def index
3 +      render action: "index"
4 +    end
5    end
```

リスト5-4　app/controllers/admin/top_controller.rb

```
1    class Admin::TopController < ApplicationController
2 +    def index
3 +      render action: "index"
4 +    end
```

```
5  end
```

リスト 5-5　app/controllers/customer/top_controller.rb

```
1    class Customer::TopController < ApplicationController
2 +    def index
3 +      render action: "index"
4 +    end
5    end
```

Rails 用語の**アクション**とは、コントローラクラスの public なインスタンスメソッドを指します。本書ではコントローラクラス Customer::Top の index アクションを「customer/top#index アクション」と呼びます。　ここで追加したアクションはいずれも次の 1 行だけを含みます。

```
render action: "index"
```

render は、HTML 文書を生成するメソッドです。HTML 文書を生成する方法はいろいろあるのですが、ここでは ERB というライブラリを用いて生成します。　ERB で解釈可能なテキストを **ERB テンプレート**と呼びます。ERB テンプレートのファイルには拡張子 erb を付けます。結果として HTML 文書が生成されるのなら、index.html.erb のように二重の拡張子を付けるのが一般的です。

原則として、ERB テンプレートは app/views ディレクトリにコントローラごとに分けて置き、ファイル名にはアクション名を用います。つまり、staff/top コントローラの index アクションで使用される ERB テンプレートの標準パスは app/views/staff/top/index.html.erb となります。

先ほどの render action: "index" という式の意味は、標準パスにある index アクション用の ERB テンプレートを用いて HTML 文書を作成せよ、ということになります。

なお、アクションの中で一度もクライアント（ブラウザ）にレスポンスを返すメソッド（render、redirect_to、send_file、respond_with など）が呼ばれなかった場合、暗黙裏にそのアクションに対応する ERB テンプレートを用いて HTML 文書が生成されますので、先ほどの render action: "index" という行は省略可能です。つまり、それぞれの index アクションは以下のように中身が空でも構いません。

```
def index
end
```

5-1-3 ERB テンプレートの作成

app/views/staff/top ディレクトリに、新規ファイル index.html.erb を作成します。

リスト 5-6 app/views/staff/top/index.html.erb (New)

```
1  <% @title = "職員トップページ" %>
2  <h1><%= @title %></h1>
```

1 行目ではインスタンス変数@title に「職員トップページ」という文字列をセットしています。

```
<% @title = "職員トップページ" %>
```

このように<%と%>で囲まれた範囲は、Ruby コードとして評価（解釈）されます。

2 行目ではインスタンス変数@title を ERB テンプレートに埋め込んでいます。

```
<h1><%= @title %></h1>
```

このように<%と%>で囲まれた範囲は、Ruby コードとして評価（解釈）された後、その値が文字列に変換されてその場所に挿入されます。値が文字列である場合は、事前にエスケープ処理が施されます（64ページのコラム参照）。 結局のところ、この ERB テンプレートは次のような HTML コードを生成します。

```
<h1>職員トップページ</h1>
```

初めから 1 行でこう書いても結果は同じですが、インスタンス変数@title は後で別の用途で使用したいので、2 行使って記述しています。

同様に、app/views/admin/top ディレクトリに、新規ファイル index.html.erb を作成します。

リスト 5-7 app/views/admin/top/index.html.erb (New)

```
1  <% @title = "管理者トップページ" %>
2  <h1><%= @title %></h1>
```

さらに、app/views/customer/top ディレクトリに、新規ファイル index.html.erb を作成します。

リスト 5-8　app/views/customer/top/index.html.erb (New)

```
1  <% @title = "顧客トップページ" %>
2  <h1><%= @title %></h1>
```

以上で利用者の種類別の仮設トップページができました。ブラウザで http://localhost:3000/staff にアクセスしてみましょう。図 5-1 のような画面が表示されれば OK です。

図 5-1　職員向けの仮設トップページ

同様に、http://localhost:3000/admin と http://localhost:3000/customer にもアクセスしてみて、それぞれに「管理者トップページ」と「顧客トップページ」という文字列が表示されるかどうか確認してください。

Column　ERB テンプレートにおける文字列のエスケープ処理

ERB テンプレートに文字列を埋め込む際、それに含まれる HTML 特殊文字（< > & "）はエスケープ処理されます。すなわち、次のような変換が行われます。

- < → `<`
- > → `>`
- & → `&`
- " → `"`

これは、利用者が入力した HTML 特殊文字を含む文字列をページに表示しても、ページが乱れたり、不正な JavaScript コードが実行されたりしないようにするための予防措置です。しかし、HTML 特殊文字を含む文字列をそのまま ERB テンプレートに挿入したいこともあります。そのため、Rails にはちょっとした仕掛けが用意されています。

主役を演じるのは ActiveSupport::SafeBuffer というクラスです。このクラスは String クラスを継承していますが、その振る舞いは String クラスとほとんど同じです。ただし、このクラスのインスタンスは ERB テンプレートに埋め込まれる際にエスケープ処理されない、という性質を持っています。つまり、エスケープ処理をしないで文字列を ERB テンプレートに埋め込むには、文字列を ActiveSupport::SafeBuffer オブジェクトに変換すればいいのです。

いま変数@fragment に「`<p>Hello World!</p>`」という文字列がセットされているとします。これを ActiveSupport::SafeBuffer オブジェクトに変換する方法は 2 種類あります。1 つは String クラスのインスタンスメソッド html_safe を使用する方法、もう 1 つはヘルパーメソッド raw を使用する方法です。ヘルパーメソッドとは、ERB テンプレートの中で使用できるメソッドのことです。

つまり、変数@fragment の中身をそのまま ERB テンプレートに埋め込みたい場合は、次に示す 2 通りの記述方法のいずれかを採用してください。

```
<%= @fragment.html_safe %>
<%= raw(@fragment) %>
```

5-1-4　レイアウト

現在、ブラウザには「職員トップページ」などのテキストが表示されています。しかし、このページの HTML ソースコードを確認すると、私たちが ERB テンプレートに記述したものよりも多くの内容が含まれています。

HTML ソースコードを表示する方法はブラウザによって異なります。Internet Explorer では［表示］メニューの［ソース］をクリックします。Firefox および Chrome ではページを右クリックして［ページのソースを表示］をクリックします。

ERB テンプレートからは「`<h1>職員トップページ</h1>`」という文字列しか生成されないのですが、HTML ソースコードでは、`h1` 要素を `body` タグが囲み、さらに `html` タグが囲んでいます。これらのタグは `app/views/layouts` ディレクトリにある ERB テンプレートから来ています。この ERB テンプレートを**レイアウト**と呼びます。

初期状態で `app/views/layouts` ディレクトリには、`application.html.erb` というファイルしかありません。これがデフォルトのレイアウトで、その中身は次のとおりです（ただし、シングルクォートがダブルクォートに置換されています）。

リスト 5-9　app/views/layouts/application.html.erb

```
1  <!DOCTYPE html>
2  <html>
3    <head>
4      <title>Baukis2</title>
5      <%= csrf_meta_tags %>
6      <%= csp_meta_tag %>
7
8      <%= stylesheet_link_tag "application", media: "all", "data-turbolinks-track": >
   true %></p>
9      <%= javascript_pack_tag "application", "data-turbolinks-track": true %>
10   </head>
11
12   <body>
13     <%= yield %>
14   </body>
15 </html>
```

ポイントは 13 行目の`<%= yield %>`です。ここにアクションで指定された ERB テンプレートが挿入され、レイアウトを含む HTML 文書全体が Web ブラウザに返されます。

アクションで指定された ERB テンプレートとレイアウトの関係は、絵画と額縁の関係に例えることができます。前者は後者の中にはめ込まれます。初期状態では 1 種類の額縁しか用意されていませんが、私たちは別の額縁を用意したり、既存の額縁を変更したりして、自由に絵画と組み合わせることができます。

8 行目の `stylesheet_link_tag` は、このページに読み込む CSS ファイルを指定するメソッドです。

第1引数にはCSSファイルの名前を指定します。ここに"application"と指定した場合、実際に読み込まれるのはapp/assets/stylesheetsディレクトリにあるapplication.cssとなります。9行目のjavascript_pack_tagはapp/javascripts/packsディレクトリにあるJavaScriptファイルを読み込みます。

> 8行目のmediaオプションには、このCSSファイルが適用される対象を指定します。ここに"print"を指定すれば「印刷物（印刷プレビューページを含む）」が対象となり、"screen"を指定すれば「コンピュータのスクリーン」が対象となります。ここでは同一のCSSファイルをすべての対象に適用するため"all"が指定されています。8行目と9行目にある"data-turbolinks-track": trueというオプションはTurbolinks（画面遷移を高速化させるライブラリ）という仕組みを有効にするために必要です。

5-1-5 部分テンプレート

では、Baukis2用にレイアウトをカスタマイズしましょう。application.html.erbを次のように修正してください。

リスト5-10 app/views/layouts/application.html.erb

```
 :
12      <body>
13 -      <%= yield %>
13 +      <div id="wrapper">
14 +        <%= render "shared/header" %>
15 +        <div id="container">
16 +          <%= yield %>
17 +        </div>
18 +        <%= render "shared/footer" %>
19 +      </div>
20      </body>
21    </html>
```

続いて、app/viewsディレクトリにsharedディレクトリを作成し、新規ファイル_header.html.erbを次のような内容で作成してください（ファイル名先頭のアンダースコア（_）に注意）。

リスト5-11 app/views/shared/_header.html.erb (New)

```
1  <header>
2    <span class="logo-mark">BAUKIS2</span>
3  </header>
```

さらに、app/views/shared ディレクトリに、新規ファイル_footer.html.erb を作成してください。

リスト 5-12 app/views/shared/_footer.html.erb (New)

```
1  <footer>
2    <p>&copy; 2019 Tsutomu Kuroda</p>
3  </footer>
```

そして、ブラウザをリロードすると、図 5-2 のようなページに変化します。

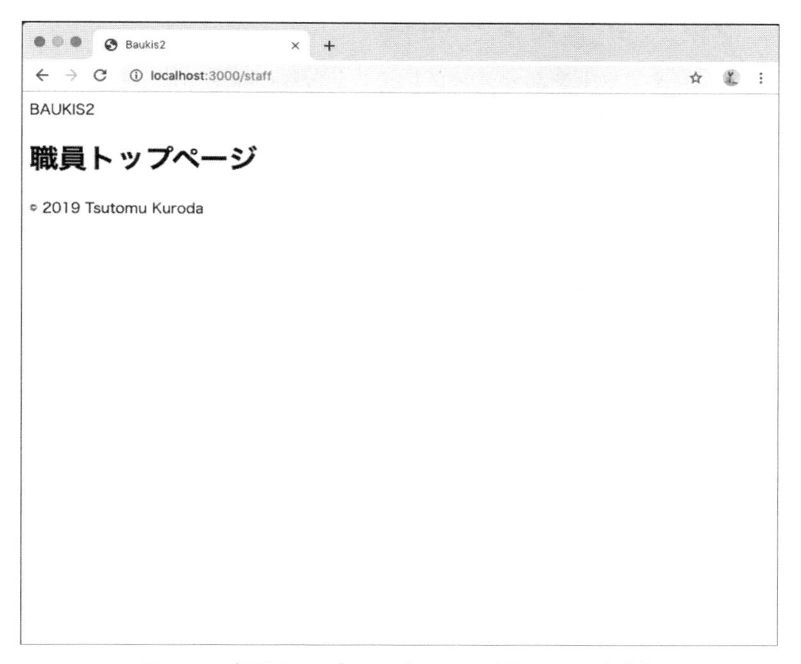

図 5-2 仮設トップページにヘッダとフッタを追加

今回の修正のポイントは、レイアウトの 14 行目に加えた

```
<%= render "shared/header" %>
```

と、18 行目に加えた

```
<%= render "shared/footer" %>
```

です。いずれも、render メソッドによって**部分テンプレート**をレイアウトの中に埋め込んでいます。

部分テンプレートとは、他の ERB テンプレートに埋め込まれるための ERB テンプレートです。HTML

文書を構成する「部品」と考えてください。部分テンプレートには、ファイル名がアンダースコア（_）で始まるという規則があります。

> アクションの中で使用できる render メソッドと ERB テンプレートの中で使用できる render メソッドは、やや働きが異なります。後者の render メソッドは引数に指定した文字列を、部分テンプレートの名前であると解釈します。

5-1-6 ヘルパーメソッドの定義

ERB テンプレート（レイアウトや部分テンプレートを含む）の中で使用できるメソッドを**ヘルパーメソッド**と呼びます。部分テンプレートを読み込む `render` はヘルパーメソッドの一種です。

ヘルパーメソッドは自分で定義することもできます。app/helpers ディレクトリにある `application_helper.rb` において `ApplicationHelper` モジュールのメソッドとして定義すれば、それがヘルパーメソッドとなります。では、`application_helper.rb` を次のように修正してください。

リスト 5-13 app/helpers/application_helper.rb

```
1   module ApplicationHelper
2 +   def document_title
3 +     if @title.present?
4 +       "#{@title} - Baukis2"
5 +     else
6 +       "Baukis2"
7 +     end
8 +   end
9   end
```

> 3 行目の present?は、Rails によって追加された Object クラスのインスタンスメソッドです。このメソッドは blank?メソッドの否定です。blank?メソッドの意味はクラスによって異なります。文字列の場合は、①長さが 0 である、または②すべての文字が空白文字（半角スペース、タブ、改行、復帰、改ページ）である場合に blank?メソッドが true を返します。配列の場合は要素数が 0 のときに blank?メソッドが true を返します。nil.blank?は常に true を返します。ここでは、インスタンス変数@title に空白文字以外を含む文字列がセットされていれば、3 行目の条件式が成立します。

ヘルパーメソッド `document_title` を定義しました。インスタンス変数`@title` が空でなければ、それに「- Baukis2」という文字列を追加して返すだけの簡単なメソッドです。さっそく使ってみましょう。

リスト 5-14　app/views/layouts/application.html.erb

```
1    <!DOCTYPE html>
2    <html>
3      <head>
4 -      <title>Baukis2</title>
4 +      <title><%= document_title %></title>
5        <%= csrf_meta_tags %>
6        <%= csp_meta_tag %>
:
```

では、ブラウザをリロードしてみてください。ブラウザのタイトルバーに表示されているテキストが「職員トップページ - Baukis2」に変化します（図 5-3）。

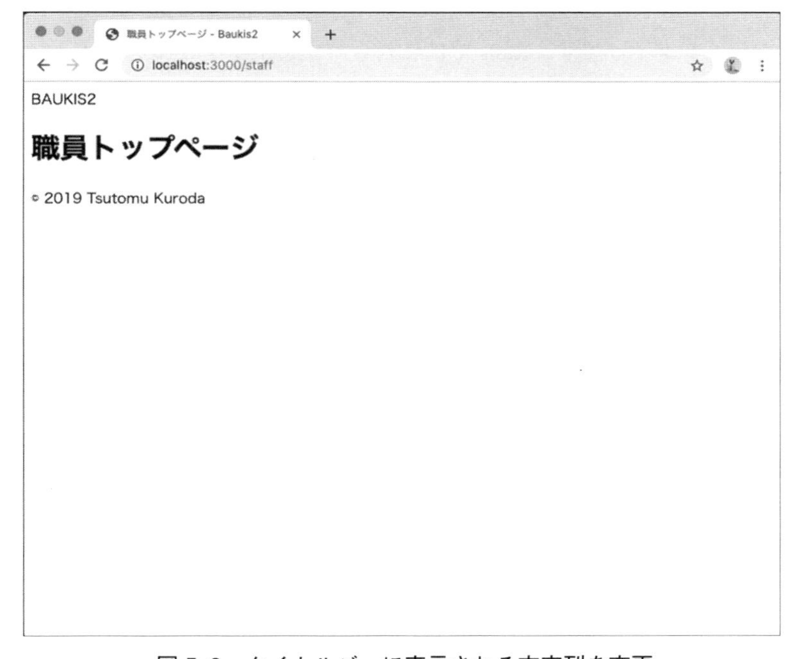

図 5-3　タイトルバーに表示される文字列を変更

5-2 Sass/SCSS

この節ではSass/SCSSを用いて利用者別のトップページにスタイルを適用する方法を学びます。

5-2-1 アセットパイプライン

Sass/SCSSの話を始める前に、アセットパイプラインについて簡単に説明しておきましょう。初期状態のRailsアプリケーションでは、`app/assets`ディレクトリに`images`、`javascripts`、`stylesheets`という3つのサブディレクトリが存在します。それぞれ画像ファイル、JavaScriptファイル、CSSファイルを置くためのディレクトリです。Railsではこれらのファイルをアセット（assets）と呼びます。

アセットパイプライン機能の最大の「売り」は、ファイルの変換と結合です。CSSファイルを例に取って説明しましょう。

いま、`app/assets/stylesheets`ディレクトリに`application.css`、`layout.scss`、`errors.scss`という3つのファイルがあるとします。`application.css`にはコメントしか書かれていません。その他の2つの`.scss`という拡張子を持つファイルにはSCSS形式でスタイルが記述されています。

アセットパイプラインは、これら3つのファイルから1個のCSSファイルを生成します。その際に、SCSS形式をCSS形式に変換し、複数のファイルを1つに結合します。実際に、アセットパイプライン機能を利用する方法については後述します。

> ファイルを結合する最大のメリットは、ブラウザとRailsアプリケーションの間のHTTP通信の回数が減ることです。HTTP通信は接続開始処理のところで比較的大きな負荷をサーバーにかけますので、回数を減らすことが大事なのです。

5-2-2 Sass/SCSSとは

Sass（Syntactically Awesome Stylesheets）は、CSS（Cascading Style Sheets）を拡張したスタイルシート言語です。CSS3と互換性を保ちつつ、ネスティング、変数、ミックスインなどの特徴を備えています。ブラウザはSassを理解できないので、サーバー側でSassをCSSに変換してブラウザに送る必要があります。この処理をコンパイルと呼びます。

Sassにはインデント（字下げ）によって構造を表現するオリジナルの書式と、波括弧（`{ }`）によって構造を表現する SCSS と呼ばれる書式があります。本書では SCSS を採用します。SCSS で記述されたスタイルシートのファイルには.scss という拡張子を付けます。かつては.css.scss という二重の拡張子を付ける流儀もありましたが、現在はこの拡張子を使用すると警告が表示されます。

Rails アプリケーションにおける SCSS の置き場所は、app/assets/stylesheets ディレクトリです。

5-2-3 スタイルシートの切り替え

■ application.css

いま、app/assets/stylesheets ディレクトリには application.css というファイルが 1 つだけ存在しており、次のような内容が書かれています。

リスト 5-15 app/assets/stylesheets/application.css

```
1     /*
2      * This is a manifest file that'll be compiled into application.css, which will >
      include all the files
3      * listed below.
4      *
:
12 +   *
13 +   *= require_tree .
14 +   *= require_self
15 +   */
```

CSS ファイルでは/*と*/で囲まれた範囲はコメントとして無視されるので、本来であればこのファイルは空であると判断していいのですが、Rails の場合はそうではありません。コメント中の*で始まる行はディレクティブと呼ばれ、ここでアセットパイプラインの設定を行います。

13 行目の require_tree ディレクティブでは、アセットパイプラインが処理をするファイルの範囲を設定します。ここではドット（.）、すなわち app/assets/stylesheets ディレクトリ以下の全ファイルを処理対象としています。後述するように、Baukis2 ではこのところを require_tree ./staff のように書き換えることによって処理対象のディレクトリを限定することになります。

14 行目の require_self ディレクティブは、自分自身、すなわち application.css に記述されているスタイルもアセットパイプラインの処理対象とすることを宣言しています。本書では、.css という拡張子を持つファイルにスタイルを書くことはないので、後で require_self ディレクティブを削除します。

Column　CSS 用語集

本書は読者の皆さんがCSS（Cascading Style Sheet）について基礎的な知識を持っているという前提に立って書かれていますが、本書で使用する CSS 用語について簡単におさらいをしておきましょう。

次のスタイルシートをご覧ください。

```
div#sidebar {
  width: 200px;
  background-color: #eeeeee;
}
div#sidebar span.link, div#sidebar a { color: #000088 }
```

波括弧（{}）で囲まれた部分は宣言ブロックと呼ばれます。上の例は 2 個の宣言ブロックを含んでいます。宣言ブロックの中には「width: 200px」のような宣言が記述されます。複数の宣言を記述する場合はセミコロン（;）で区切ります。宣言のうち、コロン（:）よりも前の部分をプロパティ、後ろの部分を値と呼びます。「width: 200px」の場合は、「width」がプロパティで「200px」が値です。

宣言ブロックの前に書かれた文字列はセレクタと呼ばれます。セレクタは宣言ブロックで記述されるスタイルが適用される範囲を示します。

セレクタ div#sidebar に含まれるシャープ記号（#）は、HTML 要素の id 属性で適用範囲を絞り込むことを意味します。すなわち、id 属性に「sidebar」という値を持つ div 要素についてのみスタイルを適用する、ということです。

5 行目ではコンマ区切りで 2 つのセレクタを併記しています。1 つ目のセレクタは div#sidebar span.link です。このセレクタはさらに div#sidebar と span.link に分解されます。div#sidebar についてはすでに説明しました。span.link に含まれるドット記号（.）は、HTML 要素の class 属性で適用範囲を絞り込むことを意味します。すなわち、class 属性に「link」という値を持つ span 要素がスタイル適用の対象となります。そして、div#sidebar と span.link を半角スペースで連結すると、「div#sidebar の内側（下の階層）にある span.link」という意味になります。同様に「div#sidebar a」というセレクタは「div#sidebar の内側にある a」という意味になります。

■ スタイルシートの分離

さて、Baukis2 は利用者別に大きく 3 つの部分に分かれており、それぞれの役割がかなり異なるため、開発が進むにつれてスタイルの差違が拡大していくものと予想されます。そこで、スタイルシートを完全に分離してしまいましょう。

まず、`app/assets/stylesheets` ディレクトリの `application.css` を削除し、新規ファイル `staff.css`

を、次のような内容で作成してください。

リスト 5-16　app/assets/stylesheets/staff.css (New)

```
1  /*
2   *= require_tree ./staff
3   */
```

そして、config/initializers ディレクトリにあるファイル assets.rb をテキストエディタで開きます。コメント行を削除して、シングルクォートをダブルクォートで置き換えると次のような中身となります。

リスト 5-17　config/initializers/assets.rb

```
1  Rails.application.config.assets.version = "1.0"
2  Rails.application.config.assets.paths << Rails.root.join("node_modules")
```

このファイルを次のように書き換えてください。

リスト 5-18　config/initializers/assets.rb

```
1    Rails.application.config.assets.version = "1.0"
2    Rails.application.config.assets.paths << Rails.root.join("node_modules")
3 +  Rails.application.config.assets.precompile += %w( staff.css )
```

この修正により staff.css がアセットプリコンパイル（84ページ）の対象に加わります。ファイルの作成後、Baukis2 の再起動を行ってください。

次に、app/assets/stylesheets ディレクトリに staff ディレクトリを作成し、その下に layout.scss という新規ファイルを次のような内容で作成してください。

リスト 5-19　app/assets/stylesheets/staff/layout.scss (New)

```
1  html, body {
2    margin: 0;
3    padding: 0;
4    height: 100%;
5  }
6  div#wrapper {
7    position: relative;
8    box-sizing: border-box;
```

```
 9      min-height: 100%;
10      margin: 0 auto;
11      padding-bottom: 48px;
12      background-color: #cccccc;
13    }
```

> 紙幅の制約により、CSS の各プロパティとその値について個別に説明することはできません。CSS に関する書籍・Web サイトを参照してください。

続いて、app/views/layouts ディレクトリの application.html.erb のファイル名を staff.html.erb に変更し、その内容を次のように書き換えます。

リスト 5-20　app/views/layouts/staff.html.erb

```
 1      <!DOCTYPE html>
 2      <html>
 3        <head>
 4          <title><%= document_title %></title>
 5          <%= csrf_meta_tags %>
 6          <%= csp_meta_tag %>
 7
 8 -        <%= stylesheet_link_tag "application", media: "all", "data-turbolinks-track": >
        true %>
 8 +        <%= stylesheet_link_tag "staff", media: "all", "data-turbolinks-track": true %>
 9          <%= javascript_pack_tag "application", "data-turbolinks-track": true %>
10 +      </head>
 :
```

最後に、app/controllers/application_controller.rb を次のように変更します。

リスト 5-21　app/controllers/application_controller.rb

```
1      class ApplicationController < ActionController::Base
2 +      layout :set_layout
3 +
4 +      private def set_layout
5 +        if params[:controller].match(%r{\A(staff|admin|customer)/})
6 +          Regexp.last_match[1]
7 +        else
8 +          "customer"
9 +        end
```

```
10 +    end
11    end
```

変更の目的は、レイアウトを決定する仕組みのカスタマイズです。通常は、コントローラ名と同じ名前のレイアウトが優先的に選択され、それが存在しなければ application という名前のレイアウトが選択されます。たとえば、staff/top コントローラのアクションで ERB テンプレートから HTML 文書を生成する場合、まず app/views/layouts/staff/top.html.erb が第 1 候補で、app/views/layouts/application.html.erb が第 2 候補となります。しかし、ここではまったく別の論理でレイアウトを決定しています。

2 行目では layout メソッドでレイアウトを決定するためのメソッドを指定しています。

5 行目の params は **params オブジェクト**を返すメソッドです。params オブジェクトに関しては Chapter 8 で詳しく説明しますが、params[:controller] で現在選択されているコントローラの名前を取得できます。コントローラの名前は"staff/top"のような形をしています。

String クラスのインスタンスメソッド match は引数に正規表現を取り、レシーバ（すなわち URL パス）がその正規表現と合致するかどうかを調べます。%r{から}までが正規表現です。\A は文字列の先頭にマッチします。次の (staff|admin|customer) は"staff"または"admin"または"customer"にマッチします。最後の/はスラッシュ記号（/）そのものにマッチします。

Regexp.last_match は正規表現にマッチした文字列に関する情報を保持する MatchData オブジェクトを返します。Regexp.last_match[1] は正規表現に含まれる 1 番目の括弧で囲まれた部分にマッチした文字列を返します。つまり、set_layout メソッドは全体として"staff"または"admin"または"customer"という文字列を返すことになります。この文字列がレイアウトの名前として使われることになるわけです。

以上の変更により、職員トップページの表示は**図 5-4** のように変わります。

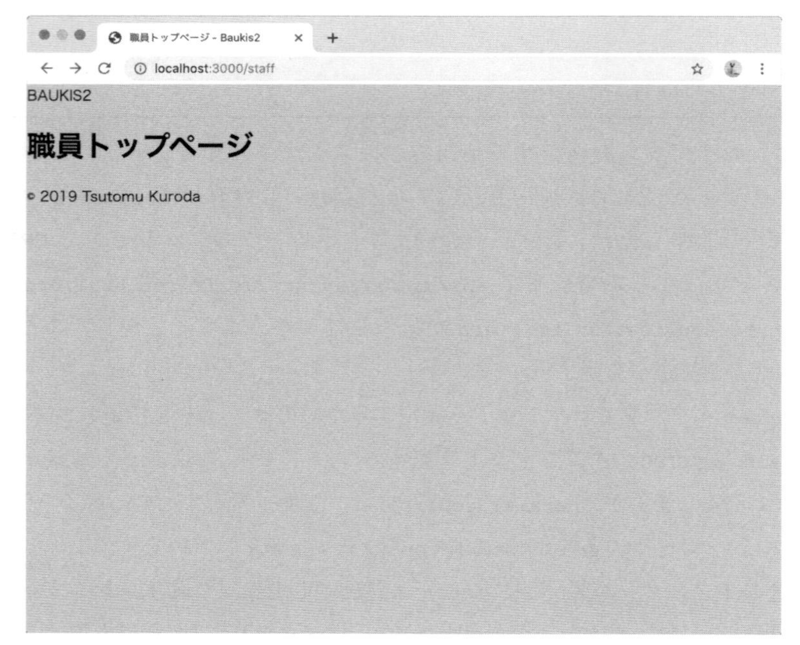

図 5-4　職員トップページにスタイルシートを適用

Column　ApplicationController とは何か

Rails の初級者にとってわかりづらいものの 1 つが、ApplicationController です。クライアントから届いた HTTP リクエストを処理するのは、特定のコントローラの特定のアクションです。どのアクションが担当するのかを決定するのが config/routes.rb です。では、ApplicationController はいつ動くのでしょうか。

実は「ApplicationController はいつ動くのか」という問い自体が、あまり適切なものではありません。なぜなら、それは HTTP リクエストを受けて動くものではないからです。それは、すべてのコントローラの親（あるいは祖先）クラスであり、自らが所有するメソッドを子や孫に引き渡すことにより、その役割は終わります。

5-2-4 ヘッダとフッタのスタイル

スタイル適用作業をさらに進めましょう。次はヘッダとフッタです。職員サイト用の layout.scss の末尾に次のようにスタイルを追加してください。

リスト 5-22 app/assets/stylesheets/staff/layout.scss

```
:
11      padding-bottom: 48px;
12      background-color: #cccccc;
13    }
14 + header {
15 +   padding: 5px;
16 +   background-color: #448888;
17 +   color: #eeeeee;
18 +   span.logo-mark {
19 +     font-weight: bold;
20 +   }
21 + }
22 + footer {
23 +   bottom: 0;
24 +   position: absolute;
25 +   width: 100%;
26 +   background-color: #666666;
27 +   color: #eeeeee;
28 +   p {
29 +     text-align: center;
30 +     padding: 5px;
31 +     margin: 0;
32 +   }
33 + }
```

18〜20 行に SCSS に特徴的な記述があります。宣言ブロックのネスティングです。CSS では宣言ブロックを入れ子にできないので、14〜21 行は次のように記述する必要があります。

```
header {
  padding: 5px;
  background-color: #448888;
  color: #eeeeee;
}
header span.logo-mark {
  font-weight: bold;
}
```

このようにSCSSを用いると冗長性が減り、構造がわかりやすくなります。28～32行でも同様に宣言ブロックがネストされています。

ブラウザをリロードすると、職員トップページの表示は図5-5のように変化します。

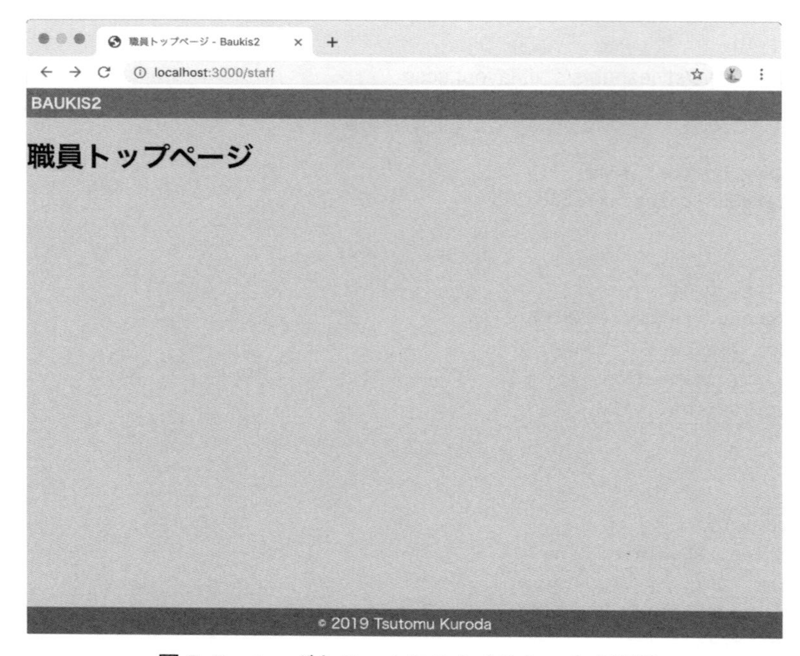

図5-5　ヘッダとフッタにスタイルシートを適用

5-2-5　見出し（h1要素）のスタイル

次に、h1要素のスタイルを指定します。app/assets/stylesheets/staffディレクトリに新規ファイルcontainer.scssを次のような内容で作成してください。

リスト5-23　app/assets/stylesheets/staff/container.scss (New)

```
1  div#wrapper {
2    div#container {
3      h1 {
4        margin: 0;
5        padding: 9px 6px;
6        font-size: 16px;
```

```
7          font-weight: normal;
8          background-color: #1a3333;
9          color: #eeeeee;
10       }
11     }
12   }
```

ブラウザをリロードすると、職員トップページの表示は図 5-6 のように変化します。

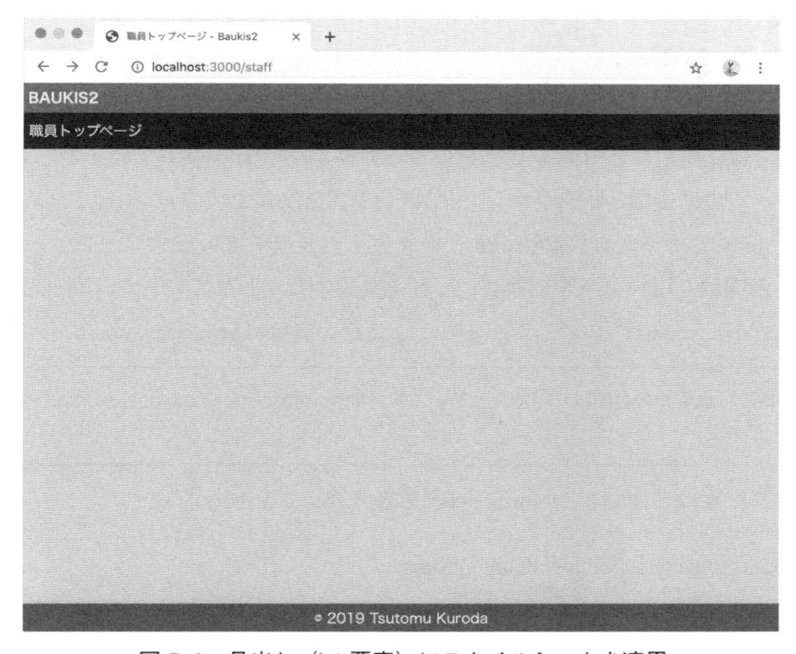

図 5-6　見出し（h1 要素）にスタイルシートを適用

5-2-6　色を変数で表現する

現在、職員サイト用の layout.scss には、文字色や背景色が#448888 のような 16 進数で表記されています。今後、アプリケーションの開発が進むにつれて、管理が面倒になることが予想されますので、色に名前を付けることにしましょう。

まず、app/assets/stylesheets/staff ディレクトリに_colors.scss というファイルを次のような内容で作成します（ファイル名先頭のアンダースコア（_）に注意してください）。

リスト 5-24　app/assets/stylesheets/staff/_colors.scss (New)

```
1   /* グレー系 */
2
3   $dark_gray: #666666;
4   $gray: #cccccc;
5   $light_gray: #eeeeee;
6   $very_light_gray: #fafafa;
7
8   /* シアン系 */
9
10  $dark_cyan: #448888;
11  $very_dark_cyan: darken($dark_cyan, 25%);
```

このファイルでは、変数に色の値をセットしています。ドル記号（$）で始まる名前が変数です。変数に値をセットするには変数と値をコロン（:で区切り、末尾にセミコロン（;）を置いてください。3行目では`$dark_gray`という変数に`#666666`という色を割り当てています。

11行目では、**色関数**を用いて色を変換し、それを変数にセットしています。`darken`は色を暗くする関数です。変数`$dark_cyan`が示す色を25%暗くした色が変数`$very_dark_cyan`の値となります。

> Sass/SCSSには数多くの色関数が用意されています。https://sass-lang.com/documentation/modules を参照してください。

では、定義された変数を使って`layout.scss`を書き換えましょう。

リスト 5-25　app/assets/stylesheets/staff/layout.scss

```
1 + @import "colors";
2 +
3   html, body {
4     margin: 0;
5     padding: 0;
6     height: 100%;
7   }
8   div#wrapper {
9     position: relative;
10    box-sizing: border-box;
11    min-height: 100%;
12    margin: 0 auto;
13    padding-bottom: 48px;
14 -  background-color: #cccccc;
14 +  background-color: $gray;
```

```
15     }
16     header {
17       padding: 5px;
18 -     background-color: #448888;
18 +     background-color: $dark_cyan;
19 -     color: #fafafa;
19 +     color: $very_light_gray;
20       span.logo-mark {
21         font-weight: bold;
22       }
23     }
24     footer {
25       bottom: 0;
26       position: absolute;
27       width: 100%;
28 -     background-color: #666666;
28 +     background-color: $dark_gray;
29 -     color: #fafafa;
29 +     color: $very_light_gray;
30       p {
31         text-align: center;
32         padding: 5px;
33         margin: 0;
34       }
35     }
```

アンダースコア（_）で始まる名前を持つSCSSファイルはSCSSパーシャルと呼ばれます。`@import`ディレクティブによって他のSCSSファイルに読み込まれます（1行目）。

```
@import "colors";
```

変数を使用するのは簡単です。16進数で指定されたところを変数で置き換えるだけです。

> 読者の中には、$dark_cyanのように実際の色を表すような変数名を使わずに、$header_bg_colorのような用途を示す変数名を使うべきではないかと思われた方がいらっしゃるかもしれません。かつては私もそのように考えていたのですが、現実にはあまり使い勝手が良くないという結論に達しました。後からSCSSファイルを読み返したときに、実際にどのような色が指定されているのか想像できないので、思考が混乱してしまうのです。これは筆者固有の問題かもしれませんが、私の同僚たちを観察する限りでは、私の同類は多いようです。なお、HTMLのid属性やclass属性にはdark-cyanのような値ではなく、wrapperとかlogomarkのような用途を表現する値を指定すべきです。id属性やclass属性は、背景色のような個別のプロパティの値を示すものではなく、背景色、マージン、フォントサイズなど複数のプロパティに関する設定の集合、すなわちスタイルに名前を与えるためのものだからです。

同様に、container.scss についても色の値を変数で置き換えてください。

リスト 5-26　app/assets/stylesheets/staff/container.scss

```
 1 + @import "colors";
 2 +
 3   div#wrapper {
 4     div#container {
 5       h1 {
 6         margin: 0;
 7         padding: 9px 6px;
 8         font-size: 16px;
 9         font-weight: normal;
10 -       background-color: #1a3333;
10 +       background-color: $very_dark_cyan;
11 -       color: #eeeeee;
11 +       color: $light_gray;
12       }
13     }
14   }
```

ブラウザをリロードしてエラーになったり、表示が変化したりしないことを確認してください。

5-2-7　寸法を変数で表現する

色と同様に、マージンやパディングの幅、フォントサイズなどの寸法に関しても、名前を付けて管理することにしましょう。app/assets/stylesheets/staff ディレクトリに_dimensions.scss というファイルを次のような内容で作成します。

リスト 5-27　app/assets/stylesheets/staff/_dimensions.scss (New)

```
 1 /* マージン、パディング */
 2
 3 $narrow: 2px;
 4 $moderate: 6px;
 5 $wide: 10px;
 6 $very_wide: 20px;
 7
 8 /* フォントサイズ */
 9
10 $tiny: 8px;
11 $small: 10px;
```

```
12  $normal: 12px;
13  $large: 16px;
14  $huge: 20px;
15
16  /* 行の高さ */
17
18  $standard_line_height: 16px;
```

layout.scss を書き換えます。

リスト 5-28　app/assets/stylesheets/staff/layout.scss

```
 1    @import "colors";
 2 +  @import "dimensions";
 3
 :
 9    div#wrapper {
10      position: relative;
11      box-sizing: border-box;
12      min-height: 100%;
13      margin: 0 auto;
14 -    padding-bottom: 48px;
14 +    padding-bottom: ($wide + $moderate) * 2 + $standard_line_height;
15      background-color: $gray;
16    }
17    header {
18 -    padding: 5px;
18 +    padding: $moderate;
19      background-color: $dark_cyan;
20      color: $very_light_gray;
21      span.logo-mark {
22        font-weight: bold;
23      }
24    }
25    footer {
26      bottom: 0;
27      position: absolute;
28      width: 100%;
29      background-color: $dark_gray;
30      color: $very_light_gray;
31      p {
32        text-align: center;
33 -      padding: 5px;
33 +      padding: $moderate;
34        margin: 0;
```

```
35     }
36   }
```

13 行目では、SCSS の四則演算機能を利用しています。($wide + $moderate) * 2 + $standard_line_height という式を計算すると 48px という長さになります。

container.scss を書き換えます。

リスト 5-29　app/assets/stylesheets/staff/container.scss

```
 1    @import "colors";
 2 +  @import "dimensions";
 3
 4    div#wrapper {
 5      div#container {
 6        h1 {
 7          margin: 0;
 8 -        padding: 9px 6px;
 8 +        padding: $moderate * 1.5 $moderate;
 9 -        font-size: 16px;
 9 +        font-size: $large;
10          font-weight: normal;
11          background-color: $very_dark_cyan;
12          color: $light_gray;
13        }
14      }
15    }
```

ブラウザをリロードして、ビジュアルデザインが崩れないことを確かめてください。

5-3　アセットのプリコンパイル

5-3-1　production モード

Rails アプリケーションには development、test、production という 3 つの動作モードがあり、少しずつ振る舞いが異なります。これまで私たちは bin/rails s コマンドで Baukis2 を起動してきました。この場合、アプリケーションはデフォルトの development モードで動きます。

本書で「動作モード」と呼んでいる概念は、正確な Rails 用語では「環境（environment)」と呼ばれます。この「環境」という言葉は多種多様な文脈で使用されて紛らわしいため本書では「モード」あるいは「動作モード」と呼ぶことにしました。

production モードは、実運用（本番）で使用するための動作モードです。このモードでは、ソースコードが書き換わってもアプリケーションはリロードされず、起動時の状態で動作し続けます。また、Rails アプリケーション自体が画像ファイル、JavaScript ファイル、CSS ファイルをブラウザに返さなくなります。実運用環境では、通常 Apache や Nginx などの Web サーバーがこれらのファイルを取り扱うからです。

5-3-2 production モード用のデータベースの作成

production モード用のデータベースを作成するため、config/database.yml を次のように書き換えます。

リスト 5-30 config/database.yml

```
   :
84    production:
85      <<: *default
86      database: baukis2_production
87 -    username: baukis2
87 +    username: postgres
88      password: <%= ENV['BAUKIS2_DATABASE_PASSWORD'] %>
```

そして、web コンテナのターミナルで次のコマンドを実行します。

```
$ bin/rails db:create RAILS_ENV=production
```

5-3-3 assets:precompile タスクの実行

続いて、アセットプリコンパイルを実行します。

```
$ bin/rails assets:precompile
```

すると、public/assets ディレクトリに 1 個の JavaScript ファイル、1 個の CSS ファイル、2 個の gz

ファイルが生成されます。gz ファイルは JavaScript ファイルと CSS ファイルを GZip で圧縮したものです。

5-3-4 暗号化された資格情報

Rails アプリケーションを `production` モードで稼働させるときに留意しなければならないのは、パスワード、秘密鍵、API へのアクセストークンなどの**資格情報** (credentials) を、サーバー上でどのように保持するかということです。これらの情報はサーバー管理者以外の目から隠す必要があります。Rails には「暗号化された資格情報 (Encrypted Credentials)」という仕組みが初めから組み込まれています。

資格情報は `config` ディレクトリにある次の 2 つのファイルを用いて保持されます。

- `credentials.yml.enc`
- `master.key`

前者には資格情報が暗号化されて記録されます。後者は暗号を解くための「鍵」です。この 2 つのファイルを別々に保管すれば安全に資格情報を取り扱うことができます。

> Rails アプリケーションのソースコードを Github などのリポジトリで管理する場合、`master.key` は管理対象から外します。

`credentials.yml.enc` と `master.key` の組み合わせが正しいかどうか確認するため、次のコマンドを実行してください。

```
$ EDITOR=vim bin/rails credentials:edit
```

するとテキストエディタ Vim が起動します（図 5-7）。`:q` と入力して、そのままテキストエディタを閉じてください。

`master.key` が存在しないときや `credentials.yml.enc` と `master.key` の組み合わせが正しくないときは、次のようなエラーメッセージが表示されます。

```
Couldn't decrypt config/credentials.yml.enc. Perhaps you passed the wrong key?
```

この場合は、いったん 2 つのファイルを削除します。

```
$ rm config/credentials.yml.enc config/master.key
```

そして、次のコマンドを実行してから、すぐにエディタを閉じてください。

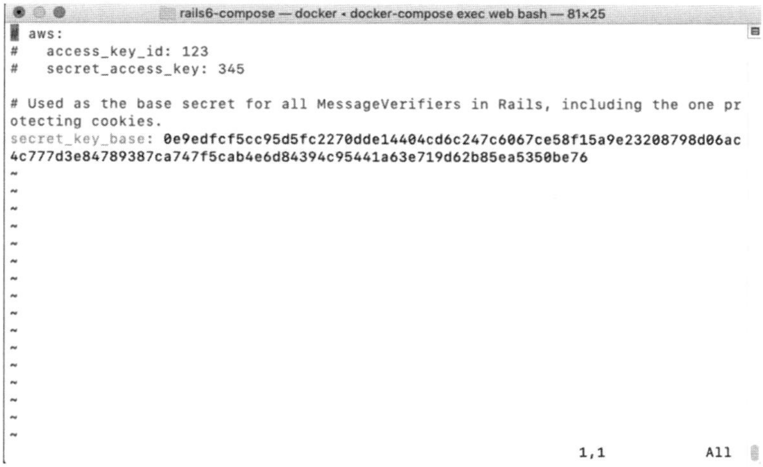

```
rails6-compose — docker ◂ docker-compose exec web bash — 81×25
# aws:
#   access_key_id: 123
#   secret_access_key: 345

# Used as the base secret for all MessageVerifiers in Rails, including the one pr
otecting cookies.
secret_key_base: 0e9edfcf5cc95d5fc2270dde14404cd6c247c6067ce58f15a9e23208798d06ac
4c777d3e84789387ca747f5cab4e6d84394c95441a63e719d62b85ea5350be76
~
~
~
~
~
~
~
~
~
~
~
~
~
~
~
~
                                                          1,1           All
```

図 5-7　テキストエディタ Vim が起動

```
$ EDITOR=vim bin/rails credentials:edit
```

5-3-5　production モードで Baukis2 を起動

では、production モードで Baukis2 を起動しましょう。まず、準備作業として次の export コマンドを実行します。

```
$ export RAILS_SERVE_STATIC_FILES=1
```

原則として、production モードでは CSS、JavaScript、画像などの静的ファイルを Rails アプリケーションが返しませんが、環境変数 RAILS_SERVE_STATIC_FILES に何らかの値をセットすると返すようになります。

> 公開サーバーでは、Nginx や Apache などのウェブサーバーが静的ファイルをブラウザに返すように設定するのが一般的です。

production モードで Baukis2 を起動します。

```
$ bin/rails s -e production -b 0.0.0.0
```

ブラウザをリロードして図 5-6 と同じ画面（79ページ）が表示されれば成功です。

Column　フィンガープリント

public/assets ディレクトリに生成された CSS ファイルには staff-e43fa685e5109caebcf8aec2a3684936.css のような長いファイル名が付けられています。拡張子の直前の 32 桁の 16 進数はフィンガープリントと呼ばれます。この 16 進数は CSS ファイルの中身を MD5 という関数で計算した結果です。ファイルの中身が変化すると MD5 関数の結果はほぼ確実に変化します。ファイル名にフィンガープリントを含める理由は、キャッシュ制御のためです。ブラウザやプロキシはネットワークアクセスを減らすため CSS ファイルなどをキャッシュに保存しますが、この機能がときに問題を引き起こします。アプリケーション側で CSS ファイルが書き換わってもブラウザ側ではページのスタイルが変わらないことがあるのです。しかし、フィンガープリントによりファイル名を変えてしまえば、この問題を回避できます。

5-4 演習問題

問題 1

職員トップページと同様に、管理者トップページと顧客トップページに対してもレイアウトとスタイルシートを作成してください。ただし、管理者トップページにはマゼンタ系の色、顧客トップページには黄色系の色を使用してください。また、色を表す変数名も `cyan` を `magenta` および `yellow` で置き換えてください。

問題 2

管理者用の CSS ファイルと顧客用の CSS ファイルがプリコンパイルの対象となるように `config/initializers/assets.rb` を書き換えてください。

問題 3

アセットのプリコンパイルを行って、`production` モードでも管理者トップページと顧客トップページが正しく表示されることを確認してください。

> 各章末の演習問題は次章以降の展開に影響を与えます。つまり、演習問題で指示されたとおりに Baukis2 を修正したという前提で次の章の説明が始まります。必ず演習問題を解いてから次に進んでください。なお、演習問題の解答は本書巻末付録に掲載されています。

Chapter 6
エラーページ

Chapter 6 では、実運用環境でエラーが発生したときに例外を捕捉して適切なエラーページがユーザーに表示されるような仕組みを整えます。

6-1　例外処理の基礎知識

6-1-1　例外とは

一般にプログラミング言語における**例外**（exception）とは、変則的な事態のことです。例外が発生すると、ソフトウェアは通常の流れから外れて、特別な処理に移行します。「変則的な事態」の典型例はソフトウェアのエラーですが、それだけではありません。プログラマは意図的に例外を発生させることによって、アプリケーションの処理の流れを変えることができます。

Ruby 言語には例外を表現するための `Exception` クラスが用意されています。このクラス（あるいは、その子孫クラス）のインスタンスは、例外の発生元から例外処理のコードへ「変則的な事態」に関する情報を伝達するために利用されます。

ただし、Rails プログラマが普段目にする例外は、`Exception` クラスそのもののインスタンスではなく、`Exception` クラスの子孫クラスのインスタンスです。たとえば、データベーステーブルからレコードを取得する際に、`ActiveRecord::RecordNotFound` という例外が発生することがあります。このクラスの継承関係は

```
← ActiveRecord::ActiveRecordError ← StandardError ← Exception
```

のようになっており、Exception クラスの曾孫（ひまご）に当たります。

なお、本書で取り扱う例外はほとんどが StandardError クラスの子孫です。今後、例外クラスの継承関係を説明する際には、特記しない限り StandardError を基準とします。

6-1-2 raise メソッドと例外処理構文

■ raise メソッド

例外を発生させるには raise メソッドを使用します。raise メソッドの第 1 引数には例外のクラス名、第 2 引数（省略可）には例外を説明するメッセージを指定します。次の例は、ArgumentError（引数が誤っていることを示す例外。StandardError を継承）を発生させます。

```
raise ArgumentError, "the first argument must be a string"
```

引数なしで単に raise とすれば、StandardError を継承する RuntimeError が発生します。引数に文字列を指定すれば、その文字列をメッセージとする RuntimeError が発生します。

■ 例外処理の書き方

Ruby 言語の例外処理構文を模式的に示すと、次のようになります。

```
begin
  X
rescue E1 => e1
  Y1
rescue E2 => e2
  Y2
ensure
  Z
end
```

X、**Y1**、**Y2**、**Z** は任意の Ruby のコードです。複数行に渡っても構いません。E1、E2 は Exception クラスの子孫クラスです。X で例外が発生すると、その時点で X の処理は中断されます。もしその例外オブジェクトがE1のインスタンスであれば、変数e1に例外オブジェクトをセットしてY1が実行されます。同様に、その例外オブジェクトがE2のインスタンスであれば、変数e2に例外オブジェクトをセットしてY2が実行されます。例外オブジェクトがE1のインスタンスでもE2のインスタンスでもなければ、システムエラーとなります。Zの部分はXで例外が発生してもしなくても実行されます。

この構文で使われているbegin、rescue、ensure、endはいずれもRubyの予約語です。beginからendまでが例外処理が行われる範囲です。rescue節には例外が発生したときの処理を記述します。ensure節には、必ず実行すべき処理を記述します。rescue節は複数回書けます。ensure節は省略可能で、多くとも1回しか書けません。

6-1-3 クラスメソッドrescue_from

Railsのコントローラにはrescue_fromというクラスメソッドが用意されていて、アクション内で発生した例外の処理方法を簡単に指定できます。次の例をご覧ください。

```
rescue_from Forbidden, with: :rescue403
```

これをApplicationControllerクラスの定義の中で記述すれば、任意のアクションにおいて例外Forbidden（あるいはその子孫に当たる例外）が発生したときに、アクションが中断されて、メソッドrescue403に処理が移行します。

次に示すのはメソッドrescue403の実装例です。

```
private def rescue403(e)
  @exception = e
  render template: "errors/forbidden", status: 403
end
```

rescue_fromによって例外処理を委任されるメソッドはprivateメソッドとして定義してください。また、引数として例外オブジェクトを受けるように実装する必要があります。ここでは、引数として渡ってきた例外オブジェクトをインスタンス変数@exceptionにセットして、app/views/errors/forbidden.html.erbをERBテンプレートとしてHTML文書を生成しています。renderメソッドに与えているstatusオプションは、HTTPレスポンスのステータスコードです。

> HTTPレスポンスのステータスコードとは、クライアントからのリクエストの結果を示す3桁の整数値です。通常は、リクエストが成功したことを示すステータスコード200を返しますが、ここではアクセス権限がないことを示すステータスコード403を返しています。

6-2　500 Internal Sever Error

HTTP ステータス 500 は、Web サーバーで何らかのエラーが発生したことを示します。本来、エラーは発生してはならないものですが、バグのないソフトウェアは存在しません。あらかじめ異常事態の発生に備えておきましょう。

6-2-1　準備作業

本章では、production モードにおけるアプリケーションの振る舞いをカスタマイズします。通常、このモードではソースコードを変更してもアプリケーション自体を再起動しない限りアプリケーションの振る舞いに反映されませんが、それでは開発しにくいので、一時的に設定を変更します。

リスト 6-1　config/environments/production.rb

```
  :
  4     # Code is not reloaded between requests.
  5 -   config.cache_classes = true
  5 +   config.cache_classes = false
  :
```

次に、例外が発生するように staff/top#index アクションを書き換えます。

リスト 6-2　app/controllers/staff/top_controller.rb

```
1    class Staff::TopController < ApplicationController
2      def index
3 +      raise
4        render action: "index"
5      end
6    end
```

そして、production モードで Baukis2 を起動してください。

```
$ bin/rails s -e production -b 0.0.0.0
```

ブラウザで`http://localhost:3000/staff`にアクセスすると図6-1のような画面が表示されます。

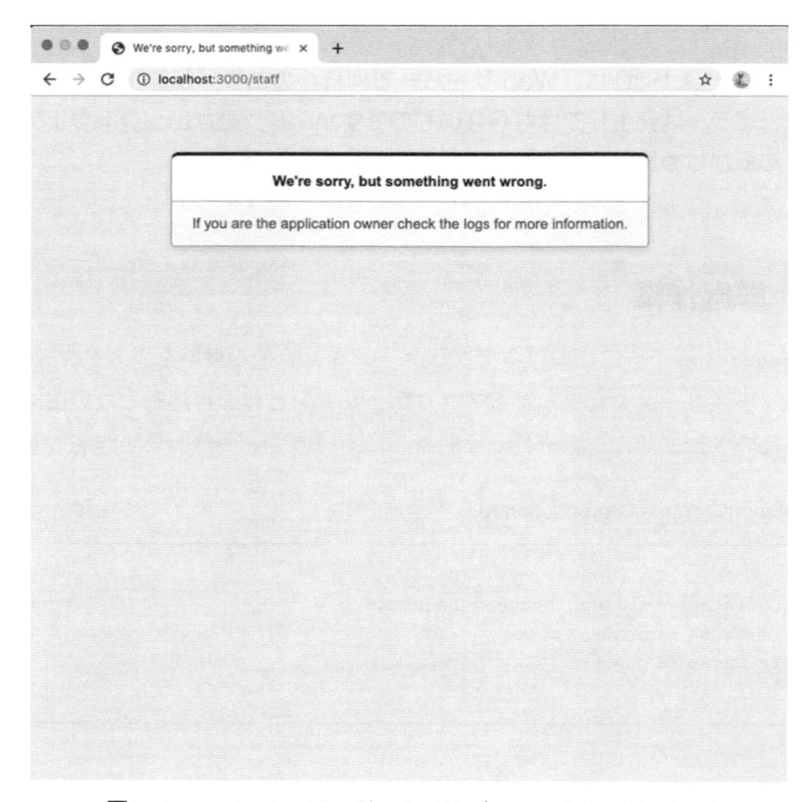

図6-1　productionモードにおけるデフォルトのエラー画面

このエラー画面をカスタマイズするのが、この節の目標です。

Column　productionモードのログを見るには

productionモードでRailsアプリケーションを起動した場合、ターミナルにログが表示されません。しかし、logディレクトリのproduction.logというファイルにログが記録されていますので、ホストOS側のターミナルで次のコマンドを実行すれば、ログを見ながら動作確認を行うことが可能です。

```
% tail -f apps/baukis2/log/production.log
```

Windowsの場合は、VirtualBox上のUbuntuのターミナルでコマンドを実行してください。

production.logに書き込まれたログはターミナルに次々と表示されていきます。ログの閲覧を終了するには Ctrl + C を入力してください。

6-2-2　例外の捕捉

続いて、この例外を処理するコードを実装します。

リスト 6-3　app/controllers/application_controller.rb

```
 1     class ApplicationController < ActionController::Base
 2       layout :set_layout
 3
 4 +     rescue_from StandardError, with: :rescue500
 5
 6       private def set_layout
 7         if params[:controller].match(%r{\A(staff|admin|customer)/})
 8           Regexp.last_match[1]
 9         else
10           "customer"
11         end
12       end
13
14 +     private def rescue500(e)
15 +       render "errors/internal_server_error", status: 500
16 +     end
17     end
```

すでに説明したように`rescue_from`は、コントローラの中で発生した例外を処理するメソッドを指定するクラスメソッドです。ここでは、例外が発生したらメソッド`rescue500`に処理を任せるように指定しています。

メソッド`rescue500`は引数を1個取るように実装してください。この引数には`Exception`オブジェクトが渡されてきます。`render`メソッドには`"errors/internal_server_error"`という文字列を指定しています。前章では`render action: "index"`のようにアクション名を指定する使い方を紹介しましたが、ここではERBテンプレートのパス（ただし、拡張子を除く）を指定しています。すなわち、`app/views/errors/internal_server_error.html.erb`をソースとしてHTML文書が生成されます。

6-2-3 ビジュアルデザイン

エラー画面のビジュアルデザインを整えましょう。まずはERBテンプレートを置くディレクトリを作成します。

```
$ mkdir -p app/views/errors
```

そして、そこに新規ファイル internal_server_error.html.erb を次のような内容で作成します。

リスト 6-4 app/views/errors/internal_server_error.html.erb (New)

```
1  <div id="error">
2    <h1>500 Internal Server Error</h1>
3    <p>申し訳ございません。システムエラーが発生しました。</p>
4  </div>
```

次に、スタイルシートです。エラー画面用のスタイルシートはアプリケーション全体で共通化することにします。まず、app/assets/stylesheets ディレクトリに shared ディレクトリを作り、そこに次のような内容で errors.scss というファイルを作ります。

リスト 6-5 app/assets/stylesheets/shared/errors.scss (New)

```
1  $dark_gray: #666666;
2  $very_light_gray: #fafafa;
3  
4  div#error {
5    width: 600px;
6    margin: 20px auto;
7    padding: 20px;
8    border-radius: 10px;
9    border: solid 4px $dark_gray;
10   background-color: $very_light_gray;
11   text-align: center;
12   p.url { font-family: monospace; }
13 }
```

前章では、色の値を変数にセットするため_colors.scss という SCSS パーシャルを用意して@import ディレクティブで読み込みましたが、このように同一の SCSS ファイルの中で変数を定義して、参照しても構いません。

そして、アセットパイプラインの対象ディレクトリに shared を加えます。

リスト 6-6 app/assets/stylesheets/staff.css

```
1    /*
2 +  *= require_tree ./shared
3    *= require_tree ./staff
4    */
```

リスト 6-7 app/assets/stylesheets/admin.css

```
1    /*
2 +  *= require_tree ./shared
3    *= require_tree ./admin
4    */
```

リスト 6-8 app/assets/stylesheets/customer.css

```
1    /*
2 +  *= require_tree ./shared
3    *= require_tree ./customer
4    */
```

アセットをプリコンパイルします。

```
$ bin/rails assets:precompile RAILS_ENV=production
```

以上で、「500 Internal Server Error」用エラーページのカスタマイズは完了です。Baukis2 を起動し直してからブラウザをリロードすると、画面は図 6-2 のように変化します。

表示の確認が済んだら、staff/top#index アクションから raise の行を削除してください。

リスト 6-9 app/controllers/staff/top_controller.rb

```
1    class Staff::TopController < ApplicationController
2      def index
3 -      raise
4        render action: "index"
```

```
5      end
6    end
```

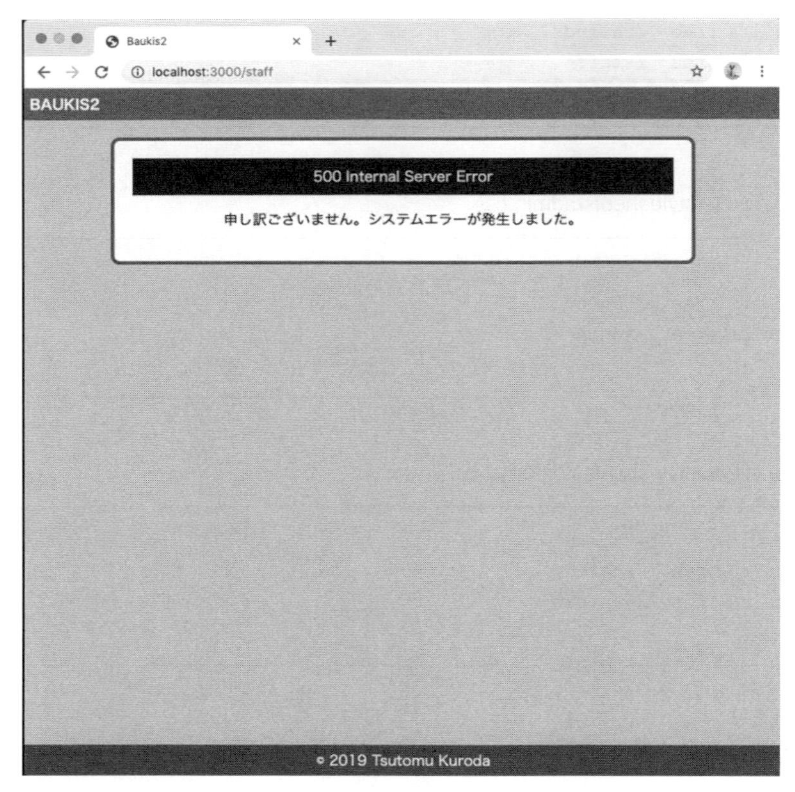

図 6-2　カスタマイズされたステータス 500 用のエラー画面

6-3　403 Forbidden

HTTP ステータスコード 403 は、要求されたリソースが Web サイトに存在するが、何らかの理由でアクセスを拒否されたことを示します。Baukis2 では、権限不足または IP アドレス制限によるアクセス拒否をこのステータスコードで表現することにします。

6-3-1　例外の捕捉

app/controllers/application_controller.rb を次のように書き換えてください。

リスト 6-10　app/controllers/application_controller.rb

```
 1    class ApplicationController < ActionController::Base
 2      layout :set_layout
 3 +
 4 +    class Forbidden < ActionController::ActionControllerError; end
 5 +    class IpAddressRejected < ActionController::ActionControllerError; end
 6
 7      rescue_from StandardError, with: :rescue500
 8 +    rescue_from Forbidden, with: :rescue403
 9 +    rescue_from IpAddressRejected, with: :rescue403
10
11      private def set_layout
12        if params[:controller].match(%r{\A(staff|admin|customer)/})
13          Regexp.last_match[1]
14        else
15          "customer"
16        end
17      end
18 +
19 +    private def rescue403(e)
20 +      @exception = e
21 +      render "errors/forbidden", status: 403
22 +    end
23
24      private def rescue500(e)
25        render "errors/internal_server_error", status: 500
26      end
27    end
```

4～5 行では、クラス Forbidden と IpAddressRejected を定義しています。本来であれば

```
class Forbidden < ActionController::ActionControllerError
end
class IpAddressRejected < ActionController::ActionControllerError
end
```

のように 4 行に分けて書くべきところですが、中身は空なのでセミコロンで 2 行にまとめています。これらのクラスはクラス ActionController::ActionControllerError を継承することによって例外

クラスとなります。

> クラス ActionController::ActionControllerError はクラス StandardError を継承する例外クラスで、コントローラで発生するさまざまな例外の親クラスまたは祖先クラスとなっています。

また、これらのクラスは `ApplicationController` クラスの中で定義されています。この場合、`ApplicationController` がモジュールとしての役割を果たし、それらの名前空間となります。すなわち、`ApplicationController` の文脈以外で参照するときは、`ApplicationController::Forbidden` や `ApplicationController::IpAddressRejected` のように書かなければなりません。

8〜9 行では、「500 Internal Server Error」の場合と同様に、クラスメソッド `rescue_from` で例外クラスと例外処理を担当するメソッド名を指定しています。

```
rescue_from Forbidden, with: :rescue403
rescue_from IpAddressRejected, with: :rescue403
```

ここで 1 つ注意事項があります。親子関係（あるいは先祖・子孫の関係）にある例外を `rescue_from` に指定する場合、親（先祖）の方を先に指定しなくてはならない、ということです。`StandardError` は、`ActionController::ActionControllerError` クラスの先祖です。したがって、7 行目を 8〜9 行と順序を入れ替えるとうまく動きません。`Forbidden` や `IpAddressRejected` などの例外が `rescue500` メソッドによって処理されるようになってしまいます。

6-3-2 ERB テンプレートの作成

続いて、ERB テンプレートを用意します。

リスト 6-11 app/views/errors/forbidden.html.erb (New)

```
1  <div id="error">
2    <h1>403 Forbidden</h1>
3    <p>
4      <%=
5        case @exception
6        when ApplicationController::IpAddressRejected
7          "あなたの IP アドレス（#{request.ip}）からは利用できません。"
8        else
9          "指定されたページを閲覧する権限がありません。"
10       end
11     %>
```

```
12      </p>
13    </div>
```

インスタンス変数`@exception`には例外オブジェクトがセットされていますので、その種類によってエラーメッセージを切り替えています。例外`ApplicationController::IpAddressRejected`が発生した場合は、`request.ip`が返すクライアントのIPアドレスをエラーメッセージの中に埋め込んでいます。`request`はrequestオブジェクト（コラム参照）を返すメソッドです。`request.path`でURLパスを参照できます。

Column　request オブジェクト

request オブジェクトは、ActionDispatch::Request クラスのインスタンスで、クライアントからのリクエストに関する情報を保持するオブジェクトです。URL のパス部分を返す path メソッドの他、URL 全体を返す url メソッド、アクセス元の IP アドレスを返す ip メソッドなどを持っています。なお、path メソッドと url メソッドは ActionDispatch::Request クラスの親クラス Rack::Request で定義されています。Rack::Request クラスについての詳しい情報は、以下の URL を参照してください。

https://www.rubydoc.info/gems/rack/Rack/Request

6-3-3　動作確認

エラー画面が正しく表示されるかどうかを調べるため、アクションの中で意図的に例外を引き起こしてみましょう。まず、`admin/top#index`アクションを次のように変更します。

リスト 6-12　app/controllers/admin/top_controller.rb

```
1    class Admin::TopController < ApplicationController
2      def index
3 +      raise IpAddressRejected
4        render action: "index"
5      end
6    end
```

> 例外 ApplicationController::IpAddressRejected は、コントローラの中では名前空間を省いた IpAddressRejected で参照できます。なぜなら、ApplicationController はすべてのコントローラの親または先祖だからです。Ruby インタープリタは未知の定数 IpAddressRejected に出会うと、まず現在の文脈（Admin::TopController）でその定数が定義されていないかどうかを調べ、定義されていなければその先祖クラスに遡って定数定義を調べていきます。

ブラウザで `http://localhost:3000/admin` にアクセスすると、**図 6-3** のようなエラー画面が表示されます。

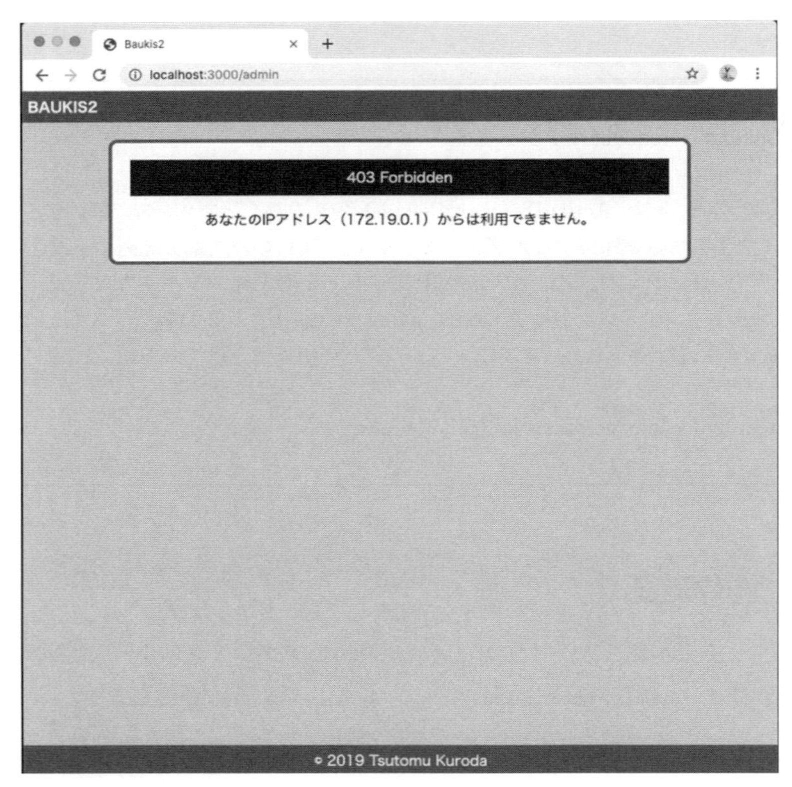

図 6-3　カスタマイズされたステータス 403 用のエラー画面（1）

エラー画面を確認したら `admin/top#index` アクションを元に戻してください。

リスト 6-13 app/controllers/admin/top_controller.rb

```
1    class Admin::TopController < ApplicationController
2      def index
3 -      raise IpAddressRejected
4        render action: "index"
5      end
6    end
```

次に、customer/top#index アクションを次のように変更します。

リスト 6-14 app/controllers/customer/top_controller.rb

```
1    class Customer::TopController < ApplicationController
2      def index
3 +      raise Forbidden
4        render action: "index"
5      end
6    end
```

例外 ApplicationController::IpAddressRejected と同様に、例外 ApplicationController::Forbidden もコントローラの中では名前空間を省いた Forbidden で参照できます。

そして、ブラウザで http://localhost:3000/customer にアクセスして、図 6-4 のようなエラー画面が表示されれば OK です。

エラー画面を確認したら customer/top#index アクションを元に戻してください。

リスト 6-15 app/controllers/customer/top_controller.rb

```
1    class Customer::TopController < ApplicationController
2      def index
3 -      raise Forbidden
4        render action: "index"
5      end
6    end
```

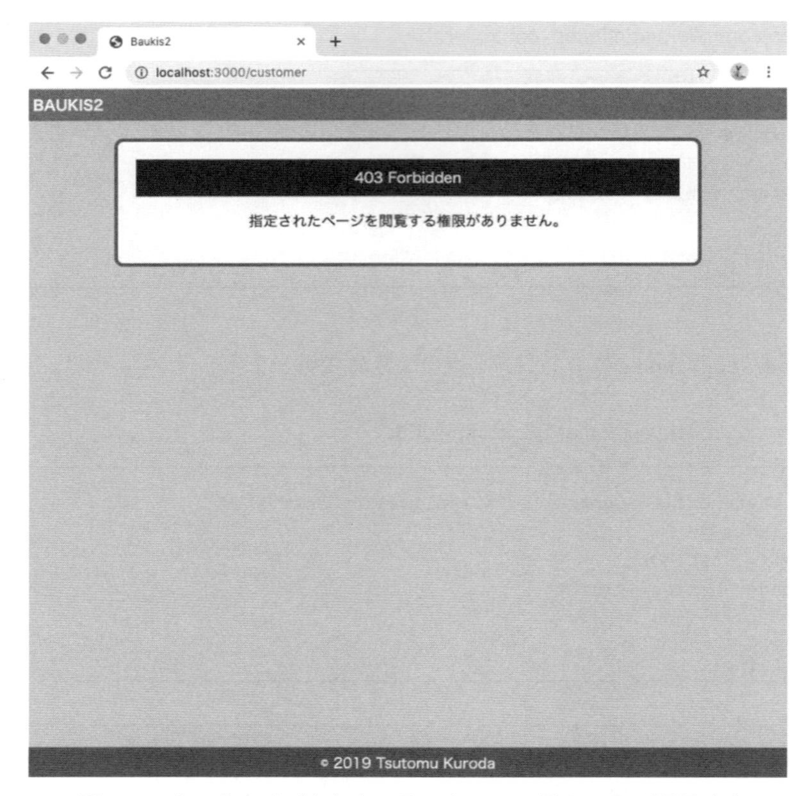

図 6-4　カスタマイズされたステータス 403 用のエラー画面（2）

6-4　404 Not Found

HTTP ステータスコード 404 は、リソースが見つからないことを表します。Baukis2 では 2 つの場合でこのステータスコードを使用してエラー画面を表示します。クライアントによって指定された URL パスに対応するルーティングが存在しない場合、そして指定された条件に合致するレコードがデータベースに存在しない場合です。

6-4-1　例外 ActionController::RoutingError の処理

`config/routes.rb` に記述されたルーティングのいずれにも当てはまらないような HTTP リクエストが Rails アプリケーションに届いたとき、例外 `ActionController::RoutingError` が発生します。

しかし、クラスメソッド `rescue_from` は、アクションで発生した例外を捕捉するためのものなので、ルーティング処理の段階で発生する例外を捕捉できません。そこで、ちょっとした工夫が必要となります。

まず、config/initializers ディレクトリに新規ファイル exceptions_app.rb を次のような内容で作成します。

リスト 6-16　config/initializers/exceptions_app.rb (New)

```
1   Rails.application.configure do
2     config.exceptions_app = ->(env) do
3       request = ActionDispatch::Request.new(env)
4
5       action =
6         case request.path_info
7         when "/404"; :not_found
8         when "/422"; :unprocessable_entity
9         else; :internal_server_error
10        end
11
12      ErrorsController.action(action).call(env)
13    end
14  end
```

次に errors コントローラを生成します（web コンテナ側で実行）。

```
$ bin/rails g controller errors
```

そして、app/controllers ディレクトリにできたファイル errors_controller.rb を次のように書き換えます。

リスト 6-17　app/controllers/errors_controller.rb

```
1    class ErrorsController < ApplicationController
2 +    layout "staff"
3 +
4 +    def not_found
5 +      render status: 404
6 +    end
7 +
8 +    def unprocessable_entity
9 +      render status: 422
10 +   end
```

```
11 +
12 +   def internal_server_error
13 +     render status: 500
14 +   end
15   end
```

app/views/errors ディレクトリの下にエラーページ用のテンプレートを 2 つ作成します。

リスト 6-18　app/views/errors/not_found.html.erb (New)

```
1  <div id="error">
2    <h1>404 Not Found</h1>
3    <p>指定されたページは見つかりません。</p>
4    <p class="url"><%= request.env["REQUEST_URI"] %></p>
5  </div>
```

リスト 6-19　app/views/errors/unprocessable_entity.html.erb (New)

```
1  <div id="error">
2    <h1>422 Unprocessable Entity</h1>
3    <p>指定されたページは表示できません。</p>
4  </div>
```

以上で、「404 Not Found」用エラーページのカスタマイズは完了です。ブラウザで http://localhost:3000/xyz にアクセスすると、図 6-5 のようならエラー画面が表示されます。

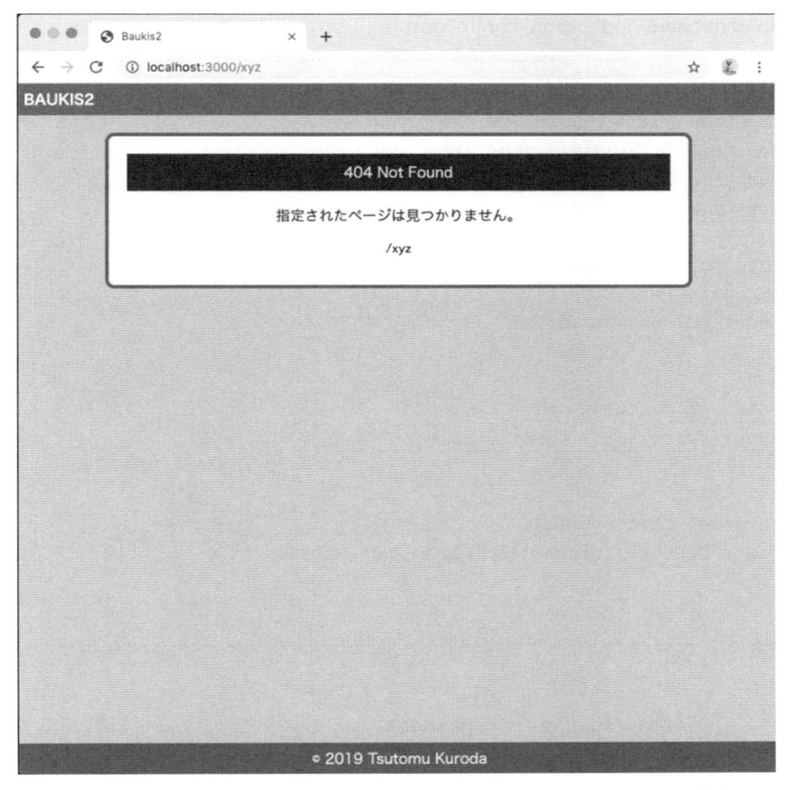

図 6-5　カスタマイズされたステータス 404 用のエラー画面（1）

6-4-2　例外 ActiveRecord::RecordNotFound の処理

Active Record 経由でデータベースを検索してレコードが見つからなかったときに例外 `ActiveRecord::RecordNotFound` が発生することがあります。この場合、Baukis2 では「404 Not Found」のエラーページを表示することにします。

たとえば、`http://localhost:3000/staff/customers/123` は、123 という `id` を持つ顧客の情報を閲覧するための URL です。しかし、123 という `id` を持つ顧客のレコードがまだ存在しないか、あるいは削除されてしまった場合には例外 `ActiveRecord::RecordNotFound` を発生させます。

そこで、`rescue_from` で例外 `ActiveRecord::RecordNotFound` の処理方法を登録しましょう。

リスト 6-20　app/controllers/application_controller.rb

```
  :
  7      rescue_from StandardError, with: :rescue500
  8      rescue_from Forbidden, with: :rescue403
  9      rescue_from IpAddressRejected, with: :rescue403
 10 +    rescue_from ActiveRecord::RecordNotFound, with: :rescue404
  :
 20      private def rescue403(e)
 21        @exception = e
 22        render "errors/forbidden", status: 403
 23      end
 24 +
 25 +    private def rescue404(e)
 26 +      render "errors/not_found", status: 404
 27 +    end
 28
 29      private def rescue500(e)
 30        render "errors/internal_server_error", status: 500
 31      end
 32    end
```

動作確認のため、一時的に customer/top#index アクションを次のように変更します。

リスト 6-21　app/controllers/customer/top_controller.rb

```
 1    class Customer::TopController < ApplicationController
 2      def index
 3 +      raise ActiveRecord::RecordNotFound
 4        render action: "index"
 5      end
 6    end
```

ブラウザで http://localhost:3000/customer にアクセスして、図 6-6 のようなエラー画面が表示されれば OK です。

エラー画面を確認したら customer/top#index アクションを元に戻してください。

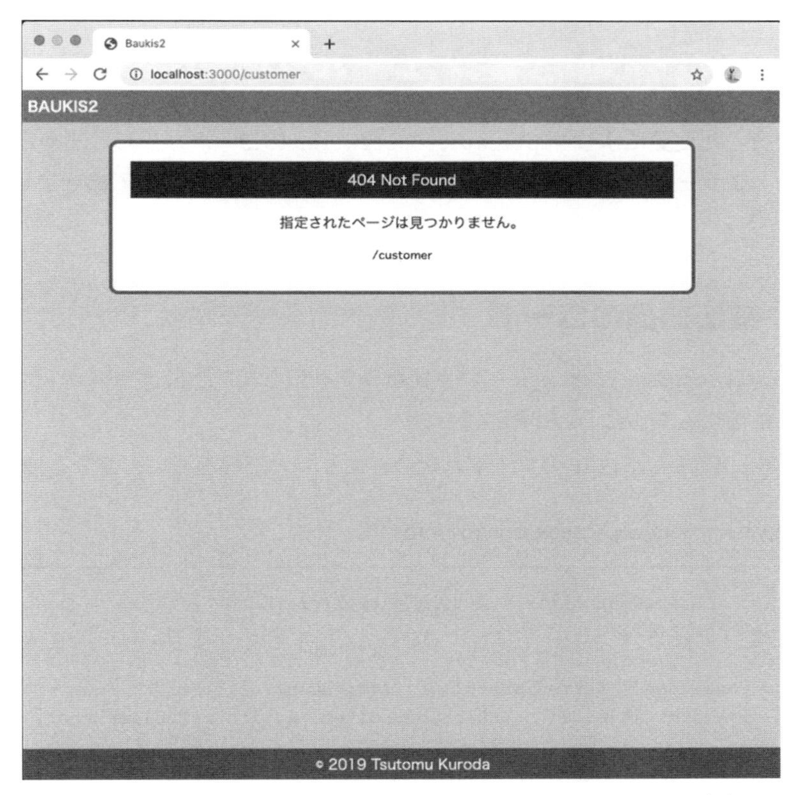

図 6-6 カスタマイズされたステータス 404 用のエラー画面（2）

リスト 6-22 app/controllers/customer/top_controller.rb

```
1    class Customer::TopController < ApplicationController
2      def index
3 -      raise ActiveRecord::RecordNotFound
4        render action: "index"
5      end
6    end
```

6-5 エラー処理モジュールの抽出

この章で行った変更により ApplicationController のコードが少しごちゃごちゃしてきました。エラー処理に関する部分だけをモジュールとして抽出しておきましょう。

6-5-1 抽出対象のコード

本節では、ActiveSupport::Concern という仕組みを利用して、あるクラスからコードの一部を別のモジュールに抽出する方法について学びます。

現在の ApplicationController のコードは次のとおりで、下線を引いた部分を抽出します。

リスト 6-23 app/controllers/application_controller.rb

```
1  class ApplicationController < ActionController::Base
2    layout :set_layout
3
4    class Forbidden < ActionController::ActionControllerError; end
5    class IpAddressRejected < ActionController::ActionControllerError; end
6
7    rescue_from StandardError, with: :rescue500
8    rescue_from Forbidden, with: :rescue403
9    rescue_from IpAddressRejected, with: :rescue403
10   rescue_from ActiveRecord::RecordNotFound, with: :rescue404
11
12   private def set_layout
13     if params[:controller].match(%r{\A(staff|admin|customer)/})
14       Regexp.last_match[1]
15     else
16       "customer"
17     end
18   end
19
20   private def rescue403(e)
21     @exception = e
22     render "errors/forbidden", status: 403
23   end
24
25   private def rescue404(e)
26     render "errors/not_found", status: 404
27   end
```

```
28
29    private def rescue500(e)
30      render "errors/internal_server_error", status: 500
31    end
32  end
```

6-5-2 ErrorHandlers モジュールの作成

app/controllers/concerns ディレクトリに新規ファイル error_handlers.rb を作成します。

リスト 6-24　app/controllers/concerns/error_handlers.rb (New)

```
 1  module ErrorHandlers
 2    extend ActiveSupport::Concern
 3
 4    included do
 5      rescue_from StandardError, with: :rescue500
 6      rescue_from ApplicationController::Forbidden, with: :rescue403
 7      rescue_from ApplicationController::IpAddressRejected, with: :rescue403
 8      rescue_from ActiveRecord::RecordNotFound, with: :rescue404
 9    end
10
11    private def rescue403(e)
12      @exception = e
13      render "errors/forbidden", status: 403
14    end
15
16    private def rescue404(e)
17      render "errors/not_found", status: 404
18    end
19
20    private def rescue500(e)
21      render "errors/internal_server_error", status: 500
22    end
23  end
```

app/controllers/concerns は、ActiveSupport::Concern という仕組みのためのディレクトリです。このディレクトリにはコントローラで使用するモジュールを配置します。

error_handlers.rb の 2 行目に次のような記述があります。

```
extend ActiveSupport::Concern
```

concerns ディレクトリに置くモジュールには必ずこの記述を加えます。するとこのモジュールに、通常のモジュールにはない 2 つの性質が加えられます。

1 つは、included メソッドが利用可能になります。このメソッドはブロックを取り、ブロック内のコードがモジュールを読み込んだクラスの文脈で評価されます。error_handlers.rb では 4〜9 行に次のように書かれています。

```
included do
  rescue_from StandardError, with: :rescue500
  rescue_from ApplicationController::Forbidden, with: :rescue403
  rescue_from ApplicationController::IpAddressRejected, with: :rescue403
  rescue_from ActiveRecord::RecordNotFound, with: :rescue404
end
```

do...end の中に書かれた 4 つの rescue_from メソッドは、ErrorHandlers モジュールを読み込んだクラス（つまり、ApplicationController）のクラスメソッドとして評価されることになります。なお、6〜7 行では Forbidden クラスと IpAddressRejected クラスに名前空間 ApplicationController が加えられている点に注意してください。抽出元のコードは ApplicationController クラスの中にあったため名前空間の指定が不要でしたが、外に出たため名前空間付きで参照しなければなりません。

もう 1 つの性質は、このモジュールのサブクラスとして ClassMethods というクラスを定義しておくと、そのメソッドがモジュールを読み込んだクラスのクラスメソッドとして取り込まれる、というものですが、今回はこの性質を利用しません。

もちろん、モジュールとしての本来の性質も失ってはいません。11〜21 行に記述されている 3 つの private メソッドは、ApplicationController のインスタンスメソッドになります。

6-5-3 ApplicationController の書き換え

では、ErrorHandlers モジュールを ApplicationController に読み込みましょう。

リスト 6-25 app/controllers/application_controller.rb

```
 :
 4    class Forbidden < ActionController::ActionControllerError; end
 5    class IpAddressRejected < ActionController::ActionControllerError; end
 6
```

```
 7 -   rescue_from StandardError, with: :rescue500
 8 -   rescue_from Forbidden, with: :rescue403
 9 -   rescue_from IpAddressRejected, with: :rescue403
10 -   rescue_from ActiveRecord::RecordNotFound, with: :rescue404
 7 +   include ErrorHandlers
 8
 9     private def set_layout
10       if params[:controller].match(%r{\A(staff|admin|customer)/})
11         Regexp.last_match[1]
12       else
13         "customer"
14       end
15     end
16 -
17 -   private def rescue403(e)
18 -     @exception = e
19 -     render "errors/forbidden", status: 403
20 -   end
21 -
22 -   private def rescue404(e)
23 -     render "errors/not_found", status: 404
24 -   end
25 -
26 -   private def rescue500(e)
27 -     render "errors/internal_server_error", status: 500
28 -   end
16   end
```

開発が進むにつれて`ApplicationController`は複雑になりがちなので、早い段階から整理整頓しておくことをお勧めします。

さて、本章で用意してきたエラー処理は実運用（本番）環境、すなわち`production`モードで使用するためのものです。`development`モードと`test`モードではオリジナルのエラー画面が表示された方が、開発を進めやすいでしょう。そこで、`application_controller.rb`を次のように書き換えてください。

リスト 6-26　app/controllers/application_controller.rb

```
 :
 7 -   include ErrorHandlers
 7 +   include ErrorHandlers if Rails.env.production?
 :
```

最後に、本章の冒頭で変更したconfig/environments/production.rbの設定を元に戻します。

リスト 6-27　config/environments/production.rb

```
  :
  4    # Code is not reloaded between requests.
  5 -  config.cache_classes = false
  5 +  config.cache_classes = true
  :
```

次章以降では、原則としてdevelopmentモードでアプリケーションを起動して動作確認を行います。

Part III

ユーザー認証とDB 処理の基本

Chapter 7 ユーザー認証(1)

Chapter 7では、ユーザー認証の仕組みを作るための準備作業として、職員のメールアドレス、パスワードなどを記録するデータベーステーブルと、そのテーブルを操作するためのモデルクラスを作ります。また、セッションという概念についても学習します。

7-1 マイグレーション

この節では、Baukis2の主要な利用者である職員（staff members）の情報を記録するデータベーステーブル `staff_members` を作成します。

7-1-1 各種スケルトンの生成

最初に、次のコマンドを実行してください（webコンテナ側で実行）。

```
$ bin/rails g model StaffMember
```

`rails g model` コマンドは、モデルに関連する各種スケルトン（最低限の骨格だけを持つファイル）を作成するコマンドです。ここでは `StaffModel` という名前のモデルを作成しています。「モデル」という言葉の意味やモデルとテーブルの関係については次節で説明します。

このコマンドによって以下の3つのファイルが生成されます。

- db/migrate/20190101000000_create_staff_members.rb
- app/models/staff_member.rb
- spec/models/staff_member_spec.rb

第1のファイルは**マイグレーションスクリプト**と呼ばれます。データベースの構造（スキーマ）を変更するRubyスクリプトです。テーブルを追加したり、テーブルの定義を変更したりするのが主な役割です。ファイル名の先頭にある14桁の数字はタイムスタンプです。`rails g model` コマンドを実行した時刻に基づいて付けられます。ただし、時刻はUTC（世界協定時）で表示されますので、日本時間とは9時間の時差があります。

> 本書では、最初のマイグレーションスクリプトのタイムスタンプを2019年1月1日0時0分0秒とし、新しいファイルが追加されるごとに1秒ずつ進めていくことにします。しかし、読者の皆さんはタイムスタンプを書籍に合わせる必要はありません。

第2のファイルは `StaffMember` クラスを定義するファイル、第3のファイルは `StaffMember` クラスのためのspecファイルです。

もし `StaffMember` の綴りを間違えてしまった場合は、次のコマンドで3つのスケルトンを削除してからやり直してください。

```
$ bin/rails destroy model XXX
```

ただし、`XXX` の部分には間違えた綴りを入力してください。

7-1-2 マイグレーションスクリプト

初期状態のマイグレーションスクリプトの中身は次のとおりです。

リスト 7-1　db/migrate/20190101000000_create_staff_members.rb

```
1  class CreateStaffMembers < ActiveRecord::Migration[6.0]
2    def change
3      create_table :staff_members do |t|
4
5        t.timestamps
6      end
7    end
8  end
```

ActiveRecord::Migration[6.0] クラスを継承した CreateStaffMembers クラスを定義しています。クラス名に含まれる [6.0] は、このマイグレーションスクリプトが Rails バージョン 6.0 で生成されたことを示しています。

インスタンスメソッド change の中でデータベースにテーブルを追加する手順を記述します。create_table メソッドは引数に指定した名前のテーブルを作成します。そのテーブルが持つべきカラムの型や名前はブロックの中で記述します。

ブロック変数 t には **TableDefinition オブジェクト**がセットされます。このオブジェクトの各種メソッドを呼び出すことでテーブルの定義を行います。初期状態では timestamps メソッドだけが記述されています。これは created_at と updated_at という名前を持つ日時型のカラムをテーブルに追加するメソッドです。この 2 つのカラムは Rails がレコードの作成時刻と最終変更時刻を記録するために使用します。

では、マイグレーションスクリプトを次のように書き換えてください。

リスト 7-2　db/migrate/20190101000000_create_staff_members.rb

```
1     class CreateStaffMembers < ActiveRecord::Migration[6.0]
2       def change
3         create_table :staff_members do |t|
4  +        t.string :email, null: false # メールアドレス
5  +        t.string :family_name, null: false # 姓
6  +        t.string :given_name, null: false # 名
7  +        t.string :family_name_kana, null: false # 姓（カナ）
8  +        t.string :given_name_kana, null: false # 名（カナ）
9  +        t.string :hashed_password # パスワード
10 +        t.date :start_date, null: false # 開始日
11 +        t.date :end_date # 終了日
12 +        t.boolean :suspended, null: false, default: false # 無効フラグ
13
14          t.timestamps
15        end
16 +
17 +      add_index :staff_members, "LOWER(email)", unique: true
18 +      add_index :staff_members, [ :family_name_kana, :given_name_kana ]
19      end
20    end
```

4 行目をご覧ください。

```
t.string :email, null: false                       # メールアドレス
```

TableDefinition オブジェクトの string メソッドを呼んで、文字列型のカラム email を定義しています。オプション null に false を指定すると、このカラムに NOT NULL 制約を設定します。この制約が課せられたカラムに NULL 値をセットしようとするとデータベース管理システム（PostgreSQL）側でエラーになります。

5〜8 行の構造はすべて同じです。NOT NULL 制約のある文字列型のカラムを 4 つ定義しています。

9 行目では、NOT NULL 制約のない文字列型のカラム hashed_password を定義しています。

```
      t.string :hashed_password                        # パスワード
```

このカラムには、パスワードをハッシュ関数（後述）で処理した値が格納されます。このカラムの値が NULL の場合、パスワードが未設定であることを示します。

10〜11 行では日付型のカラム start_date を定義しています。

```
      t.date :start_date, null: false                  # 開始日
      t.date :end_date                                 # 終了日
```

開始日には NOT NULL 制約が設定されていますが、終了日には設定しません。今日の日付が開始日よりも前であればログインできません。また、終了日が設定されていて、かつ今日の日付が終了日以降であればログインできません。

12 行目では、ブーリアン型（論理型）のカラム suspended を定義しています。

```
      t.boolean :suspended, null: false, default: false # 無効フラグ
```

NOT NULL 制約が設定されたうえで、default: false オプションによりデフォルト値として false が与えられています。このカラムは一時的にアカウントを無効にするために使用します。このカラムに true がセットされている職員は Baukis2 にログインできません。

Column　TableDefinition#column メソッド

本章では TableDefinition オブジェクトのインスタンスメソッドとして string、date、boolean の 3 種を使用しました。他にも整数型や時刻型などのカラム型ごとに専用のメソッドが用意されており、以降の章で順次紹介していきますが、利用できるメソッドやオプションの一覧はどうやって調べればよいでしょうか。

Ruby on Rails の API 検索サイト https://api.rubyonrails.org で string を検索しても、TableDefinition オブジェクトの string メソッドの説明にはたどり着きません。検索すべきは column メソッド

です。実は、string メソッドは column メソッドの短縮メソッド（shorthand）として定義されており、API ドキュメントでも column メソッドの項で説明されています。
　次の 2 つのメソッド呼び出しはまったく同じ意味です。

```
t.column :email, :string, null: false
t.string :email, null: false
```

　TableDefinition オブジェクトの正確なクラス名は ActiveRecord::ConnectionAdapters::TableDefinition です。ブラウザで以下の URL を開き column メソッドの項を参照してください。

https://api.rubyonrails.org/classes/ActiveRecord/ConnectionAdapters/TableDefinition.html

7-1-3　インデックス（索引）の設定

　マイグレーションスクリプトの 17 行目では、カラム email に対する**インデックス**（索引）を作成しています。

```
add_index :staff_members, "LOWER(email)", unique: true
```

　カラムにインデックスを作成する目的は、そのカラムを用いた検索やソートの高速化です。ここではさらに unique: true オプションを用いて、カラム email に UNIQUE 制約（一意性制約）を課しています。これによって同じメールアドレスを持つ職員が誤って登録されることがなくなります。

　add_index メソッドの第 1 引数にはテーブル名を指定します。通常、第 2 引数には :email のようにインデックスを作成する対象のカラム名をシンボルで指定します。しかし、ここでは "LOWER(email)" という文字列が指定されています。この場合、文字列全体を式として評価した値がインデックス作成で使われることになります。

SQL では関数名に関して大文字と小文字は区別されませんので、第 2 引数に "lower(email)" と書いても効果は同じです。SQL の関数名を大文字で書くのは筆者の習慣です。

　LOWER 関数は文字列に含まれるすべての大文字のアルファベットを小文字のアルファベットに変換して返します。なぜこのような処理が必要なのでしょうか。

　通常、インターネットを経由してメールを交換する際、メールアドレスの大文字と小文字の違いは無視されます。先の職員の名刺には Tsutomu.Kuroda@example.com と書いてあるかもしれませんが、すべて小文字で置き換えても大文字で置き換えても、その職員にメールは届きます。

> メールアドレスの大文字と小文字を区別するかどうかは、メールサーバーの設定によります。実際には区別しない設定にしているところが大半です。

とすれば、Baukis2 ではメールアドレスを識別する際に、アルファベットの大文字と小文字を区別しないようにすべきです。ここで 1 つ問題が生じます。PostgreSQL はインデックスを管理する際にアルファベットの大文字と小文字を区別します。つまり、PostgreSQL では実質的に同一のメールアドレスが複数個 staff_members テーブルに登録されてしまう可能性があるのです。この事態を防ぐために、LOWER 関数を使用しています。

マイグレーションスクリプトの 18 行目では、カラム family_name_kana と given_name_kana に複合インデックスを設定しています。

```
add_index :staff_members, [ :family_name_kana, :given_name_kana ]
```

職員一覧をフリガナでソートして表示するときに、この複合インデックスが効果を発揮します。

Column　インデックスの効果

インデックスは、検索やソートを高速化するためのデータ構造です。コンピュータシステムが導入される前の古い図書館を想像してください。蔵書の書誌をカードに記録して整理しておくと、本棚から本を取り出す時間を短縮できます。もちろんカードの記録・整理にも時間がかかりますが、総合的に考えると図書館の運用効率は高まります。データベース管理システムでも、テーブルの特定のカラムにインデックスを作成すると運用効率が上昇します。

ただし、インデックスを管理するためのメモリやディスクスペースが余分に必要になり、テーブルへの書き込み時にインデックスを書き換えるために付加的な処理が必要になりますので、むやみにインデックスを作成すればよいというものでもありません。

7-1-4 マイグレーションの実行

マイグレーションスクリプトを実行してデータベースの構造を変更することを、Rails 用語で**マイグレーション**と呼びます。web コンテナ側のターミナルで次のコマンドを実行してください。

```
$ bin/rails db:migrate
```

これによって先ほど作成した 20190101000000_create_staff_members.rb が実行され、次のようなメッセージがターミナルに表示されます。

```
== 20190101000000 CreateStaffMembers: migrating ================================
-- create_table(:staff_members)
   -> 0.0109s
-- add_index(:staff_members, "LOWER(email)", {:unique=>true})
   -> 0.0087s
-- add_index(:staff_members, [:family_name_kana, :given_name_kana])
   -> 0.0131s
== 20190101000000 CreateStaffMembers: migrated (0.0328s) ======================
```

Railsは実行済みのマイグレーションスクリプトのタイムスタンプを`schema_migrations`という名前のテーブルに記録しており、`bin/rails db:migrate`を繰り返し実行してもマイグレーションスクリプトは一度しか実行されません。

もし、マイグレーション実行中にエラーが発生した場合には、マイグレーションスクリプトを見直したうえで、次のコマンドを実行してください。

```
$ bin/rails db:migrate:reset
```

このコマンドは、いったんデータベースを削除したうえで、新たにデータベースを作成し、マイグレーションを実行します。

マイグレーションの副産物として`db`ディレクトリに`schema.rb`というファイルが生成されます。このファイルには、データベースの構造を復元するための情報が記述されています。

7-1-5 主キー

`staff_members`テーブルがどのようなカラムを持っているかを調べるには、次のコマンドが便利です。

```
$ bin/rails r "StaffMember.columns.each { |c| p [ c.name, c.type ] }"
```

このコマンドはカラムの名前と型のリストをターミナルに出力します。

```
["id", :integer]
["email", :string]
["family_name", :string]
["given_name", :string]
["family_name_kana", :string]
```

```
["given_name_kana", :string]
["hashed_password", :string]
["start_date", :date]
["end_date", :date]
["suspended", :boolean]
["created_at", :datetime]
["updated_at", :datetime]
```

1行目にidというカラム名が見えます。このカラム名はマイグレーションスクリプトに記載されていませんが、マイグレーションによって自動的に追加されます。これは**主キー**（primary key）と呼ばれる特別なカラムです。このカラムには1から始まる整数の連番が自動的にセットされ、レコードの識別に使用されます。

何らかの理由で主キーにid以外の名前を採用したい場合には、create_tableメソッドのprimary_keyオプションで指定します。たとえば、主キーの名前をmember_idにしたければ、マイグレーションスクリプトの3行目を次のように変更してください。

```
    create_table :staff_members, primary_key: "member_id" do |t|
```

Column　db/schema.rb ファイルの役割

開発したRailsアプリケーションのソースコード一式を他人に渡す場合、必ずdb/schema.rbファイルをその中に含めてください。このファイルはデータベースの初期化に必要となります。一般に、データベース初期化は以下の手順で行います。

1. 適宜 config/database.yml を編集する。
2. bin/rails db:setup コマンドを実行する。

bin/rails db:setup コマンドは、以下のコマンドを順に実行するのと同じ効果を持ちます。

1. bin/rails db:create
2. bin/rails db:schema:load
3. bin/rails db:seed

2番目のコマンドがdb/schema.rbを用いてデータベースの構造を復元します。3番目のコマンドは、後述するシードデータをデータベースに投入します。

7-2 モデル

この節ではモデルという言葉について基本事項をおさらいした後、パスワードをハッシュ関数で処理するメソッドを StaffMember モデルに実装します。また、シードデータ（初期データ）をデータベースに投入する方法を学びます。

7-2-1 モデルの基礎知識

■ Active Record

Active Record は Ruby on Rails の主要なコンポーネントの 1 つです。その役割は、Ruby の世界とリレーショナルデータベースの世界を結び付けることです。Ruby の基本要素は「オブジェクト」です。リレーショナルデータベースの基本要素は「リレーション」です。そこで、Active Record のようなソフトウェアのことを、一般にオブジェクトリレーショナルマッパー（object-relational mapper, ORM）と呼びます。

Column　リレーションとは

データベース用語のリレーション（relation）は誤解されやすい言葉です。テーブルとテーブルの間の関係性（relationship）をリレーションと呼ぶ人がいますが、これは間違いです。意外かもしれませんが、リレーションとは列と行からなるデータ構造一般を意味しています。

このようなデータ構造を持つものの代表がテーブル（table）です。このため、リレーションとテーブルはほぼ同義語として使われることもあります。しかし、あくまでリレーションはデータ構造の名前である点に注意してください。SELECT 文でテーブルから値の一部を抽出した結果も、リレーションというデータ構造を持ちます。なお、テーブルとテーブルの間の関係性は、関連付け（association）と呼びます。

■ モデルとは

Active Record が提供する基底クラスが `ActiveRecord::Base` です。このクラスを継承したクラスを**モデルクラス**あるいは**モデル**と呼び、そのインスタンスを**モデルオブジェクト**と呼びます。

app/models ディレクトリにある application_record.rb および staff_member.rb をご覧ください。

```
class ApplicationRecord < ActiveRecord::Base
  self.abstract_class = true
end
```

```
class StaffMember < ApplicationRecord
end
```

ApplicationRecord クラスが ActiveRecord::Base を継承し、StaffMember クラスが ApplicationRecord クラス継承しています。つまり、StaffMember クラスはモデルクラスです。ApplicationRecord クラスもモデルクラスの一種ではありますが、self.abstract_class = true が宣言されているため抽象クラスとなります。抽象クラスがインスタンス化されることはありません。ApplicationRecord クラスには全モデルクラスに共通するメソッドを定義します。

厳密に言えば、ActiveRecord::Base を継承しないモデルも存在します。本書では、そのようなモデルを「非 Active Record モデル」と呼んで区別し、ActiveRecord::Base を継承するクラスを単に「モデル」あるいは**狭義のモデル**と呼びます。両者を包括して指す場合には**広義のモデル**と呼ぶことにします。

通常、1 つのモデルクラスは 1 つのデータベーステーブルと対応関係を持ちます。例外は、Chapter 16 で説明する単一テーブル継承（single table inheritance, STI）の仕組みを用いたときで、その場合は複数のモデルクラスが 1 つのテーブルと関連付けられます。

原則として、モデルクラスの名前からテーブルの名前を導くことができます。クラス名を構成する単語をばらばらにし、すべて小文字に変え、最後の単語を複数形にして、アンダースコア（_）で連結すればテーブル名となります。すなわち StaffMember モデルは staff_members テーブルに対応することになります。

また、テーブルの各カラムはモデルの属性と対応関係を持ちます。Active Record はデータベース管理システムに各テーブルで定義されているカラムを調べて自動的に属性を定義します。たとえば、staff_members テーブルに email というカラムがあり、変数 m を StaffMember クラスのインスタンスであるとすれば、m.email メソッドを通じて特定のレコードの email カラムの値を参照することができます。

Column　テーブル名と属性名のカスタマイズ

しばしば誤解されるのが、Railsの命名規約の意味です。Railsはデータベースに対してstaff_membersのようなテーブル名を押しつけるので不自由だ、と考える方がいらっしゃるのです。しかし、モデル名とテーブル名の関連付けは自由に変更できます。たとえば、StaffMemberモデルとM_SHOKUINテーブルを結び付けたければ、次のようにテーブル名を指定できます（table_name属性）。

```
class StaffMember < ActiveRecord::Base
  self.table_name = "M_SHOKUIN"
end
```

Railsを用いずに開発されたシステムをRailsで移植する場合、このテクニックを用いるとよいでしょう。

また、カラム名とは異なる名前の属性を使いたい場合には、クラスメソッドalias_attributeで別名（alias）を設定できます。

```
class StaffMember < ActiveRecord::Base
  alias_attribute :section, :BUMON
end
```

第1引数が別名で第2引数がカラム名に由来する本来の属性です。上の例では、BUMONというカラム名に対応する属性BUMONにsectionという別名を設定しています。変数mをStaffMemberクラスのインスタンスとすれば、BUMONカラムの値はm.BUMONまたはm.sectionで参照することができます。

7-2-2　ハッシュ関数

次に、平文のパスワードをハッシュ関数で処理し、その結果を`hashed_password`属性にセットする機能を`StaffMember`モデルに追加します。

ハッシュ関数とは、任意のサイズのデータを一定のサイズのデータに変換するアルゴリズムです。本書ではGemパッケージ`bcrypt`が提供するハッシュ関数を用いてパスワードを変換します。変換後の値はハッシュ値と呼ばれ、長さ60の文字列となります。データベースには平文のパスワードではなくハッシュ値を記録します。

`app/models/staff_member.rb`を次のように変更してください。

リスト 7-3　app/models/staff_member.rb

```
 1   class StaffMember < ApplicationRecord
 2 +   def password=(raw_password)
 3 +     if raw_password.kind_of?(String)
 4 +       self.hashed_password = BCrypt::Password.create(raw_password)
 5 +     elsif raw_password.nil?
 6 +       self.hashed_password = nil
 7 +     end
 8 +   end
 9   end
```

password=メソッドの引数に文字列を与えた場合は、BCrypt::Password.create メソッドでそのハッシュ値を生成し、それを hashed_password 属性にセットします。また、引数が nil の場合は、hashed_password 属性に nil をセットします。

spec ファイルを書いてテストしましょう。すでに、spec ファイルのスケルトンが生成されており、初期状態の内容は次のとおりです。ただし、シングルクォートはダブルクォートに置換してあります。

リスト 7-4　spec/models/staff_member_spec.rb

```
 1   require "rails_helper"
 2
 3   RSpec.describe StaffMember do
 4     pending "add some examples to (or delete) #{__FILE__}"
 5   end
```

これを次のように書き換えてください。

リスト 7-5　spec/models/staff_member_spec.rb

```
 1   require "rails_helper"
 2
 3   RSpec.describe StaffMember, type: :model do
 4 -   pending "add some examples to (or delete) #{__FILE__}"
 4 +   describe "#password=" do
 5 +     example "文字列を与えると、hashed_password は長さ 60 の文字列になる" do
 6 +       member = StaffMember.new
 7 +       member.password = "baukis"
 8 +       expect(member.hashed_password).to be_kind_of(String)
 9 +       expect(member.hashed_password.size).to eq(60)
10 +     end
```

```
11     end
12   end
```

8 行目で使われている be_kind_of はターゲットがあるクラスのインスタンスであるかどうかを調べるマッチャーです。

> 正確に言えば BCrypt::Password.create メソッドの戻り値は BCrypt::Password クラスのインスタンスです。しかし、BCrypt::Password クラスは String クラスを継承しているため、be_kind_of(String) というマッチャーに適合します。

もう 1 つエグザンプルを追加しましょう。password=メソッドの引数に nil を与えた場合どうなるか、です。

リスト 7-6　spec/models/staff_member_spec.rb

```
 :
 9         expect(member.hashed_password.size).to eq(60)
10       end
11
12 +     example "nil を与えると、hashed_password は nil になる" do
13 +       member = StaffMember.new(hashed_password: "x")
14 +       member.password = nil
15 +       expect(member.hashed_password).to be_nil
16 +     end
17     end
18   end
```

hashed_password 属性に文字列がセットされた StaffMember オブジェクトに対して、nil を引数として password=メソッドを呼び出すと、そのオブジェクトの hashed_password が nil になるという仕様を表現したエグザンプルです。13 行目の"x"に特に意味はなく、「nil ではない何か」を代表させています。15 行目の be_nil はターゲットが nil であることを確かめるマッチャーです。テストを実行して、すべて成功することを確認してください。

```
$ rspec spec/models/staff_member_spec.rb

..
Finished in 0.27201 seconds (files took 1.04 seconds to load)
2 examples, 0 failures
```

7-2-3 シードデータの投入

シードデータ（seed data）とは、Rails アプリケーションを正常に機能させるためにあらかじめデータベースに投入しておくデータのことです。本書ではこれに加えて、Baukis2 の動作確認を行うために development モードのデータベースに投入するデータもシードデータに含めます。

では、ユーザー認証機能の動作確認をするのに必要なシードデータとして、職員を 1 名追加しましょう。db ディレクトリに seeds.rb というファイルがあり、初期状態ではコメントしか書かれていません。コメントをすべて削除して、次の内容を書き入れてください。

リスト 7-7　db/seeds.rb

```
1  table_names = %w(staff_members)
2
3  table_names.each do |table_name|
4    path = Rails.root.join("db", "seeds", Rails.env, "#{table_name}.rb")
5    if File.exist?(path)
6      puts "Creating #{table_name}...."
7      require(path)
8    end
9  end
```

次に、db ディレクトリの下に seeds/development というサブディレクトリを作成します。

```
$ mkdir -p db/seeds/development
```

db/seeds/development ディレクトリに新規ファイル staff_members.rb を次の内容で作成します。

リスト 7-8　db/seeds/development/staff_members.rb (New)

```
1  StaffMember.create!(
2    email: "taro@example.com",
3    family_name: "山田",
4    given_name: "太郎",
5    family_name_kana: "ヤマダ",
6    given_name_kana: "タロウ",
7    password: "password",
8    start_date: Date.today
9  )
```

シードデータを投入します。

```
$ bin/rails db:seed
```

シードデータの投入をやり直したい場合は、次のコマンドを実行してください。

```
$ bin/rails db:reset
```

このコマンドは、`db/schema.rb` の内容を読み込んでデータベースの構造を作り直し、シードデータを投入します。

正しくデータが投入されたかどうか調べるには、次のコマンドを実行してください。

```
$ bin/rails r "puts StaffMember.count"
```

`bin/rails r` は指定した文字列を Rails アプリケーションの文脈で実行するコマンドです。シードデータ投入が成功していれば「1」という数がターミナルに出力されるはずです。また、`hashed_password` 属性の値を調べたければ、次のコマンドを実行してください。

```
$ bin/rails r "puts StaffMember.first.hashed_password"
```

長さ 60 の文字列がターミナルに出力されれば OK です。

7-3 セッション

この節ではログイン・ログアウト機能を実現するための鍵となる概念、セッションについて学びます。

7-3-1 セッションとは

Rails アプリケーション開発の文脈において、セッション（session）という言葉は一般的に 3 通りの意味で用いられます。

1. クライアントがシステムにログインしてからログアウトするまでの期間もしくは状態
2. クライアントが接続を開始してから接続を切断するまでの期間もしくは状態（普通はユーザーがブラウザを閉じると接続が切れます）
3. クライアントが接続を開始してから接続を切断するまで、Rails アプリケーションがクライアント

ごとに維持するデータ

本書では原則として 1 番目の意味でセッションという言葉を用います。3 番目の意味を表現する場合は、セッションオブジェクトという言葉を用います。後述する session メソッドが返すオブジェクトがこれです。2 番目の意味を表現したいときには文章で具体的に記すことにします。

7-3-2 current_staff_member メソッドの定義

名前空間 staff に属するすべてのコントローラに current_staff_member という private メソッドを与えるため、Staff::Base というクラスを定義します。app/controllers/staff ディレクトリに新規ファイル base.rb を次のような内容で作成してください。

リスト 7-9 app/controllers/staff/base.rb (New)

```
1  class Staff::Base < ApplicationController
2    private def current_staff_member
3      if session[:staff_member_id]
4        @current_staff_member ||=
5          StaffMember.find_by(id: session[:staff_member_id])
6      end
7    end
8
9    helper_method :current_staff_member
10 end
```

そして、staff/top コントローラを次のように書き換えます。

リスト 7-10 app/controllers/staff/top_controller.rb

```
1 - class Staff::TopController < ApplicationController
1 + class Staff::TopController < Staff::Base
2     def index
3       render action: "index"
4     end
5   end
```

これらの変更を行った結果、Staff::TopController の継承関係が次のように変わります。

- 変更前 …… Staff::TopController ← ApplicationController
- 変更後 …… Staff::TopController ← Staff::Base ← ApplicationController

current_staff_member は、現在ログインしている StaffMember オブジェクトを返すメソッドです。このメソッドでは**遅延初期化**というテクニックを用いています。

current_staff_member メソッドが初めて呼ばれたとき、インスタンス変数@current_staff_member の中身は nil であるため、演算子||=の右辺が評価されて@current_staff_member にセットされます。そして、このメソッドが2回目以降に呼び出されたときは、@current_staff_member に nil でも false でもない値がセットされているので、演算子||=の右辺は評価されずに、そのまま@current_staff_member の値が返されます。このようにすることで、StaffMember.find_by メソッドが多くても1回しか呼ばれないようにしています。これを遅延初期化と呼びます。

3行目で使われている session は**セッションオブジェクト**を返すメソッドです。セッションオブジェクトは Rails アプリケーションがクライアントごとに保持するデータで、普通のハッシュ同様に読み書きできます。このオブジェクトに:staff_member_id というキーがあれば、その値を用いて StaffMember を検索して@current_staff_member にセットします。

> Rails アプリケーションがセッションオブジェクトを「保持する」と書きましたが、実際にはセッションオブジェクトのデータはクッキーの中に記録されます。クッキーとはブラウザが Web サイトごとに保持する情報で、ブラウザから毎回 Web サイトに送信することによりデータを共有する仕組みになっています。ですから、ブラウザがセッションオブジェクトを保持していると表現するのが正確なのですが、Rails アプリケーションが保持していると理解した方が感覚的にはわかりやすいと思います。なお、ブラウザを使う人がクッキーの中身を閲覧することはできますが、セッションオブジェクトを改ざんすることはできません。

ところで、base.rb の4～5行には次のような記述があります。

```
@current_staff_member ||=
  StaffMember.find_by(id: session[:staff_member_id])
```

モデルオブジェクトの find_by メソッドを利用して、id カラムの値が session[:staff_member_id] に等しい職員を取得しています。5行目は where と first を用いて次のようにも記述できます。

```
StaffMember.where(id: session[:staff_member_id]).first
```

base.rb の9行目にある helper_method は引数に指定したシンボルと同名のメソッドをヘルパーメソッドとして登録するメソッドです。つまり、current_staff_member というメソッドを app/helpers/application_helper.rb に定義するのと同じ効果が得られます。この結果、current_staff_member メソッドを ERB テンプレートの中でも利用することが可能となります。

7-3-3 ルーティングの決定

職員のログイン・ログアウト機能を実現するためには、以下の 3 つのアクションを作らなければなりません。

1. ログインフォームを表示する
2. ログインする（ユーザー認証）
3. ログアウトする

しかし、その前に考えておくべきことがあります。ルーティングです。具体的には、それぞれのアクションに対して以下の 4 つの項目を決めます。

1. HTTP メソッド
2. URL パス
3. コントローラ名
4. アクション名

HTTP メソッドには GET、POST、PATCH、DELETE という選択肢があります。HTTP 用語ではリクエストの対象物をリソースと呼びますが、HTTP メソッドはそのリソースに対する操作の種類を表す名前です。GET、POST、PATCH、DELETE はそれぞれ、取得、追加、更新、削除という操作に相当します。

> Rails 3.x まで更新操作に対応する HTTP メソッドは PUT でしたが、Rails 4.0 から PATCH に変更されました。HTTP の定義によれば PUT メソッドの意味は「リソースの作成または置換」です。そのため、Rails コミュニティにおいて PUT メソッドを使用するのは適切ではないという議論が起こり、仕様を変更することになりました。

「ログインフォームを表示する」は、ログインフォームというリソースの取得（GET）であると考えます。「ログインする」という行為は、セッションを新たに開始することです。セッションをリソースと考えれば、適切な HTTP メソッドは POST ということになります。となれば、「ログアウトする」に相当する HTTP メソッドは DELETE です。

URL パス以下の 3 項目は、プログラマの考えで自由に決めて構いません。私は、表 7-1 のように定めることにしました。

> Rails では index、show、new、edit、create、update、destroy の 7 つが基本のアクション名として特別扱いされます。最初の 4 つは GET メソッドのためのアクションで、残り 3 つが POST メソッド、PATCH メソッド、DELETE メソッドのためのアクションです。アクション名は自由に決められますが、特別な

> 理由のない限り、基本のアクション名から選ぶことをお勧めします。その方が記述量が減りますし、ソースコードの意図が明確になります。

表 7-1　ログイン・ログアウト機能のためのルーティング

アクション内容	HTTP メソッド	URL パス	コントローラ名	アクション名
ログインフォームを表示する	GET	/staff/login	staff/sessions	new
ログインする	POST	/staff/session	staff/sessions	create
ログアウトする	DELETE	/staff/session	staff/sessions	destroy

すべての項目が決まったら `config/routes.rb` にルーティングを追加します。

リスト 7-11　config/routes.rb

```
1    Rails.application.routes.draw do
2      namespace :staff do
3        root "top#index"
4 +      get "login" => "sessions#new", as: :login
5 +      post "session" => "sessions#create", as: :session
6 +      delete "session" => "sessions#destroy"
7      end
8
:
```

> 5 〜6 行は、Chapter 9 で説明する resource メソッドを利用すると 1 行で簡潔に書けます（184ページ参照）。

4 行目の記述は、GET メソッドによる URL パス`/staff/login` へのリクエストが届いたら `staff/sessions` コントローラの `new` アクションが処理する、という風に読んでください。`staff` という名前空間で記述されているため、URL パスとコントローラ名には`"staff/"`という文字列を補う必要があります。5 行目と 6 行目の記述もそれぞれ HTTP メソッド、URL パス、アクション名を読み替えて理解してください。

4 行目と 5 行目の末尾にある `as` オプションは、ルーティングに名前を付けるためのものです。こうしておけば、ERB テンプレートの中で`:staff_login` や`:staff_session` というシンボルを用いて URL パスを参照できるようになります。Baukis2 では、設定ファイルによって URL パスが変化しますので、ルーティングへの名前付けは必須です。

7-3-4 リンクの設置

ページ上部のヘッダ部分の右端に、状態に応じて「ログイン」あるいは「ログアウト」リンクを設置します。まず、ヘッダの部分テンプレートを名前空間ごとに独立させます。webコンテナのターミナルで以下のコマンド群を順に実行してください。

```
$ mkdir app/views/staff/shared
$ mkdir app/views/admin/shared
$ mkdir app/views/customer/shared
$ cp app/views/shared/_header.html.erb app/views/staff/shared/
$ cp app/views/shared/_header.html.erb app/views/admin/shared/
$ cp app/views/shared/_header.html.erb app/views/customer/shared/
$ rm app/views/shared/_header.html.erb
```

名前空間ごとのレイアウトを修正します。

リスト 7-12　app/views/layouts/staff.html.erb

```
  :
14 -     <%= render "shared/header" %> }
14 +     <%= render "staff/shared/header" %> }
  :
```

リスト 7-13　app/views/layouts/admin.html.erb

```
  :
14 -     <%= render "shared/header" %> }
14 +     <%= render "admin/shared/header" %> }
  :
```

リスト 7-14　app/views/layouts/customer.html.erb

```
  :
14 -     <%= render "shared/header" %> }
14 +     <%= render "customer/shared/header" %> }
  :
```

職員用の部分テンプレートを次のように書き換えます。

リスト 7-15 app/views/staff/shared/_header.html.erb

```
 1   <header>
 2     <span class="logo-mark">BAUKIS2</span>
 3 +   <%=
 4 +     if current_staff_member
 5 +       link_to "ログアウト", :staff_session, method: :delete
 6 +     else
 7 +       link_to "ログイン", :staff_login
 8 +     end
 9 +   %>
10   </header>
```

current_staff_member は、ApplicationController の private なインスタンスメソッドとして定義され、ヘルパーメソッドとしても登録されたメソッドです（131ページ参照）。Baukis2 に現在アクセスしているブラウザがログイン状態にあれば、StaffMember オブジェクトを返し、ログイン状態になければ nil を返します。それらを真偽値として扱うことで、「ログイン」リンクと「ログアウト」リンクの表示を切り替えています。

ところで、「ログアウト」リンクには method オプションが指定されていますが、「ログイン」リンクには指定されていません。なぜでしょうか。

本来、HTML のハイパーリンクはブラウザに別のページを訪問させるための仕組みです。訪問は GET メソッドによって行われます。「ログイン」リンクはログインフォームにページを切り替えるための普通のリンクです。普通のリンクを生成する場合には、method オプションは指定しません。

他方、「ログアウト」リンクは DELETE メソッドで特定の URL にアクセスするようブラウザに指示するものです。それは単なる訪問ではありません。GET 以外の HTTP メソッドによる“ハイパーリンク”を生成する場合には、method オプションを指定します。

> HTML の仕様では GET メソッド以外の HTTP メソッドによるハイパーリンクは許されていません。しかし、Rails はちょっとした“魔法”を使って、あたかも POST ／ PACTH ／ DELETE メソッドによるハイパーリンクが実現されているかのように見せています。ユーザーがこの「ログアウト」リンクをクリックすると、Rails に組み込まれた JavaScript プログラムが“見えないフォーム”を一時的に作成し、すぐに“見えない送信ボタン”をクリックします。その結果、POST ／ PACTH ／ DELETE メソッドによる HTTP リクエストが送信されます。この一連の処理はユーザーの目に触れずに一瞬で済みますので、ユーザーは普通のリンクをクリックしたように錯覚します。

最後にスタイルシートを書き換えます。

リスト 7-16　app/assets/styelsheets/staff/layout.scss

```
 :
17     header {
18       padding: $moderate;
19       background-color: $dark_cyan;
20       color: $very_light_gray;
21       span.logo-mark {
22         font-weight: bold;
23       }
24 +     a {
25 +       float: right;
26 +       color: $very_light_gray;
27 +     }
28     }
 :
```

ブラウザをリロードすると、図 7-1 のように「ログイン」リンクが表示されます。

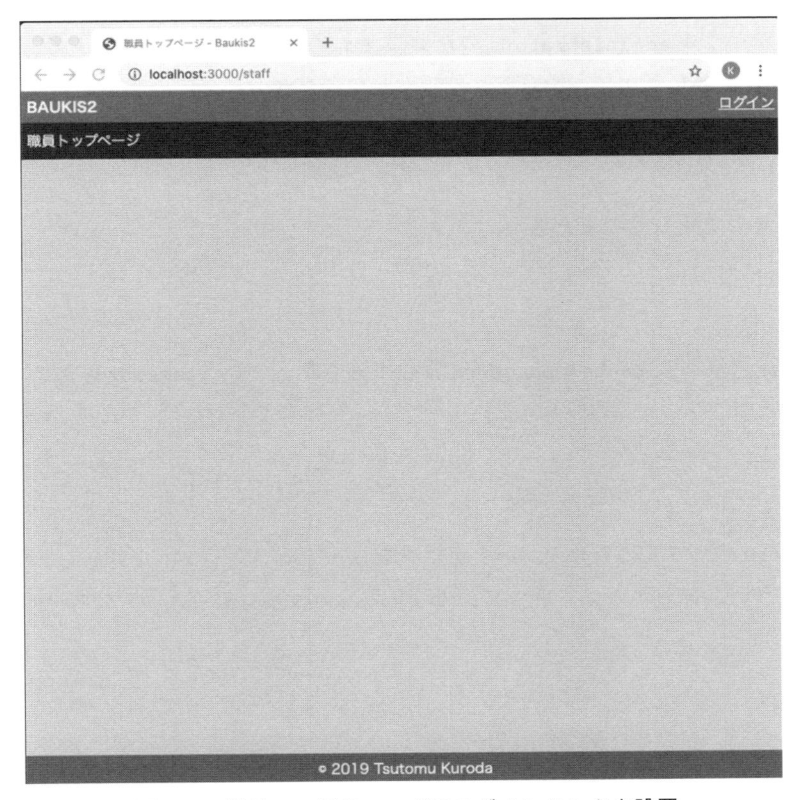

図 7-1　職員ページのヘッダにログインリンクを設置

7-4 演習問題

問題 1

管理者アカウントを記録するデータベーステーブル administrators のためのマイグレーションスクリプトを作成してください。このテーブルにはデフォルトで作成されるカラム id、created_at、updated_at の他に、以下のカラムを定義してください。

- email（文字列型）
- hashed_password（文字列型）
- suspended（ブーリアン型）

問題 2

データベーステーブル administrators のためのマイグレーションスクリプトで、式 LOWER(email) に対して UNIQUE 制約付きのインデックスを設定してください。

問題 3

マイグレーションを実行してください。

問題 4

Administrator モデルに hashed_password 属性に値をセットする password= メソッドを追加してください。

問題 5

administrators テーブルのためのシードデータを投入するスクリプトを作成し、シードデータを投入し直してください。管理者のメールアドレスは hanako@example.com、パスワードは foobar としてください。

問題 6

Administrator モデルの spec ファイルに password= メソッドのためのエグザンプルを追加し、テストを成功させてください。

問題 7

Staff::Base クラスと同様に、Admin::Base クラスを定義し、private なインスタンスメソッド current_administrator を実装してください。セッションオブジェクトのキーは:administrator_id としてください。

問題 8

Admin::TopController クラスの親クラスを Admin::Base に変更してください。

問題 9

config/routes.rb に、管理者のログイン・ログアウト機能のためのルーティングを追加してください。

問題 10

管理者用ページのヘッダ部分右端に、状態に応じて「ログイン」あるいは「ログアウト」リンクが表示されるように管理者用の部分テンプレートとスタイルシートを書き換えてください。

Chapter 8
ユーザー認証 (2)

Chapter 8 では、前章での準備作業を受けてユーザー認証の仕組みを完成させます。その過程で、フォームオブジェクトとサービスオブジェクトという新しい概念を学びます。

8-1　フォームオブジェクト

フォームオブジェクトは、Rails の正式用語ではなく、Rails コミュニティで生まれた概念です。Rails におけるデザインパターンの一種と考えてください。この節では、フォームオブジェクトを利用してログインフォームを実装します。

8-1-1　フォームの基礎知識

■ form_with メソッド

Rails には HTML フォームを生成するためのヘルパーメソッドが 3 つ存在します。form_tag と form_for と form_with です。

form_tag が最も単純なメソッドです。form_tag メソッドはその名が示すとおり、基本的には HTML の form タグを生成する能力しか持ちません。form_for メソッドには引数にオブジェクトを取り、そのオブジェクトの属性値を各入力欄のデフォルト値に設定する、という大変便利な機能があります。

3 番目の form_with メソッドは、Rails 5.1 で導入された比較的新しいメソッドです。このメソッドは form_tag と form_for の両方の機能を統合したものです。本書では form_with メソッドのみを使用します。

Column　form_tag メソッドと form_for メソッド

Ruby on Rails の作者である David Heinemeier Hansson (DHH) は、2016 年 5 月に form_tag メソッドと form_for メソッドの置き換えとして form_with メソッドを新設し、Rails 6.x で非推奨（Deprecated）にしたいと発言しています。

本書が依拠している Rails 6.0 ではまだ非推奨とはなっていませんが、バージョン 6 系統の開発が進む中で非推奨が宣言され、バージョン 7.0 で廃止される可能性があります。したがって、Rails 6.0 で新たに Web アプリケーション開発を始める場合は、form_with を使用するべきです。

では、古いバージョンの Rails で開発された Web アプリケーションを Rails 6.0 にアップグレードする場合は、どうすべきでしょうか。

あまり心配することはありません。Rails 7.0 で本当にこれらのメソッドが廃止されるのであれば、その際には廃止されるメソッドを提供する Gem パッケージが用意されるはずです。急いで form_with で書き換えなくてもよいでしょう。

■ 準備作業

デフォルトの設定では、form_with メソッドで作られたフォームは**リモートフォーム**というものになります。普通のフォームの場合、ユーザーが送信ボタンをクリックすると POST メソッドで普通の（非 Ajax の）リクエストがサーバーに送信され、レスポンスに応じてブラウザの画面が切り替わります。しかし、リモートフォームでは指定されたメソッドで Ajax リクエストが送信されます。この場合、処理結果に応じて画面を書き換える JavaScript を書かない限り、ブラウザの画面は変化しません。

本書ではリモートフォームを使わないので、form_with メソッドが普通のフォームを作るように設定を変更しましょう。config/initializers ディレクトリに新規ファイル action_view.rb を次の内容で作成してください。

リスト 8-1　config/initializers/action_view.rb (New)

```
1 Rails.application.configure do
2   config.action_view.form_with_generates_remote_forms = false
3 end
```

また、デフォルトの設定では、Strong Parameters と呼ばれるセキュリティ強化策が有効になっていますが、フォームの処理に関する説明を単純化するため、いったんこれを無効にします。`config/initializers` ディレクトリに新規ファイル `action_controller.rb` を次の内容で作成してください。

リスト 8-2　config/initializers/action_controller.rb (New)

```
1  Rails.application.configure do
2    config.action_controller.permit_all_parameters = true
3  end
```

このファイルは、Chapter 11 で削除することになります。

■ form_with メソッドの使用法

次に示すのは、`form_with` メソッドの典型的な使用例です。

```
<%= form_with model: @user, url: :registration do |f| %>
  <%= f.label :name, "名前" %>
  <%= f.text_field :email %>
  <%= f.submit "送信" %>
<% end %>
```

このメソッドは各種オプションとブロックを取り、HTML フォームを生成します。本書における利用例では、常に `model` オプションを指定します。このオプションの値として指定できるのは、前章で少し触れた「広義のモデル」のインスタンスです。すなわち、`ActiveRecord::Base` クラスを継承するクラスのインスタンス、または「非 Active Record モデル」のインスタンスのいずれかです。前章で述べたように、前者にはモデルオブジェクトという名前があります。これに対して、後者は**フォームオブジェクト**（form objects）と呼ばれます。つまり、`form_with` の `model` オプションに指定できるのは、モデルオブジェクトまたはフォームオブジェクトです。

上記の例でインスタンス変数`@user` にはモデルオブジェクトまたはフォームオブジェクトがセットされています。`url` オプションにはこのフォームに入力されたデータを送信する先の URL を指定します。文字列で URL を指定することも可能ですが、通常はこのようにシンボル（`config/routes.rb` 内で定義されたルーティングの名前）を指定します。`url` オプションが省略された場合は、インスタンス変数`@user` から URL が生成されます（詳しくは後述します）。

`form_with` メソッドにはブロックが必要です。ブロック引数 `f` は**フォームビルダー**と呼ばれます。このオブジェクトのメソッドを呼び出すと、フォーム上に部品が生成されます。この例では、`label`、 text_field、submit という 3 つのメソッドを用いて、ラベル、テキスト入力欄、送信ボタンを生成しています。フォームビルダーには数多くのメソッドが用意されており本書を通じて順次紹介していきますが、原則としてメソッドごとの引数やオプションについては詳しく説明しません。

> フォームビルダーに備わっているメソッドのリストおよび各メソッドの詳しい使用法については、https://api.rubyonrails.org/classes/ActionView/Helpers/FormBuilder.html を参照してください。

8-1-2 フォームオブジェクトとは

すでに述べたように、フォームオブジェクトとは「非 Active Record モデル」のインスタンスです。フォームオブジェクトを用いると、データベースと無関係なフォームやデータベーステーブルと 1 対 1 に結び付いていないフォームを form_with メソッドで生成できます。

実際に作ってみましょう。まず、フォームオブジェクトを配置するためのサブディレクトリ forms/staff を app ディレクトリの下に作成します。

```
$ mkdir -p app/forms/staff
```

そして、そこに新規ファイル login_form.rb を次のような内容で作成します。

リスト 8-3　app/forms/staff/login_form.rb (New)

```
1  class Staff::LoginForm
2    include ActiveModel::Model
3
4    attr_accessor :email, :password
5  end
```

ポイントは 2 つあります。1 つは ActiveRecord::Base クラスを継承しないこと、もう 1 つは ActiveModel::Model を include することです。これで、form_with の model オプションに指定できるようになります。attr_accessor で定義している属性は、そのままフォームのフィールド名となります。

Column　フォームオブジェクトの置き場所

フォームオブジェクトは、Rails のドキュメントで正式に使用されている概念ではありません。そのため、デフォルトで app ディレクトリのフォームオブジェクト用のサブディレクトリは存在しません。それをどこに置くべきかについて Rails コミュニティ内で広い合意はありません。しかし、筆者の観測範囲内では app/forms に置くという慣習が生まれつつあるように見えます。

また筆者は、app/forms ディレクトリの下に staff というサブディレクトリを作りました。これは、LoginForm クラスに名前空間 Staff を与えるためです。将来的に管理者のログインフォームと顧客のログインフォームを作る際に、Admin::LoginForm、Customer::LoginForm というクラス名を採用するつもりで、名前空間 Staff を利用しました。

この名前空間はクラスを「整理整頓」するための単なる「箱」であり、それ以上の意味はありません。たまたまコントローラの名前空間と一致していますが、そのことに技術的な意味はありません。

8-1-3　ログインフォームの作成

■ アクションの実装

staff/sessions コントローラの実装を始めましょう。まず、bin/rails g コマンドでコントローラの骨組みを生成します。

```
$ bin/rails g controller staff/sessions
```

そして、このコントローラに new アクションを追加します。

リスト 8-4　app/controllers/staff/sessions_controller.rb

```
1 - class Staff::SessionsController < ApplicationController
1 + class Staff::SessionsController < Staff::Base
2 +   def new
3 +     if current_staff_member
4 +       redirect_to :staff_root
5 +     else
6 +       @form = Staff::LoginForm.new
7 +       render action: "new"
8 +     end
```

```
 9 +    end
10    end
```

1行目では、クラスの継承元をApplicationControllerクラスからStaff::Baseクラスに変更しています。131ページで定義したcurrent_staff_memberメソッドを利用するためです。3行目ではユーザーのログイン状態を調べています。current_staff_memberが真値を返す場合（つまり、すでにログインしている場合）、redirect_toメソッドで職員トップページにリダイレクトしています。

ポイントは6行目です。

```
    @form = Staff::LoginForm.new
```

フォームオブジェクトを作成し、それをインスタンス変数@formにセットしています。ERBテンプレート側では、これをform_withメソッドの引数に指定してログインフォームを生成します。

■ ERBテンプレートの作成

次に、newアクションのためのERBテンプレートを作成します。

リスト 8-5　app/views/staff/sessions/new.html.erb (New)

```
 1  <% @title = "ログイン" %>
 2
 3  <div id="login-form">
 4    <h1><%= @title %></h1>
 5
 6    <%= form_with model: @form, url: :staff_session do |f| %>
 7      <div>
 8        <%= f.label :email, "メールアドレス" %>
 9        <%= f.text_field :email %>
10      </div>
11      <div>
12        <%= f.label :password, "パスワード" %>
13        <%= f.password_field :password %>
14      </div>
15      <div>
16        <%= f.submit "ログイン" %>
17      </div>
18    <% end %>
19  </div>
```

form_withメソッドのmodelオプションにフォームオブジェクト@formを指定しています。urlオプ

ションには `config/routes.rb` の中で定義したシンボル `:staff_session` を指定しています。Baukis2 の仕様では設定によりこの URL パスを変更できますので、必ずシンボルで指定しなければなりません。

ブロックの内部ではフォームビルダー `f` に対して、各種メソッドを呼び出してフォームの部品を生成しています。9 行目の `text_field` メソッドは、テキスト入力欄を生成します。13 行目の `password_field` メソッドは、パスワード入力欄を生成します。

では、動作確認をしましょう。もし Baukis2 が起動中であれば、一度止めて起動し直してください。`app` ディレクトリの下に新たなサブディレクトリを作成した場合、起動中の Rails アプリケーションがそのサブディレクトリを認識しないので、必ず再起動が必要となります。

ブラウザで `http://localhost:3000/staff` にアクセスし、「ログイン」リンクをクリックすると、図 8-1 のような画面が表示されます。

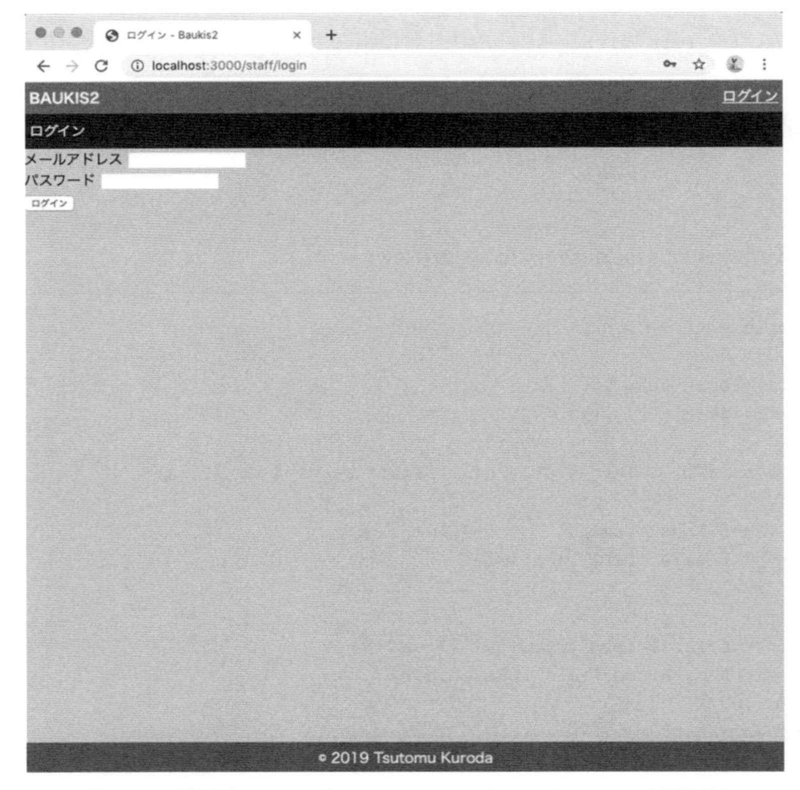

図 8-1　職員向けのログインフォーム（スタイルシート適用前）

■ form 要素の中身

さて、form_with メソッドの働きを調べるため、ブラウザの機能を用いて HTML ソースコードを確認してみましょう。次に示すのは form 要素の部分の抜粋です。

```
<form action="/session" accept-charset="UTF-8" method="post">
  <input name="authenticity_token" type="hidden" value="省略" />
  <div>
    <label for="staff_login_form_email">メールアドレス</label>
    <input type="text" name="staff_login_form[email]"
      id="staff_login_form_email" />
  </div>
  <div>
    <label for="staff_login_form_password">パスワード</label>
    <input type="password" name="staff_login_form[password]"
      id="staff_login_form_password" />
  </div>
  <div>
    <input type="submit" name="commit" value="ログイン"
      data-disable-with="ログイン" />
  </div>
</form>
```

読みやすくするため適宜改行を加えて整形しています。また、2〜3 行目にある input 要素の value 属性の値は省略しています。

途中「メールアドレス」と書かれている箇所の下に、次のような記述があります。

```
    <input type="text" name="staff_login_form[email]"
      id="staff_login_form_email" />
```

input タグの name 属性に"staff_login_form[email]"という値が指定されています。また、「パスワード」と書かれている箇所の下にはこう記述されています。

```
    <input type="password" name="staff_login_form[password]"
      id="staff_login_form_password" />
```

input タグの name 属性に"staff_login_form[password]"という値が指定されています。

これらの値を**パラメータ**（parameters）と呼びます。パラメータに角括弧（[]）が含まれている場合、角括弧の前にある部分（staff_login_form）を**プレフィックス** (prefix) と呼び、角括弧の内側にある部分（email や password）を**フィールド名** (field name) と呼びます。

プレフィックスは form_with メソッドの model オプションに指定したオブジェクトのクラス名から導き出されます。ここでのクラス名は Staff::LoginForm ですので、クラス名を構成する単語を分解して、すべて小文字に変え、アンダースコア（_）で連結した staff_login_form がプレフィックスとなります。なお、form_with メソッドの scope オプションを用いれば、プレフィックスを変更できます。

> form_with で生成される form 要素の中には authenticity_token という隠しパラメータが埋め込まれています。authenticity_token パラメータは、クロスサイトリクエストフォージェリ（Cross-site request forgery：CSRF）と呼ばれる攻撃手法への対策として埋め込まれているものです。

8-1-4 params オブジェクト

アクションの中で params メソッドを用いると、クライアント（ブラウザ）から Rails アプリケーションに送られてきたデータを保持するオブジェクトを取得できます。これを **params オブジェクト**と呼びます。

params オブジェクトは一種のハッシュ（正確に言えば ActionController::Parameters クラスのインスタンス）であり、params[:x] のように角括弧の中にパラメータの名前を指定すればその値を参照できます。パラメータの名前はシンボルで指定しても、文字列で指定しても構いません。

さて、先ほど作成したログインフォームの場合のように、パラメータがプレフィックスとフィールド名に分解できる場合、params オブジェクトには特別な構造のデータがセットされます。たとえば、ログインフォームのメールアドレス欄に hanako@example.com、パスワード欄に foobar という文字列を入力して、送信ボタンをクリックした場合、params オブジェクトは次のような構造のハッシュになります。

```
staff_login_form: {
  email: "hanako@example.com",
  password: "foobar"
}
```

ハッシュの中にハッシュが含まれる二重構造になっています。外側のハッシュのキーはプレフィックスです。内側のハッシュのキーはフィールド名で、その値がパラメータの値です。

以上の事実を踏まえて、staff/sessions コントローラに create アクションを仮実装してみましょう。

リスト 8-6 app/controllers/staff/sessions_controller.rb

```
 :
 7        render action: "new"
 8      end
 9    end
10
11 +  def create
12 +    @form = Staff::LoginForm.new(params[:staff_login_form])
13 +    if @form.email.present?
14 +      staff_member =
15 +        StaffMember.find_by("LOWER(email) = ?", @form.email.downcase)
16 +    end
17 +    if staff_member
18 +      session[:staff_member_id] = staff_member.id
19 +      redirect_to :staff_root
20 +    else
21 +      render action: "new"
22 +    end
23 +  end
24  end
```

12 行目をご覧ください。

```
    @form = Staff::LoginForm.new(params[:staff_login_form])
```

params[:staff_login_form] は次のような構造のハッシュを返します。

```
{
  email: "hanako@example.com",
  password: "foobar"
}
```

Staff::LoginForm クラスは非 Active Record モデルですが、ActiveRecord::Base クラスを継承する「狭義のモデル」と同様に、属性名と値の組をハッシュにしてクラスメソッド new に与えれば、それらの属性値を持つインスタンスを作ることができます。したがって、インスタンス変数@form の email 属性には"hanako@example.com"、password 属性には"foobar"という文字列がセットされることになります。

@form.email が空でなければ、14〜15 行で StaffMember オブジェクトを検索します。

```
    if @form.email.present?
      staff_member =
```

```
        StaffMember.find_by("LOWER(email) = ?", @form.email.downcase)
    end
```

アルファベットの大文字と小文字を区別せずにメールアドレスを照合するため、find_by メソッドの第 1 引数に文字列で SQL の式を指定しています。式に含まれる疑問符（?）はプレースホルダーと呼ばれます。第 2 引数に与えられた値がこの部分に差し込まれます。

17 行目は仮実装です。パスワードや開始日のチェックは行わずに、入力されたメールアドレスに該当する StaffMember オブジェクトが存在すれば、ログインを成功させています。

18 行目では前章で説明したセッションオブジェクトが使われています。

```
      session[:staff_member_id] = staff_member.id
```

初級者の方はつい session をローカル変数と考えてしまいがちですが、session はセッションオブジェクトを返すメソッドです。ここではセッションオブジェクトに StaffMember の id 属性の値をセットしています。セッションオブジェクトは、リダイレクト先でも参照できます。セッションオブジェクトの:staff_member_id キーに値がセットされていることが、ログインしていることの証明になるわけです。

動作確認をしましょう。ブラウザでログインフォームを開き、メールアドレス欄に xxx@example.com と入力して「ログイン」ボタンをクリックすると、ログインフォームに戻ってきます（図 8-2）。

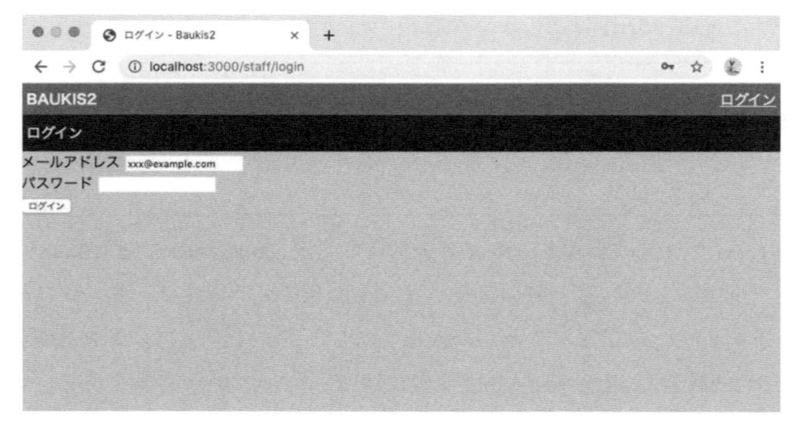

図 8-2　メールアドレスが正しくなければ、ログインフォームが再表示される

form_with メソッドには引数に指定されたオブジェクトの属性値をフィールドのデフォルト値にセットする能力があるため、ログイン失敗後に表示されるログインフォームのメールアドレス欄には直前

に入力した xxx@example.com が記入されています。ただし、パスワード入力フィールドにはデフォルト値はセットされません。

しかし、メールアドレス欄を taro@example.com と書き換え、パスワードを入力して「ログイン」ボタンをクリックすると、職員トップページにリダイレクトされて、画面右上に「ログアウト」リンクが現れます（図 8-3）。

図 8-3　ログインに成功すると、画面右上に「ログアウト」リンクが表示される

8-1-5　ログアウト機能の実装

次にログアウト機能を実装します。

リスト 8-7　app/controllers/staff/sessions_controller.rb

```
 1    class Staff::SessionsController < Staff::Base
 :
21          render action: "new"
22        end
23      end
24
25 +    def destroy
26 +      session.delete(:staff_member_id)
27 +      redirect_to :staff_root
28 +    end
29    end
```

26行目でセッションオブジェクトから:staff_member_idというキーを削除することにより、ログイン状態を解除しています。ログアウト後は、職員トップページにリダイレクトされます。

では、もう一度ログイン・ログアウト機能の動作確認をしましょう。今度は、メールアドレスをTARO@example.comとしてください。Baukis2ではメールアドレスに含まれるアルファベットの大文字と小文字を区別しないので、ログインに成功するはずです。成功したらログアウトしてから、次に進みましょう。

8-1-6 スタイルシートの作成

最後に、SCSSによってビジュアルデザインを整えます。

リスト8-8 app/assets/stylesheets/staff/sessions.scss (New)

```
1  @import "colors";
2  @import "dimensions";
3
4  div#wrapper {
5    div#container {
6      div#login-form {
7        width: 400px;
8        margin: $wide * 2 auto;
9        padding: $wide * 2;
10       border-radius: $wide;
11       border: solid 4px $dark_cyan;
12       background-color: $very_light_gray;
13
14       h1 {
15         background-color: transparent;
16         color: $very_dark_cyan;
17         font-size: $huge;
18         font-weight: bold;
19       }
20
21       form {
22         div {
23           padding: $wide;
24           label {
25             display: block;
26             padding: $moderate 0;
27           }
28           input[type="text"], input[type="password"] {
```

```
29              padding: $wide;
30              width: 400px - $wide * 4;
31            }
32            input[type="submit"] {
33              padding: $wide $wide * 2;
34            }
35          }
36        }
37      }
38    }
39  }
```

ブラウザに戻って「ログイン」リンクをクリックすると図 8-4 のようなページが表示されます。

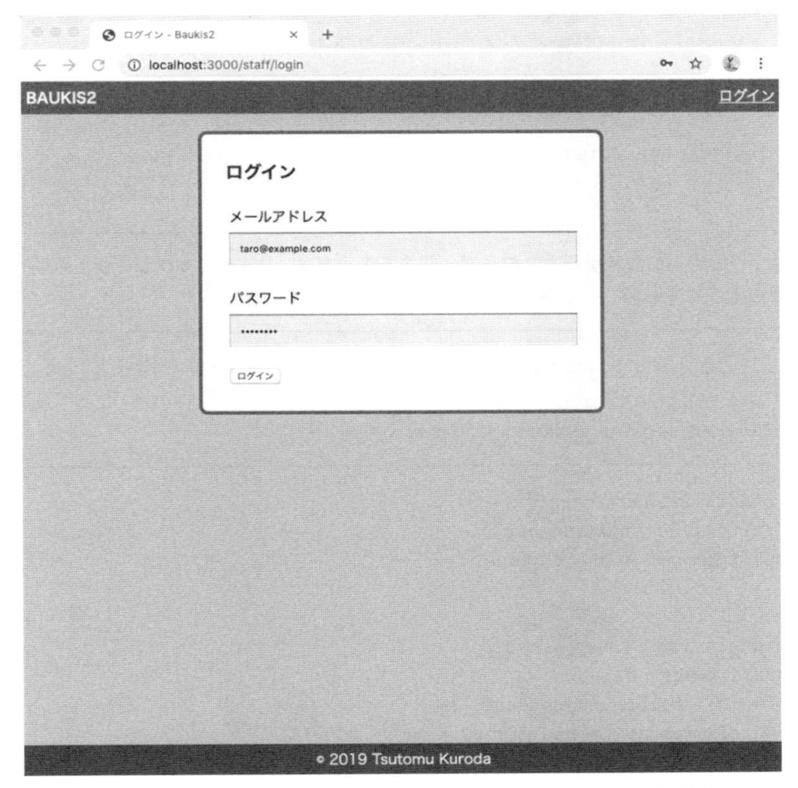

図 8-4　職員向けのログインフォーム（スタイルシート適用後）

8-2 サービスオブジェクト

サービスオブジェクト（service objects）も、フォームオブジェクトと同様に Rails コミュニティの中で生み出された概念です。サービスオブジェクトはアクションと同様に、あるまとまった処理を行います。ただし、コントローラのインスタンスメソッドとして実装されるのではなく、独立したクラスとして実装されます。この節では、職員をユーザーとして認証するサービスオブジェクト Staff::Authenticator を作ります。

8-2-1 Staff::Authenticator クラス

まず、サービスオブジェクトを置くためのディレクトリとして app/services/staff ディレクトリを作成します。

```
$ mkdir -p app/services/staff
```

サービスオブジェクトの置き場所や名前空間に関する考え方は、フォームオブジェクトと同じです。144 ページのコラム記事を参照してください。

そして、そこに新規ファイル authenticator.rb を次のような内容で作成してください。

リスト 8-9 app/services/staff/authenticator.rb (New)

```
1  class Staff::Authenticator
2    def initialize(staff_member)
3      @staff_member = staff_member
4    end
5
6    def authenticate(raw_password)
7      @staff_member &&
8        !@staff_member.suspended? &&
9        @staff_member.hashed_password &&
10       @staff_member.start_date <= Date.today &&
11       (@staff_member.end_date.nil? || @staff_member.end_date > Date.today) &&
12       BCrypt::Password.new(@staff_member.hashed_password) == raw_password
13   end
14 end
```

Staff::Authenticator オブジェクトは StaffMember オブジェクトを引数としてインスタンス化され、そのインスタンスメソッド authenticate にログインフォームに入力された平文のパスワードを渡してユーザー認証を行います。

authenticate メソッドは多くの条件式を&&で結んだものです。与えられた StaffMember オブジェクトが nil でなく、有効で、パスワードが設定されていて、開始日が今日以前で、終了日が設置されていないか今日より後で、かつパスワードが正しければ authenticate メソッドは true を返します。

> 12 行目の==は比較演算子ではなく、BCrypt::Password オブジェクトのインスタンスメソッドです。引数に指定された平文のパスワードをハッシュ関数で計算し、自分自身の保持しているハッシュ値と同じであれば true を返します。

では、Staff::Authenticator を用いて staff/sessions#create アクションにユーザー認証機能を追加してください。

リスト 8-10　app/controllers/staff/sessions_controller.rb

```
 :
10
11    def create
12      @form = Staff::LoginForm.new(params[:staff_login_form])
13      if @form.email.present?
14        staff_member =
15          StaffMember.find_by("LOWER(email) = ?", @form.email.downcase)
16      end
17 -    if staff_member
17 +    if Staff::Authenticator.new(staff_member).authenticate(@form.password)
18        session[:staff_member_id] = staff_member.id
19        redirect_to :staff_root
20      else
21        render action: "new"
22      end
23    end
22
 :
```

app ディレクトリにサブディレクトリ services を作成しましたので、Baukis2 を再起動してください。そして、ブラウザでログインフォームに正しいメールアドレスと誤ったパスワードを入力して「ログイン」ボタンをクリックし、ログインが失敗することを確かめてください。

8-2-2 サービスオブジェクトの spec ファイル

続いて、`Staff::Authenticator` のテストを書きます。`authenticate` メソッドは多くの条件式を含むので、これらをすべて手動でテストするのは大変です。RSpec の威力が発揮される場面です。

Column　Skinny Controller, Fat Model への批判

Rails コミュニティでは長い間、ユーザー認証のようなアプリケーション特有の処理（俗に言う「ビジネスロジック」）をどこで実装するべきか議論が交わされてきました。モデル、ビュー、コントローラのうち、ビュー（ERB テンプレート）に複雑なコードを書くべきではない、という点では初期の頃から合意がありました。また、モデルはデータベースとのインターフェースであると見なされていました。そこで、Rails プログラマの多くはコントローラの各アクションにビジネスロジックを記述するようになりました。

しかし、アプリケーションの開発が進むにつれてコントローラのコードが肥大化し、アプリケーション全体の見通しが悪くなることに Rails プログラマたちは気づきました。そこで、比較的コード量が少なく見えるモデルにビジネスロジックを移すべきだという意見が次第に有力になってきました。2006 年に Jamis Buck が書いた「Skinny Controller, Fat Model」と題するブログ記事[*1]がそうした見解の先駆けであったようです。英語の "skinny" は「やせこけた」「やせぎすの」といった意味の形容詞です。

2010 年代に入ってもこの考えは依然として主流派の地位を占めていましたが、その後 Fat Model に反対する意見が台頭してきます。コントローラでもモデルでもない、別カテゴリのオブジェクトを作るべきだとする論考が注目を浴びているのです。2012 年に Bryan Helmkamp が自身のブログに書いた「7 Patterns to Refactor Fat ActiveRecordModels[*2]」が代表例です。本書ではこうした考え方に基づき、ユーザー認証のためのコードをサービスオブジェクトとして独立させています。

■ Factory Bot の初期設定

spec ファイルを書く前に、準備作業として Factory Bot のための初期設定を行います。Factory Bot は、データベースにテストデータを投入するためのツールです。`spec/rails_helper.rb` を次のように書き換えてください。

＊1　https://weblog.jamisbuck.org/2006/10/18/skinny-controller-fat-model

＊2　https://blog.codeclimate.com/blog/2012/10/17/7-ways-to-decompose-fat-activerecord-models/

リスト 8-11　spec/rails_helper.rb

```
 :
14    RSpec.configure do |config|
15      config.fixture_path = "#{::Rails.root}/spec/fixtures"
16      config.use_transactional_fixtures = true
17      config.infer_spec_type_from_file_location!
18      config.filter_rails_from_backtrace!
19 +    config.include FactoryBot::Syntax::Methods
20    end
```

19 行目で、`FactoryBot::Syntax::Methods` モジュールで定義されている `create` や `build` などのメソッドをテストの中で使用できるようにしています。

■ ファクトリーの定義

もう 1 つの準備作業として `StaffMember` モデルのための**ファクトリー**を定義しておきましょう。定型的なモデルオブジェクトを生成するオブジェクトを、Factory Bot 用語でファクトリーと呼びます。

まず、ファクトリーの定義ファイルを置くためのディレクトリを作成します。

```
$ mkdir spec/factories
```

そして、そのディレクトリに新規ファイル `staff_members.rb` を次のような内容で作成します。

リスト 8-12　spec/factories/staff_members.rb (New)

```
1   FactoryBot.define do
2     factory :staff_member do
3       sequence(:email) { |n| "member#{n}@example.com" }
4       family_name { "山田" }
5       given_name { "太郎" }
6       family_name_kana { "ヤマダ" }
7       given_name_kana { "タロウ" }
8       password { "pw" }
9       start_date { Date.yesterday }
10      end_date { nil }
11      suspended { false }
12    end
13  end
```

ファクトリーの定義ファイルは `FactoryBot.define do` で始まり `end` で終わります。このブロックの内側でファクトリーを定義します。ここでは`:staff_member` という名前のファクトリーを定義しています。

3行目をご覧ください。

```
    sequence(:email) { |n| "member#{n}@example.com" }
```

ここではemail属性に値を設定する方法を指定しています。sequenceメソッドは、ある属性に連番で値を設定するときに使用します。ブロック変数nには、このファクトリーが呼ばれた回数がセットされます。:staff_memberというファクトリーを用いて複数個のStaffMemberオブジェクトが作られた場合、それぞれのオブジェクトのemail属性にはmember0@example.com、member1@example.com…という値がセットされていきます。この結果、StaffMemberオブジェクトの間でemail属性の値が重複しないことになります。

4行目をご覧ください。

```
    family_name { "山田" }
```

属性family_nameに固定値を割り当てています。つまり、このファクトリーを用いて生成されるStaffMemberオブジェクトの姓は常に「山田」になります。テストの中で使用するオブジェクトなので、基本的には姓は何でも構いません。5〜8行および10〜11行でも属性に固定の値を割り当てています。

> かつて4行目は、中括弧なしでfamily_name "山田"のように記述できましたが、2019年2月にリリースされたFactory Bot 5.0以降は中括弧が必須となりました。

9行目は少し注意が必要です。

```
    start_date { Date.yesterday }
```

Dateクラスのクラスメソッドyesterdayは昨日の日付を返しますが、「昨日」とはいつの時点を基準にして言うのでしょうか。実は、ファクトリーを定義した時点ではなく、ファクトリーを使ってオブジェクトが生成された時点を基準にしています。テストの中には、現在時刻を一時的に変更して実施するものがあります。Date.yesterdayが返す日付は、その「現在時刻」によって変化します。

> 4〜11行に書かれているfamily_name、given_nameなどはすべてメソッド呼び出しです。Factory Botでは、属性と同じ名前のメソッドにオブジェクトまたはブロックを渡すことにより、その属性の値の作り方を設定します。

さて、:staff_memberという名前でファクトリーが定義されていると、RSpecのエグザンプルの中で build メソッドと create メソッドで簡単に StaffMember オブジェクトを生成できます。build メソッドはそのオブジェクトのインスタンスを作るだけですが、create メソッドはさらにオブジェクトをデータベースに保存します。

■ spec ファイルを書く

では、このファクトリーを利用して Staff::Authenticator クラスの spec ファイルを書きましょう。まず、spec ファイルを置くための spec/services/staff ディレクトリを作ります。

```
$ mkdir -p spec/services/staff
```

そして、そこに新規ファイル authenticator_spec.rb を以下のような内容で作成します。

リスト 8-13　spec/services/staff/authenticator_spec.rb (New)

```
 1  require "rails_helper"
 2
 3  describe Staff::Authenticator do
 4    describe "#authenticate" do
 5      example "正しいパスワードなら true を返す" do
 6        m = build(:staff_member)
 7        expect(Staff::Authenticator.new(m).authenticate("pw")).to be_truthy
 8      end
 9
10      example "誤ったパスワードなら false を返す" do
11        m = build(:staff_member)
12        expect(Staff::Authenticator.new(m).authenticate("xy")).to be_falsey
13      end
14
15      example "パスワード未設定なら false を返す" do
16        m = build(:staff_member, password: nil)
17        expect(Staff::Authenticator.new(m).authenticate(nil)).to be_falsey
18      end
19
20      example "停止フラグが立っていれば false を返す" do
21        m = build(:staff_member, suspended: true)
22        expect(Staff::Authenticator.new(m).authenticate("pw")).to be_falsey
23      end
24
25      example "開始前なら false を返す" do
26        m = build(:staff_member, start_date: Date.tomorrow)
27        expect(Staff::Authenticator.new(m).authenticate("pw")).to be_falsey
```

```
28      end
29
30      example "終了後なら false を返す" do
31        m = build(:staff_member, end_date: Date.today)
32        expect(Staff::Authenticator.new(m).authenticate("pw")).to be_falsey
33      end
34    end
35  end
```

6 行目と 11 行目には次のように書いてあります。

```
      m = build(:staff_member)
```

変数 m にはファクトリーで割り当てられている属性値を持つ StaffMember オブジェクトがセットされます。ただし、データベースへの保存は行われません。

注目すべきは 16 行目の記述です。

```
      m = build(:staff_member, password: nil)
```

この場合でも変数 m にセットされる StaffMember オブジェクトの各属性値は基本的にファクトリーで割り当てられている値と同じになりますが、password 属性だけは nil になります。同様に、21 行目、26 行目、31 行目でもある特定の属性だけ値を変えた StaffMember オブジェクトがファクトリーによって作られて変数 m にセットされています。

このようにファクトリーを利用すると、各エグザンプルにとって意味のある属性だけ値を変えたオブジェクトを簡単に生成できます。ここに Factory Bot の利用価値があります。

各エグザンプルの 2 行目では Staff::Authenticator クラスのインスタンスメソッド authenticate を実際に呼び出して、その戻り値を調べています。be_truthy はターゲットが nil でも false でもないことを確かめるマッチャーで、be_falsey はターゲットが nil または false であることを確かめるマッチャーです。

> RSpec 2.14 までは be_truthy の代わりに be_true というマッチャーが同じ意味で使われていましたが、RSpec 3.0 で be_true は廃止されました。廃止された理由は be_true という名前が紛らわしいからです。この名前ではターゲットが true であることを確かめるマッチャーであるかのように見えます。しかし、本文中で述べたように be_truthy は「nil でも false でもない」ことを確かめるマッチャーで、旧 be_true もそうでした。このため be_true は廃止されることになったのです。同じ理由で be_false マッチャーも廃止され、新たに be_falsey マッチャーが導入されています。

spec ファイルを実行してすべてのエグザンプルが成功することを確認してください。

```
$ rspec spec/services/staff/authenticator_spec.rb
......

Finished in 1.89 seconds (files took 1.11 seconds to load)
6 examples, 0 failures
```

8-3 ログイン・ログアウト後のメッセージ表示

この節では、フラッシュという仕組みを用いてログイン・ログアウト後にページ上部にメッセージを表示する機能を Baukis2 に追加します。

8-3-1 フラッシュへの書き込み

フラッシュは、Rails アプリケーションがクライアントごとに一時的にデータを保持する仕組みを意味する Rails 用語です。フラッシュによって保持されるデータに読み書きするためのオブジェクトを、本書では**フラッシュオブジェクト**と呼びます。

フラッシュオブジェクトの役割は、セッションオブジェクトに類似しています。ただし、セッションオブジェクトとは異なり、データの維持される期間がとても短いのがフラッシュオブジェクトの特徴です。まさに閃光（flash）のように一瞬で消えてしまいます。

あるクライアントが 3 回 Rails アプリケーションにアクセスしたとします。1 回目のアクセスでフラッシュオブジェクトに記録されたデータは、2 回目のアクセスまでしか維持されません。3 回目のアクセスでは消えています。

では、フラッシュオブジェクトを利用して、ログイン・ログアウト後に短いメッセージを画面に表示してみましょう。

リスト 8-14　app/controllers/staff/sessions_controller.rb

```
 :
11    def create
12      @form = Staff::LoginForm.new(params[:staff_login_form])
13      if @form.email.present?
14        staff_member =
15          StaffMember.find_by("LOWER(email) = ?", @form.email.downcase)
```

```
16        end
17        if Staff::Authenticator.new(staff_member).authenticate(@form.password)
18          session[:staff_member_id] = staff_member.id
19 +        flash.notice = "ログインしました。"
20          redirect_to :staff_root
21        else
22 +        flash.now.alert = "メールアドレスまたはパスワードが正しくありません。"
23          render action: "new"
24        end
25      end
26
27      def destroy
28        session.delete(:staff_member_id)
29 +      flash.notice = "ログアウトしました。"
30        redirect_to :staff_root
31      end
32    end
```

19〜20行をご覧ください。

```
        flash.notice = "ログインしました。"
        redirect_to :staff_root
```

`flash`は、フラッシュオブジェクトを返すメソッドです。フラッシュオブジェクトには`alert`と`notice`という2つの属性が用意されていて、通常`alert`属性には警告メッセージ、`notice`属性には普通のメッセージをセットします。19行目でフラッシュオブジェクトに「ログインしました。」というメッセージがセットされて、20行目でリダイレクションが行われます。リダイレクション先のアクション（`staff/top`コントローラの`index`アクション）では、フラッシュオブジェクトを参照してこのメッセージを画面に表示します。29〜30行でも同様のことが行われています。

次に22〜23行をご覧ください。

```
        flash.now.alert = "メールアドレスまたはパスワードが正しくありません。"
        render action: "new"
```

`flash.alert = "..."`と書く代わりに`flash.now.alert = "..."`と書くと、`alert`属性にセットされた値がこのアクションの終了時に消えるようになります。フラッシュオブジェクトにセットしたメッセージを、このアクションでしか使用しない場合は、このように書いてください。

8-3-2 メッセージの表示

■ ERB テンプレートの書き換え

フラッシュオブジェクトに書き込まれたメッセージを ERB テンプレートに埋め込みます。

リスト 8-15 app/views/staff/shared/_header.html.erb

```
1    <header>
2      <span class="logo-mark">BAUKIS2</span>
3 +    <%= content_tag(:span, flash.notice, class: "notice") if flash.notice %>
4 +    <%= content_tag(:span, flash.alert, class: "alert") if flash.alert %>
5      <%=
6        if current_staff_member
7          link_to "ログアウト", :staff_session, method: :delete
8        else
9          link_to "ログイン", :staff_login
10       end
11     %>
12   </header>
```

> 3 行目は flash.now.notice と書きたくなるかもしれませんが、flash.notice で問題ありません。同様に 4 行目も flash.now.alert ではなく flash.alert です。flash と flash.now の違いが問題になるのは、メッセージをセットするときです。メッセージを参照する際には now メソッドを呼ぶ必要はありません。

3 行目は次のように記述するのと同値です。

```
<% if flash.notice %>
  <span class="notice"><%= flash.notice %></span>
<% end %>
```

`content_tag` は第 1 引数にタグの名前を、第 2 引数にその中身を指定して HTML 要素を生成するヘルパーメソッドです。オプションはそのままタグの属性になります。

■ ビジュアルデザインの調整

最後に、SCSS でビジュアルデザインを整えます。

リスト 8-16　app/assets/stylesheets/staff/flash.scss (New)

```
1   @import "colors";
2   @import "dimensions";
3
4   header {
5     span.notice, span.alert {
6       display: inline-block;
7       padding: $narrow $moderate;
8       margin: 0 $wide;
9       font-size: $tiny;
10      color: $very_light_gray;
11    }
12
13    span.notice {
14      background-color: $green;
15    }
16
17    span.alert {
18      background-color: $red;
19    }
20  }
```

新たに変数$greenと$redを使用しましたので、SCSSパーシャルに定義を追加します。

リスト 8-17　app/assets/stylesheets/staff/_colors.scss

```
 :
10     $dark_cyan: #448888;
11     $very_dark_cyan: darken($dark_cyan, 25%);
12 +
13 +   /* 赤系 */
14 +   $red: #cc0000;
15 +
16 +   /* 緑系 */
17 +   $green: #00cc00;
```

ブラウザで表示を確認してみましょう。まず正しいメールアドレスとパスワードの組み合わせでログインすると、図 8-5 のように「ログインしました。」と画面上部に表示されます。

書籍上ではモノクロ印刷のため色の違いがわかりませんが、背景色は明るい緑です。

いったんログアウトしてから誤ったパスワードを入力すると、図 8-6 のように赤地に白で「メールアドレスまたはパスワードが正しくありません。」というメッセージが表示されます。

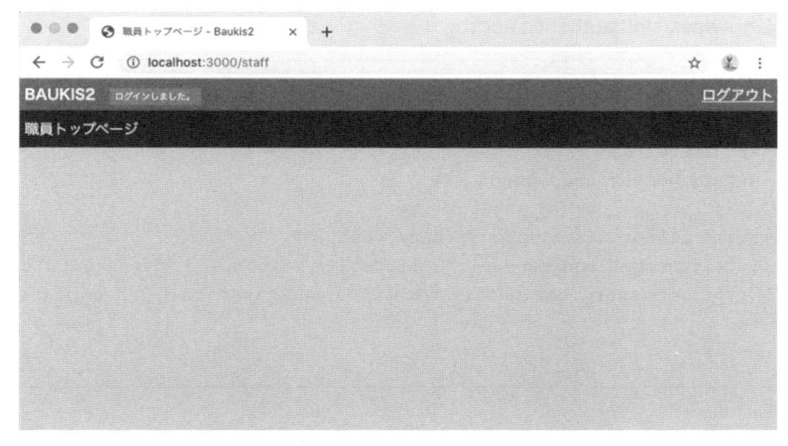

図 8-5　ログイン成功時のフラッシュメッセージ

図 8-6　ログイン失敗時のフラッシュメッセージ

8-3-3　Staff::Authenticator の変更

さて、現時点での実装では、利用停止（suspended）フラグがセットされている職員が Baukis2 にログインしようとした場合、「メールアドレスまたはパスワードが正しくありません。」というフラッシュメッセージが表示されます。このメッセージを「アカウントが停止されています。」に変更しましょう。

まず、`Staff::Authenticator` の `authenticate` メソッドから `suspended` フラグを調べている部分を削除します。

リスト 8-18　app/services/staff/authenticator.rb

```
   :
   6       def authenticate(raw_password)
   7         @staff_member &&
   8           !@staff_member.suspended?  &&
   9 -         @staff_member.hashed_password &&
   9           @staff_member.start_date <= Date.today &&
  10           (@staff_member.end_date.nil?  || @staff_member.end_date > Date.today) &&
  11           BCrypt::Password.new(@staff_member.hashed_password) == raw_password
  12       end
  13     end
```

この結果、利用停止中の職員が正しいメールアドレスとパスワードでログインを試みた場合、このメソッドは true を返すようになります。

この仕様変更に合うように、spec ファイルも修正します。

リスト 8-19　app/services/staff/authenticator.rb

```
   :
  20 -      example "停止フラグが立っていれば false を返す" do
  20 +      example "停止フラグが立っていても true を返す" do
  21          m = build(:staff_member, suspended: true)
  22 -        expect(Staff::Authenticator.new(m).authenticate("pw")).to be_falsey
  22 +        expect(Staff::Authenticator.new(m).authenticate("pw")).to be_truthy
  23        end
   :
```

:::::

8-3-4　フラッシュメッセージの表示

続いて、staff/sessions コントローラの create アクションを次のように書き換えます。

リスト 8-20　app/controllers/staff/sessions_controller.rb

```
   :
  17        if Staff::Authenticator.new(staff_member).authenticate(@form.password)
  18 -        session[:staff_member_id] = staff_member.id
```

```
19 -        flash.notice = "ログインしました。"
20 -        redirect_to :staff_root
18 +        if staff_member.suspended?
19 +          flash.now.alert = "アカウントが停止されています。"
20 +          render action: "new"
21 +        else
22 +          session[:staff_member_id] = staff_member.id
23 +          flash.notice = "ログインしました。"
24 +          redirect_to :staff_root
25 +        end
26        else
27          flash.now.alert = "メールアドレスまたはパスワードが正しくありません。"
28          render action: "new"
29        end
 :
```

では、動作確認をしましょう。データベースに唯一登録されている職員「山田太郎」さんの suspended フラグをセットするため、次のコマンドを実行してください。

```
$ bin/rails r 'StaffMember.first.update_columns(suspended: true)'
```

ブラウザで Baukis2 の職員ページを開き、メールアドレス「taro@example.com」とパスワード「password」でログインを試みてください。画面左上に「アカウントが停止されています。」というフラッシュメッセージが表示されれば成功です（図 8-7）。

図 8-7　アカウントが停止されている場合のフラッシュメッセージ

動作確認が済んだら、「山田太郎」さんの suspended フラグを元に戻してください。

```
$ bin/rails r 'StaffMember.first.update_columns(suspended: false)'
```

8-4 演習問題

問題 1

管理者がログイン・ログアウトする機能を実装してください。仕様は職員のログイン・ログアウト機能と同様です。

ログインに成功すれば「ログインしました。」というトップページにリダイレクションしてフラッシュメッセージを出力します。ログインに失敗した場合は、ログインフォームを再表示して「メールアドレスまたはパスワードが正しくありません。」というフラッシュメッセージを出します。ただし、利用停止中の管理者がログインを試みた場合は、「アカウントが停止されています。」というフラッシュメッセージを表示します。

問題 2

`Administrator` のファクトリーを作ってください。

問題 3

`Admin::Authenticator` の spec ファイルを作り、テストを成功させてください。

Chapter 9 ルーティング

Chapter 9 では、ルーティング（HTTP リクエストとアクションの関連付け）についてやや踏み込んだ解説をします。Baukis2 の config/routes.rb ファイルを少しずつ書き換えながら、リソース、単数リソース、制約などの概念について学習します。

9-1 ルーティングの基礎知識

Rails アプリケーションを構成する数多くのファイルの中でも、`config/routes.rb` は最重要のファイルの 1 つです。それは単なる設定ファイルではありません。そこには、アプリケーションの設計方針が要約されています。

9-1-1 アクション単位のルーティング

■ ルーティングとは

ルーティングとは、クライアント（ブラウザ）からの HTTP リクエストとアクションの関連付けです。Rails は HTTP リクエストの各種属性（HTTP メソッド、URL パス、ホスト名、ポート番号、リクエスト元の IP アドレスなど）から、どのコントローラのどのアクションが処理を受け持つべきかを判定します。

Railsのオリジナルのドキュメントでは、HTTPリクエストとアクションの関連付けを "routes" と呼んでいます。日本語に翻訳するなら「経路」とでもすべきところですが、日本では習慣的にカタカナで「ルーティング」と呼んでおり、本書もそれを踏襲しました。「経路」が訳語として定着しなかった理由はよくわかりません。発音をそのままカタカナに直して「ルート」と呼ばなかったのは、まったく同じ表記・発音となるコンピュータ用語ルート（root）と区別するためであろうと思われます。

ルーティングはconfig/routes.rbで設定します。次に示すのは、単純なルーティングの設定例です。

```
Rails.application.routes.draw do
  get "hello" => "top#greeting"
  post "mypage/subscription" => "user/newsletters#subscribe"
end
```

2行目は「GETメソッドで/helloというURLパスにリクエストが届いたら、topコントローラのgreetingアクションが処理をする」という意味になります。同様に、3行目は「POSTメソッドで/mypage/subscriptionというURLパスにリクエストが届いたら、user/newslettersコントローラのsubscribeアクションが処理をする」と読んでください。

ルーティングを設定するためには、最低限4つの情報（①HTTPメソッド、②URLパス、③コントローラ名、④アクション名）が必要です。HTTPメソッドとして指定できるのは、GET、POST、PATCH、DELETEという4つの値だけです。ただし、後方互換のためPATCHの代わりにPUTも指定できます（133ページ参照）。

■ URLパスにパラメータを埋め込む

次のルーティング設定例をご覧ください。

```
Rails.application.routes.draw do
  get "blog/:year/:month/:mday" => "articles#show"
end
```

URLパスにコロン（:）で始まる名前が含まれている場合、その部分は可変値（パラメータ）であるとみなされます。ここでは、:year、:month、:mdayという3つのパラメータがURLパスに埋め込まれています。このようにルーティングが設定されていれば、GETメソッドで/blog/2019/12/01というURLパスにアクセスが届いた場合、articlesコントローラのshowアクションが呼び出されることになります。そして、showアクションではparamsオブジェクトを通じてパラメータの値を取得できます。たとえばparams[:year]は"2019"という文字列を返します。

パラメータの値に制約を課すには、次のようにconstraintsオプションを指定します。

```
Rails.application.routes.draw do
  get "blog/:year/:month/:mday" => "articles#show",
    constraints: { year: /20\d\d/, month: /\d\d/, mday: /\d\d/ }
end
```

各パラメータに対して正規表現を指定することにより、値を制限しています。この制限をすればblog/0000/ABC/XYZ のような URL パスをこのルーティングから除外できます。

■ ルーティングに名前を与える

次のルーティング設定例をご覧ください。

```
Rails.application.routes.draw do
  get "staff/login" => "staff/sessions#new", as: :staff_login
end
```

as オプションを用いると、ルーティングに名前を与えることができます。その結果、アクションやERB テンプレートにおいて URL パスを文字列ではなくシンボルで指定できるようになります。たとえば、link_to メソッドで/staff/login という URL パスへのリンクを生成したい場合、

```
<%= link_to "ログイン", :staff_login %>
```

と書けます。これは、次のように書くのと同じです。

```
<%= link_to "ログイン", "/staff/login" %>
```

シンボルで URL パスを表現することには、主に 2 つのメリットがあります。1 つは、プログラマが名前を書き間違えたときにエラーになることです。たとえば、URL パスを文字列で指定した場合"/stuff/login"と書き間違えても、Rails はエラーを出しません。私たちが実際にリンクをクリックし「404 Not Found」のページを見て、初めてミスに気づくことになります。しかし、URL パスにシンボル:stuff_login を指定した場合は、リンク元のページを表示しただけでエラーが発生します。間違いはなるべく早く発見されるべきですので、これは大きな利点です。

もう 1 つのメリットは、設定により変動する URL パスに対応できることです。この点については後述します。

ルーティングの名前に関しては、1 つ留意すべきことがあります。慣習的に「ルーティング」の名前と呼ばれてはいるものの、実質的には URL パスのパターンに名前を付けたものに過ぎない、ということです。次の例をご覧ください。

```
Rails.application.routes.draw do
  get "login" => "sessions#new", as: :login_form
  post "login" => "sessions#create", as: :authentication
end
```

同一の URL パスに対して複数の HTTP メソッドを割り当て、それぞれに異なるアクションを結び付けています。それぞれに as オプションが指定された結果、"/login" という URL に対して、:login_form および:authentication という 2 つの名前が与えられています。意図としては、前者が GET メソッドのため、後者が POST メソッドのための名前なのですが、link_to メソッドなどに指定する際には両者は区別されません。したがって、次の 2 行はどちらも有効であり、同じ URL パスへのリンクを生成します。

```
<%= link_to "ログイン", :login_form %>
<%= link_to "ログイン", :authentication %>
```

■ ルーティングのためのヘルパーメソッド

ルーティングに名前を与えると、副作用として 2 つのヘルパーメソッドが定義されます。次のルーティング設定例をご覧ください。

```
Rails.application.routes.draw do
  get "login" => "sessions#new", as: :login
end
```

ルーティングに:login という名前が与えられた結果、以下の 2 つのヘルパーメソッドが定義されます。

- login_path
- login_url

前者は URL のパス部分を返し、後者は URL 全体を返します。 ヘルパーメソッド login_path を用いれば、次のようにして ERB テンプレートにリンクを埋め込むことができます。

```
<%= link_to "ログイン", login_path %>
```

login_path の部分は:login とも書けるのでヘルパーメソッドの出番はなさそうにも思えますが、ヘルパーメソッドを用いると URL にクエリパラメータを付加することが可能になります。

```
<%= link_to "ログイン", login_path(tracking: "001") %>
```

この場合、次のようなHTMLコードが生成されます。

```
<a href="/login?tracking=001">ログイン</a>
```

別のルーティング設定例をご覧ください。

```
Rails.application.routes.draw do
  get "articles/:year/:number" => "articles#show", as: :article
end
```

この場合もarticle_pathとarticle_urlという2つのヘルパーメソッドが定義されます。ただし、URLパスのパターンにパラメータが含まれているため、単にarticle_pathメソッドを呼んだだけではURLパスを生成できません。次のようにyearオプションとnumberオプションを指定する必要があります。

```
<%= link_to "読む", article_path(year: "2019", number: "12") %>
```

9-1-2 名前空間

次に示すのは、現段階におけるBaukis2のconfig/routes.rb（抜粋）です。

```
Rails.application.routes.draw do
  namespace :staff do
    root "top#index"
    get "login" => "sessions#new", as: :login
    post "session" => "sessions#create", as: :session
    delete "session" => "sessions#destroy"
  end
```

2行目のnamespaceはルーティングにおける**名前空間**を設定するメソッドです。名前空間:staffを設定すると、そのブロックの内側で設定されるルーティングのURLパス、コントローラ名、ルーティング名に影響を及ぼします。具体的に言えば、以下の3つの効果が現れます。

1. URLパスの先頭に/staffが付加される。
2. コントローラ名の先頭にstaff/が付加される。

3. ルーティング名の先頭に staff_が付加される。

4行目のルーティングを例に取りましょう。

```
    get "login" => "sessions#new", as: :login
```

もしも名前空間が設定されていなければ、URLパスは/login、コントローラ名はsessions、ルーティング名は:loginですが、名前空間:staffが設定されていますので、URLパスは/staff/login、コントローラ名はstaff/sessions、ルーティング名は:staff_loginとなります。

URLパス、コントローラ名、ルーティング名に付加される文字列を変更したい場合は、namespaceメソッドにオプションを与えてください。URLパスの先頭に付加する文字列を変更するにはpathオプションを用います。たとえば、2行目を次のように変更すると、職員トップページのURLパスは/staffから/fooに変わります。

```
  namespace :staff, path: "foo" do
```

コントローラ名の先頭に付加する文字列を制御するのはmoduleオプションです。2行目を次のように変更すれば、職員トップページへのアクセスを処理するコントローラがstaff/topからfoo/topに変わります。

```
  namespace :staff, module: "foo" do
```

コントローラクラスが Staff::Top から Foo::Top に変わることを意味します。

また、asオプションを用いればルーティング名の先頭に付加する文字列を変えられます。

```
  namespace :staff, as: "foo" do
```

2行目をこのように書き換えた場合、職員ログインページのルーティング名は:staff_loginから:foo_loginに変わります。

では、実際にやってみましょう。config/routes.rbを次のように書き換えてください。

リスト 9-1　config/routes.rb

```
1    Rails.application.routes.draw do
2 -    namespace :staff do
```

```
2 + namespace :staff, path: "" do
3     root "top#index"
4     get "login" => "sessions#new", as: :login
5     post "session" => "sessions#create", as: :session
```

namespace メソッドの path オプションに空文字を与えています。この結果、職員トップページの URL パスは/staff から/に変わり、職員ログインページの URL は/staff/login から/login に変わります。

> path オプションに"foo"を指定すると職員ログインページの URL パスが/foo/login になるのであれば、path オプションに空文字を指定した場合には URL パスが//login になりそうな気がしますが、連続するスラッシュは 1 個にまとめられるため/login となります。

ブラウザで http://localhost:3000 にアクセスしてみてください（図 9-1）。

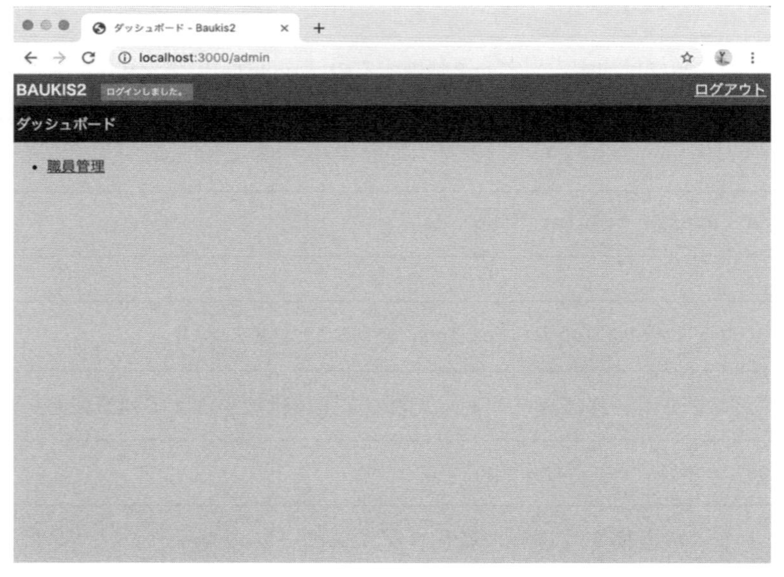

図 9-1　ルーティング変更後の職員トップページ

確かに、職員トップページの URL パスが/に変化しています。

> 通常 URL の末尾にはスラッシュ（/）を付けないので、http://localhost:3000 には URL パス部分がない（あるいは URL パスが空文字である）ように見えますが、URL パスについて考えるときにはスラッシュを補ってください。

ところで、職員トップページのURLパスが変わったことにより、「ログイン」リンクのリンク先URLも変化するわけですが、ヘッダ部分のERBテンプレートを修正する必要はありませんでした。該当部分のコードを次に示します。

```
<%=
  if current_staff_member
    link_to "ログアウト", :staff_session, method: :delete
  else
    link_to "ログイン", :staff_login
  end
%>
```

修正が要らなかった理由は、`link_to`メソッドの第2引数にURLパスを文字列で指定せずに、シンボル（ルーティング名）で指定していたからです。これがシンボルでURLパスを表現することのメリットです。

9-2 リソースベースのルーティング

この節では、`resources`メソッドによって基本的なルーティングを一括して設定する方法について学びます。

9-2-1 7つの基本アクション

次章で、管理者が職員のアカウントを管理する機能を`admin/staff_members`コントローラとして実装します。リソースベースのルーティングを説明する題材として好都合ですので、`config/routes.rb`の書き換えだけを本章で先に済ませることにしましょう。 `admin/staff_members`コントローラには以下のような内容を持つ7つのアクションを実装します。

1. 職員のリスト表示
2. 職員の詳細表示
3. 職員の登録フォーム表示
4. 職員の編集フォーム表示
5. 職員の追加
6. 職員の更新

7. 職員の削除

一般に、データベーステーブルを管理する機能を実装しようとすると、上に挙げたような内容の7つのアクションが必要となります。そこで、これらのアクションに対してはルーティングの設定法が慣習的に決められています。それを職員アカウント管理機能に当てはめたのが表9-1です。

表9-1　7つの基本アクションのためのルーティング

アクションの内容	HTTPメソッド	URLパスのパターン	アクション名
職員のリスト表示	GET	/admin/staff_members	index
職員の詳細表示	GET	/admin/staff_members/:id	show
職員の登録フォーム表示	GET	/admin/staff_members/:id/new	new
職員の編集フォーム表示	GET	/admin/staff_members/:id/edit	edit
職員の追加	POST	/admin/staff_members	create
職員の更新	PATCH	/admin/staff_members/:id	update
職員の削除	DELETE	/admin/staff_members/:id	destroy

この表に挙げたアクションを、本書では**7つの基本アクション**と呼びます。URLパスのパターンに含まれるパラメータ`:id`には、`StaffMember`の`id`属性、すなわち`staff_members`テーブルの主キー（122ページ）の値が埋め込まれます。

9-2-2　ルーティングの分類

7つの基本アクションの表をよく観察すると、ルーティングにはURLパスのパターンにパラメータ`:id`が含まれているものとそうでないものがあります。パラメータ`:id`には主キーの値が埋め込まれますので、それをURLパスの中に含むということは、アクションの操作が特定のレコードを対象に行われることを意味します。この種のアクションに対するルーティングを**メンバールーティング**（member route）と呼びます。そして、URLパスのパターンにパラメータ`:id`を持たないルーティングを**コレクションルーティング**（collection route）と呼びます。ただし、`new`アクションのためのルーティングはどちらの分類にも属さず、特別な分類名も持っていません。

> 「メンバー（member）」と「コレクション（collection）」という用語は、「要素（element）」と「集合（set）」に言い換えるとわかりやすいかもしれません。indexアクションとcreateアクションは集合に対する操作である点で共通します。前者は集合の全要素をリストアップし、後者は集合に要素を追加します。それ以外のアクションは特定の要素に関する操作です。newアクションは例外で、集合に対する操作であるとも、集合の要素に対する操作であるとも言えません。

9-2-3 resourcesメソッド

さて、前節で学んだget、post、patch、deleteなどのメソッドで7つの基本アクションに対するルーティングを設定しようとした場合、config/routes.rbを次のように書き換えることになります。

リスト9-2 config/routes.rb

```
   :
   9      namespace :admin do
  10        root "top#index"
  11        get "login" => "sessions#new", as: :login
  12        post "session" => "sessions#create", as: :session
  13        delete "session" => "sessions#destroy"
  14 +      get "staff_members" => "staff_members#index"
  15 +      get "staff_members/:id" => "staff_members#show"
  16 +      get "staff_members/new" => "staff_members#new"
  17 +      get "staff_members/:id/edit" => "staff_members#edit"
  18 +      post "staff_members" => "staff_members#create"
  19 +      patch "staff_members/:id" => "staff_members#update"
  20 +      delete "staff_members/:id" => "staff_members#destroy"
  21      end
   :
```

しかし、Railsにはもっと簡便な方法が用意されています。それがresourcesメソッドです。config/routes.rbを次のように書き換えてください。

リスト9-3 config/routes.rb

```
   :
   9      namespace :admin do
  10        root "top#index"
  11        get "login" => "sessions#new", as: :login
  12        post "session" => "sessions#create", as: :session
  13        delete "session" => "sessions#destroy"
  14 -      get "staff_members" => "staff_members#index"
  15 -      get "staff_members/:id" => "staff_members#show"
  16 -      get "staff_members/new" => "staff_members#new"
  17 -      get "staff_members/:id/edit" => "staff_members#edit"
  18 -      post "staff_members" => "staff_members#create"
  19 -      patch "staff_members/:id" => "staff_members#update"
  20 -      delete "staff_members/:id" => "staff_members#destroy"
  14 +      resources :staff_members
  15      end
```

```
  :
```

resources メソッドは7つの基本アクションに対するルーティングを一括して設定するメソッドです。また、このメソッドは表9-2のようなルーティング名の設定も行います。

表9-2　resources メソッドによって設定されるルーティング名

URL パスのパターン	ルーティング名
/admin/staff_members	:admin_staff_members
/admin/staff_members/:id	:admin_staff_member
/admin/staff_members/:new	:new_admin_staff_member
/admin/staff_members/:id/edit	:edit_admin_staff_member

new アクションと edit アクションのルーティングに対する命名規則に注意してください。名前空間 admin の前にアクション名が来ます。:admin_new_staff_member や:admin_edit_staff_member ではありません。

9-2-4　リンクの設置

ルーティングが正しく設定されているかどうかを確認するため、管理者トップページに「職員の管理」というリンクを設置してみましょう。まず、admin/top コントローラの index アクションを少し書き換えます。

リスト9-4　app/controllers/admin/top_controller.rb

```
1    class Admin::TopController < ApplicationController
2      def index
3 -      render action: "index"
3 +      if current_administrator
4 +        render action: "dashboard"
5 +      else
6 +        render action: "index"
7 +      end
8      end
9    end
```

管理者としてログイン済みの場合、app/views/admin/top/dashboard.html.erb を ERB テンプレートとして使用します。

続いて、その ERB テンプレートを作成します。

リスト 9-5　app/views/admin/top/dashboard.html.erb (New)

```
1  <% @title = "ダッシュボード" %>
2  <h1><%= @title %></h1>
3
4  <ul class="menu">
5    <li><%= link_to "職員管理", :admin_staff_members %></li>
6  </ul>
```

ブラウザで http://localhost:3000/admin を開き、管理者としてログインすると、図 9-2 のようにリンクが表示されます。

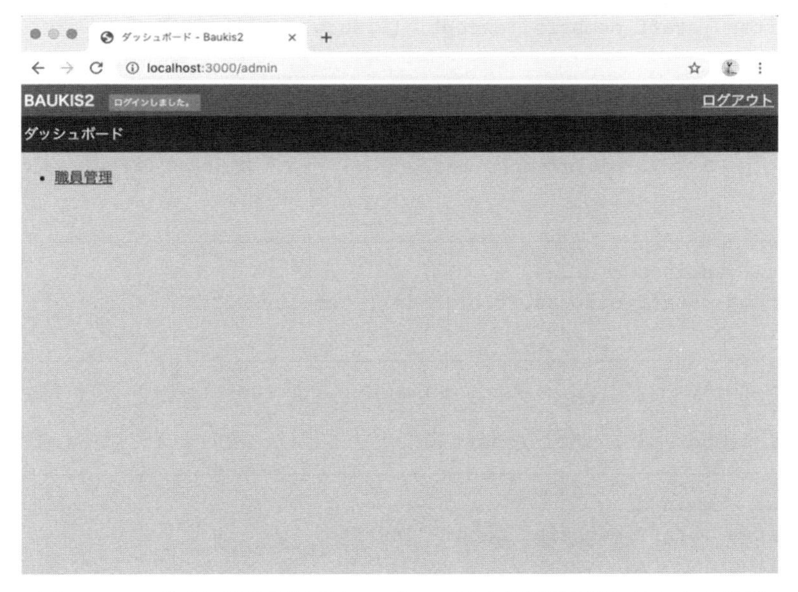

図 9-2　ログイン後の管理者トップページに「職員管理」リンクを設置

もちろん admin/staff_members コントローラをまだ作っていませんので、「職員管理」のリンクをクリックすればエラー画面が表示されて、「uninitialized constant Admin::StaffMembersController」というメッセージが表示されます。

9-2-5 resources メソッドのオプション

resources メソッドに only オプションまたは except オプションを指定すると、7 つの基本アクションのうちの一部だけに対してルーティングを設定できます。次の例は、admin/staff_members コントローラに対して、index、new、create アクションのみに対してルーティングを設定します。

```
namespace :admin do
  resources :staff_members, only: [ :index, :new, :create ]
end
```

そして、次の例は、show、destroy 以外の 5 つのアクションに対してルーティングを設定します。

```
namespace :admin do
  resources :staff_members, except: [ :show, :destroy ]
end
```

controller オプションを指定すると、URL パスやルーティング名を変更せずにコントローラだけを変えられます。たとえば、admin/employees コントローラを使用したければ、次のように記述してください。

```
namespace :admin do
  resources :staff_members, controller: "employees"
end
```

URL パスを変更するには path オプションを利用してください。たとえば「職員管理」の URL を/admin/staff_members から/admin/staff に変更するには、次のように記述します。

```
namespace :admin do
  resources :staff_members, path: "staff"
end
```

9-3 単数リソース

前節では複数形の resources メソッドによるルーティング設定を学びました。次にこの節で扱うメソッドの名前は単数形の resource。見た目の違いは s の有無だけですが、働きは大きく異なります。

9-3-1 単数リソースの 6 つの基本アクション

前節では管理者が職員を管理する機能のためのルーティングを考えました。この節では、職員が自分自身のアカウントを管理する機能のためのルーティングについて考えます（機能の実装は次章）。

日本語は複数・単数の違いを明示しないためわかりにくいですが、「管理者が職員を管理する」と言った場合、職員は複数存在することが想定されています。他方、「職員が自分自身のアカウントを管理する」と言った場合、管理の対象となるアカウントは 1 個しかありません。ということは、前節で述べた 7 つの基本アクションのうち index アクションは意味を持たないことになります。

また、職員が自分自身のアカウントを管理できるということは、その職員はログインしていることになりますので、その職員の id 属性の値はセッションオブジェクトから取得できます。したがって、その職員の情報を操作するアクションの URL パスに id パラメータを埋め込む必要はありません。

ある文脈において 1 個しか存在しないようなリソースを、**単数リソース**（singular resource）と呼びます。Rails で単数リソースを扱う場合のルーティングにも慣例があります。それを職員によりアカウント管理機能に当てはめたのが表 9-3 です。

表 9-3　単数リソースのためのルーティング

アクションの内容	HTTP メソッド	URL パスのパターン	アクション名
アカウントの詳細表示	GET	/staff/account	show
アカウントの登録フォーム表示	GET	/staff/account/new	new
アカウントの編集フォーム表示	GET	/staff/account/edit	edit
アカウントの追加	POST	/staff/account	create
アカウントの更新	PATCH	/staff/account	update
アカウントの削除	DELETE	/staff/account	destroy

この表に挙げたアクションを、本書では**単数リソースの 6 つの基本アクション**と呼びます。前節で学んだ 7 つの基本アクションの場合は、メンバールーティングとコレクションルーティングと new ア

クションのためのルーティングの3つに分類されましたが、単数リソースの場合にはそのような分類はありません。

9-3-2 resource メソッド

resource メソッドを用いると、単数リソースの6つの基本アクションに対するルーティングを一括設定できます。config/routes.rb を次のように変更してください。

リスト 9-6 config/routes.rb

```
1    Rails.application.routes.draw do
2      namespace :staff, path: "" do
3        root "top#index"
4        get "login" => "sessions#new", as: :login
5        post "session" => "sessions#create", as: :session
6        delete "session" => "sessions#destroy"
7 +      resource :account
8      end
:
```

なお、コントローラ名は staff/accounts（複数形！）となりますので、注意が必要です。また、resources メソッドの場合と同様に、resource メソッドもルーティングに名前を付与します（表 9-4）。

表 9-4 resource メソッドによって設定されるルーティング名

URL パスのパターン	ルーティング名
/staff/account	:staff_account
staff/account/new	:new_staff_account
/staff/account/edit	:edit_staff_account

9-3-3 resource メソッドのオプション

先ほど設定した staff/accounts コントローラへのルーティングの中には、実は3つ不要なアクションが混ざっています。new、create、destroy です。Baukis2 には職員自身が自分のアカウントを登録する機能はありません。また、自分でアカウントを削除する機能もありません。それらを except オプションを用いて除外します。

リスト 9-7　config/routes.rb

```
1    Rails.application.routes.draw do
2      namespace :staff, path: "" do
3        root "top#index"
4        get "login" => "sessions#new", as: :login
5        post "session" => "sessions#create", as: :session
6        delete "session" => "sessions#destroy"
7 -      resource :account
7 +      resource :account, except: [ :new, :create, :destroy ]
8      end
:
```

また、Chapter 8／9 でログイン・ログアウト機能のために設定したルーティングのうち create アクションと destroy アクションのルーティングは、単数リソースのパターンに合致します。そこで、config/routes.rb は次のように書き換えることが可能です。

リスト 9-8　config/routes.rb

```
1     Rails.application.routes.draw do
2       namespace :staff, path: "" do
3         root "top#index"
4         get "login" => "sessions#new", as: :login
5 -       post "session" => "sessions#create", as: :session
6 -       delete "session" => "sessions#destroy"
5 +       resource :session, only: [ :create, :destroy ]
6         resource :account, except: [ :new, :create, :destroy ]
7       end
8
9       namespace :admin do
10        root "top#index"
11        get "login" => "sessions#new", as: :login
12 -      post "session" => "sessions#create", as: :session
13 -      delete "session" => "sessions#destroy"
12 +      resource :session, only: [ :create, :destroy ]
13        resources :staff_members
14      end
:
```

セッションはデータベースレコードと結び付いたリソースではありませんが、ある文脈において 1 個しかないという意味で単数リソースの仲間であると言えます。

ブラウザで http://localhost:3000 と http://localhost:3000/admin にアクセスし、職員向けと管理者向けのログイン・ログアウト機能がこれまでどおり正常に動作することを確認してください。

9-4 制約

制約（constraints）とは、ルーティングが適用される条件のことです。この節では、Baukis2 の利用者別トップページのホスト名と URL パスを設定ファイルにより変更する機能を実装します。

9-4-1 Rails.application.config

Chapter 1 で説明した Baukis2 の仕様によれば、利用者別トップページのホスト名と URL パスは設定可能な項目です。どのような設定方法を採用すればよいでしょうか。いろんな方法が考えられます。有力な選択肢としては、環境変数の値を定数 ENV から取得したり、アプリケーション起動時に特定のパスに置かれた YAML ファイルを読み込んで定数にセットしたり、といった方法が考えられます。

しかし、Baukis2 では `config/initializers` ディレクトリに新たなファイル `baukis2.rb` を追加して、その中で設定することにします。設定ファイルを読み込む方法を考えなくてもよいので、楽な方法です。次の内容で作成してください。

リスト 9-9 config/initializers/baukis2.rb (New)

```
1  Rails.application.configure do
2    config.baukis2 = {
3      staff: { host: "baukis2.example.com", path: "" },
4      admin: { host: "baukis2.example.com", path: "admin" },
5      customer: { host: "example.com", path: "mypage" }
6    }
7  end
```

2 行目の `config` は、`Rails::Application::Configuration` クラスのインスタンスを返すメソッドです。このオブジェクトは Rails 自体あるいはアプリケーションに組み込まれた Gem パッケージの各種設定を保持しているのですが、実は設定項目を自由に追加できます。ここでは `baukis2` という項目を追加し、それにハッシュをセットしています。このハッシュには `:staff`、`:admin`、`:customer` という 3 つのキーがあります。そして、それらのキーに対する値が、利用者別トップページの設定を表しています。

Rails アプリケーションの中では次の式でこのハッシュにアクセスできます。

```
Rails.application.config.baukis2
```

すなわち、職員トップページのホスト名（baukis2.example.com）を参照したければ、次のように書けばいいわけです。

```
Rails.application.config.baukis2[:staff][:host]
```

9-4-2 ホスト名による制約

通常、ルーティングはHTTPメソッドとURLパスのパターンによって決まります。しかし、HTTPリクエストのそれ以外の属性（たとえば、ホスト名、ポート番号、リクエスト元のIPアドレス）によってルーティングを変更することも可能です。ルーティングを決めるための条件を**制約**（constraints）と呼びます。

制約の具体例を見ましょう。config/routes.rbを次のように書き換えてください。

リスト9-10 config/routes.rb

```
1   Rails.application.routes.draw do
2 -   namespace :staff, path: "" do
3 -     root "top#index"
4 -     get "login" => "sessions#new", as: :login
5 -     resource :session, only: [ :create, :destroy ]
6 -     resource :account, except: [ :new, :create, :destroy ]
7 -   end
2 +   constraints host: "baukis2.example.com" do
3 +     namespace :staff, path: "" do
4 +       root "top#index"
5 +       get "login" => "sessions#new", as: :login
6 +       resource :session, only: [ :create, :destroy ]
7 +       resource :account, except: [ :new, :create, :destroy ]
8 +     end
9 +   end
:
```

この結果、名前空間staffの中で設定されているルーティングにホスト名による制約がかかります。すなわち、baukis2.example.comというホスト名でアクセスされた場合にのみ、職員トップページが表示されることになります。

動作確認をしましょう。ブラウザでhttp://baukis2.example.com:3000にアクセスすると職員トップページが表示され、http://localhost:3000 にアクセスすると Chapter 3 の末尾で見たような「Yay! You're on Rails!」というページが表示されれば OK です。

> Chapter 3 で hosts ファイルを書き換えて、example.com と baukis2.example.com に IP アドレス 127.0.0.1 を割り当てています。正しく職員トップページが表示されない場合は、hosts ファイルの内容を確認してください。

では、Rails.application.config を参照して、利用者別トップページのホスト名と URL パスを自由に設定できるようにしましょう。まず、職員用のルーティングを書き換えます。

リスト 9-11　config/routes.rb

```
 1    Rails.application.routes.draw do
 2 +    config = Rails.application.config.baukis2
 3 +
 4 -    constraints host: "baukis2.example.com" do
 4 +    constraints host: config[:staff][:host] do
 5 -      namespace :staff, path: "" do
 5 +      namespace :staff, path: config[:staff][:path] do
 6          root "top#index"
 7          get "login" => "sessions#new", as: :login
 8          resource :session, only: [ :create, :destroy ]
 9          resource :account, except: [ :new, :create, :destroy ]
10        end
11      end
 :
```

さらに、管理者用のルーティングを書き換えてください。

リスト 9-12　config/routes.rb

```
 :
13 -    namespace :admin, path: "" do
14 -      root "top#index"
15 -      get "login" => "sessions#new", as: :login
16 -      resource :session, only: [ :create, :destroy ]
17 -      resources :staff_members
18 -    end
13 +    constraints host: config[:admin][:host] do
14 +      namespace :admin, path: config[:admin][:path] do
15 +        root "top#index"
16 +        get "login" => "sessions#new", as: :login
17 +        resource :session, only: [ :create, :destroy ]
```

```
18 +       resources :staff_members
19 +     end
20 +   end
 :
```

ブラウザで http://baukis2.example.com:3000 と http://baukis2.example.com:3000/admin にアクセスしてみてください。それぞれ職員トップページと管理者トップページが表示されれば OK です。

9-4-3 ルーティングのテスト

最後に、RSpec によるルーティングのテストを書いてこの章を締めくくります。まず、spec ディレクトリの下にサブディレクトリ routing を作成します。

```
$ mkdir spec/routing
```

そして、新規ファイル hostname_constraints_spec.rb を次のような内容で作成します。

リスト 9-13　spec/routing/hostname_constraints_spec.rb (New)

```
 1  require "rails_helper"
 2
 3  describe "ルーティング" do
 4    example "職員トップページ" do
 5      config = Rails.application.config.baukis2
 6      url = "http://#{config[:staff][:host]}/#{config[:staff][:path]}"
 7      expect(get: url).to route_to(
 8        host: config[:staff][:host],
 9        controller: "staff/top",
10        action: "index"
11      )
12    end
13
14    example "管理者ログインフォーム" do
15      config = Rails.application.config.baukis2
16      url = "http://#{config[:admin][:host]}/#{config[:admin][:path]}/login"
17      expect(get: url).to route_to(
18        host: config[:admin][:host],
19        controller: "admin/sessions",
20        action: "new"
```

```
21        )
22      end
23    end
```

ルーティングのエグザンプルを模式的に表すと次のようになります。

```
expect(get: X).to route_to(Y)
```

X には URL を指定します。そして、実際にその URL にアクセスした場合に params オブジェクトにセットされるであろうハッシュの内容を Y に指定します。ただし、get の部分は適宜、post、patch、delete などで置き換えてください。route_to はルーティングテスト専用のマッチャーです。

最初のエグザンプルは GET メソッドで http://baukis.example.com にアクセスした場合に、staff/top コントローラの index アクションが呼び出されることを表現しています。なお、params オブジェクトの host パラメータにはホスト名がセットされるので、route_to マッチャーに指定するハッシュの host キーを省略するとエグザンプルが失敗します。

さらに、エグザンプルを追加しましょう。

リスト 9-14　spec/routing/hostname_constraints_spec.rb

```
   :
19          controller: "admin/sessions",
20          action: "new"
21        )
22      end
23 +
24 +    example "ホスト名が対象外なら routable ではない" do
25 +      expect(get: "http://foo.example.jp").not_to be_routable
26 +    end
27 +
28 +    example "存在しないパスなら routable ではない" do
29 +      config = Rails.application.config.baukis2
30 +      expect(get: "http://#{config[:staff][:host]}/xyz").not_to be_routable
31 +    end
32    end
```

ホスト名が対象外の場合と URL パスが存在しない場合についてエグザンプルを記述しています。2つのエグザンプルで使われている be_routable メソッドは、与えられた HTTP メソッドと URL の組み合わせが何らかのアクションと結び付けられるかどうかを調べるマッチャーです。

9-5 演習問題

問題 1

ある Rails アプリケーションの config/routes.rb に次のように記述されています。

```
Rails.application.routes.draw do
  namespace :admin, module: "administration" do
    get "blog/:year/:month/:mday" => "articles#show",
      constraints: { year: /20\d\d/, month: /\d\d/, mday: /\d\d/ },
      as: :article
  end
end
```

GET メソッドで URL パス /admin/blog/2019/12/01 にアクセスすると、どのコントローラの何というアクションが呼び出されますか。

問題 2

config/initializers/baukis2.rb の内容に従って顧客トップページのホスト名と URL パスが設定されるように、config/routes.rb を書き換えてください。

問題 3

前問で行った書き換えをテストするためのエグザンプルを spec/routes/hostname_constraints_spec.rb に加え、テストを成功させてください。

Chapter 10

レコードの表示、新規作成、更新、削除

Chapter 10では、管理者が職員アカウントを管理（表示、新規作成、更新、削除）する機能を作成しながら、標準的なコントローラの作り方をひと通り学びます。

10-1 管理者による職員アカウント管理機能（前編）

この節では、管理者による職員アカウント管理機能を構成する7つのアクションのうち、表示系の4アクション、`index`、`show`、`new`、`edit`を実装します。

10-1-1 準備作業

まず、`admin/staff_members`コントローラの骨組みを生成します（webコンテナ側で実行）。

```
$ bin/rails g controller admin/staff_members
```

次に、`StaffMember`オブジェクトのためのシードデータを増やします。ある程度のレコード数がないと、職員をリスト表示したり、検索したりする機能の動作確認ができません。

リスト 10-1 db/seeds/development/staff_members.rb

```
 :
 7     password: "password",
 8     start_date: Date.today
 9   )
10 +
11 + family_names = %w{
12 +   佐藤:サトウ:sato
13 +   鈴木:スズキ:suzuki
14 +   高橋:タカハシ:takahashi
15 +   田中:タナカ:tanaka
16 + }
17 +
18 + given_names = %w{
19 +   二郎:ジロウ:jiro
20 +   三郎:サブロウ:saburo
21 +   松子:マツコ:matsuko
22 +   竹子:タケコ:takeko
23 +   梅子:ウメコ:umeko
24 + }
25 +
26 + 20.times do |n|
27 +   fn = family_names[n % 4].split(":")
28 +   gn = given_names[n % 5].split(":")
29 +
30 +   StaffMember.create!(
31 +     email: "#{fn[2]}.#{gn[2]}@example.com",
32 +     family_name: fn[0],
33 +     given_name: gn[0],
34 +     family_name_kana: fn[1],
35 +     given_name_kana: gn[1],
36 +     password: "password",
37 +     start_date: (100 - n).days.ago.to_date,
38 +     end_date: n == 0 ?  Date.today : nil,
39 +     suspended: n == 1
40 +   )
41 + end
```

11行目と18行目の`%w`は、文字列の配列を作るための記法です。11～15行では`"佐藤:サトウ:sato"`などの文字列を4個含む配列`family_names`を作っています。

27行目と28行目の`%`は余りを計算する演算子です。配列から要素を取り出すためのインデックスを計算しています。`split`は文字列を分割して配列を返します。`"佐藤:サトウ:sato"`のような文字列から`["佐藤", "サトウ", "sato"]`という配列を作っています。

30〜40行では、StaffMemberオブジェクトを作って、データベースに保存しています。"sato.jiro@example.com"のように姓と名をドットで連結して"@example.com"を加えることでメールアドレスを機械的に生成しています。開始日、終了日、および停止フラグについても適宜計算しています。

シードデータを投入します。

```
$ bin/rails db:reset
```

データベースにはすでに「山田太郎」のアカウントが登録されており、そのままbin/rails db:seedを実行するとメールアドレスの重複によりエラーになるので、最初から作り直します。

10-1-2 indexアクション

■ アクションの実装

admin/staff_membersコントローラの実装を始めます。まずはindexアクションから。コントローラのソースコードを次のように書き換えてください。

リスト10-2　app/controllers/admin/staff_members_controller.rb

```
1 - class Admin::StaffMembersController < ActionController
1 + class Admin::StaffMembersController < Admin::Base
2 +   def index
3 +     @staff_members = StaffMember.order(:family_name_kana, :given_name_kana)
4 +   end
5   end
```

3行目では、フリガナを姓・名の順に用いてソートしつつstaff_membersテーブルのすべてのレコードを取得し、StaffMemberオブジェクトの配列としてインスタンス変数@staff_membersにセットしています。ただし正確に言えば、ERBテンプレートの側で@staff_membersに対してeachメソッドが呼び出されるまでは、データベースに対してクエリは発行されません。

■ ERBテンプレートの作成

次にindexアクションのためのERBテンプレートを作成します。

リスト 10-3 app/views/admin/staff_members/index.html.erb (New)

```
<% @title = "職員管理" %>
<h1><%= @title %></h1>

<div class="table-wrapper">
  <div class="links">
    <%= link_to "新規登録", :new_admin_staff_member %>
  </div>

  <table class="listing">
    <tr>
      <th>氏名</th>
      <th>フリガナ</th>
      <th>メールアドレス</th>
      <th>入社日</th>
      <th>退職日</th>
      <th>停止フラグ</th>
      <th>アクション</th>
    </tr>
    <% @staff_members.each do |m| %>
      <tr>
        <td><%= m.family_name %> <%= m.given_name %></td>
        <td><%= m.family_name_kana %> <%= m.given_name_kana %></td>
        <td class="email"><%= m.email %></td>
        <td class="date"><%= m.start_date.strftime("%Y/%m/%d") %></td>
        <td class="date"><%= m.end_date.try(:strftime, "%Y/%m/%d") %></td>
        <td class="boolean">
          <%= m.suspended? ? raw("&#x2611;") : raw("&#x2610;") %></td>
        <td class="actions">
          <%= link_to "編集", [ :edit, :admin, m ] %> |
          <%= link_to "削除", [ :admin, m ], method: :delete,
            data: { confirm: "本当に削除しますか？" } %>
        </td>
      </tr>
    <% end %>
  </table>

  <div class="links">
    <%= link_to "新規登録", :new_admin_staff_member %>
  </div>
</div>
```

19～34 行でインスタンス変数@staff_members から StaffMember オブジェクトを 1 つずつ取り出して、ブロック変数 m にセットし、表の行を生成しています。

25 行目をご覧ください。

```
        <td><%= m.end_date.try(:strftime, "%Y/%m/%d") %></td>
```

その前の行と同様にDateクラスのインスタンスメソッドstrftimeを用いて日付をフォーマットしているのですが、属性end_dateはnilの場合があるため、メソッドtryを利用しています。このメソッドはレシーバがnilであればnilを返し、nilでなければ第1引数に指定した名前のメソッドを呼び出します。第2引数以下はメソッドに引数として渡されます。

27行目では三項演算子が使われています。

```
          <%= m.suspended? ? raw("&#x2611;") : raw("&#x2610;") %></td>
```

m.suspended?が真であればコロン（:）の左側の値がここに埋め込まれ、偽であればコロンの右側の値がここに埋め込まれます。"☑"は記号☑の、"☐"は記号☐の数値実体参照（文字を16進数で指定する記述法）です。そのままERBテンプレートに埋め込むとアンパサンド記号（&）がエスケープされてしまうため、ヘルパーメソッドrawメソッドでエスケープ処理を抑制しています（64ページのコラム参照）。

29行目では、editアクションへのリンクを設置しています。

```
          <%= link_to "編集", [ :edit, :admin, m ] %> |
```

URLパスを配列で指定する方法については、すでに説明しました。変数mにはStaffMemberオブジェクトがセットされていますので、mのidを7とすればリンク先のURLパスは/admin/staff/members/7となります。

30〜31行では、destroyアクションへのリンクを設置しています。

```
          <%= link_to "削除", [ :admin, m ], method: :delete,
            data: { confirm: "本当に削除しますか？" } %>
```

オプションmethodに:deleteを指定することにより、リンク先に対してDELETEメソッドでアクセスするように指定しています。オプションdataについては、前ページのコラムで説明します。このように書けば、ユーザーがリンクをクリックしたときに、「本当に削除しますか？」というポップアップメッセージが表示されるようになります。

Column　link_to メソッドの data オプション

HTML5 では HTML 要素の属性として定義されていないカスタムデータ属性を使用できます。主に JavaScript プログラムに参照させる目的で使用します。カスタムデータ属性の名前は data-で始まるのが特徴です。link_to メソッドの data オプションにハッシュを指定すると、生成される a タグにカスタムデータ属性を与えることができます。たとえば、

```
link_to "CLICK", "http://example.com", data: { foo: "bar" }
```

という式は、次のような HTML コードを生成します。

```
<a href="http://example.com" data-foo="bar">CLICK</a>
```

Rails においては a タグのカスタムデータ属性 data-confirm は特別な意味を持ちます。この属性に値がセットされたリンクがクリックされると、ポップアップメッセージが表示されるのです。この仕組みは、npm パッケージ rails-ujs によって実現されています。このパッケージはデフォルトで package.json に記述されているので、Baukis2 にはすでに組み込まれています。また、app/javascript/packs/application.js にはデフォルトで次のように記述されています。

```
require("@rails/ujs").start()
```

ここが JavaScript ライブラリ rails-ujs を読み込んでいる箇所です。この記述を削除すると、a タグに data-confirm 属性が指定されていてもポップアップメッセージは表示されなくなります。また、GET メソッド以外の HTTP メソッドで別の URL にリンクする機能も正常に動かなくなります。

■ スタイルシートの作成

最後に、スタイルシートを作ってビジュアルデザインを整えます。

リスト 10-4　app/assets/stylesheets/admin/tables.scss (New)

```
1  @import "colors";
2  @import "dimensions";
3
4  div.table-wrapper {
5    width: 90%;
6    margin: 0 auto;
7
8    div.links {
```

```
 9      text-align: right;
10      padding: $moderate;
11    }
12
13    table {
14      margin: $moderate auto 0;
15      border: solid $moderate $very_dark_magenta;
16      tr {
17        th {
18          background-color: $dark_gray;
19          color: $very_light_gray;
20        }
21        th, td { padding: $narrow; }
22        td.email, td.date { font-family: monospace; }
23        td.boolean { text-align: center; }
24        td.actions {
25          text-align: center;
26          color: $dark_gray;
27        }
28      }
29    }
30
31    table.listing {
32      width: 100%;
33      tr:nth-child(even) { background-color: $very_light_gray; }
34      tr:nth-child(odd) { background-color: $light_gray; }
35    }
36  }
```

ブラウザで管理者トップページにある「職員管理」をクリックすると、図 10-1 のような表示になります。

■ トップページへのリンク

ところで、職員管理のページを開いてみてわかることですが、トップページに戻るためのリンクが画面にありませんね。左上の BAUKIS2 ロゴをクリックすると職員トップページに戻るようにしましょう。

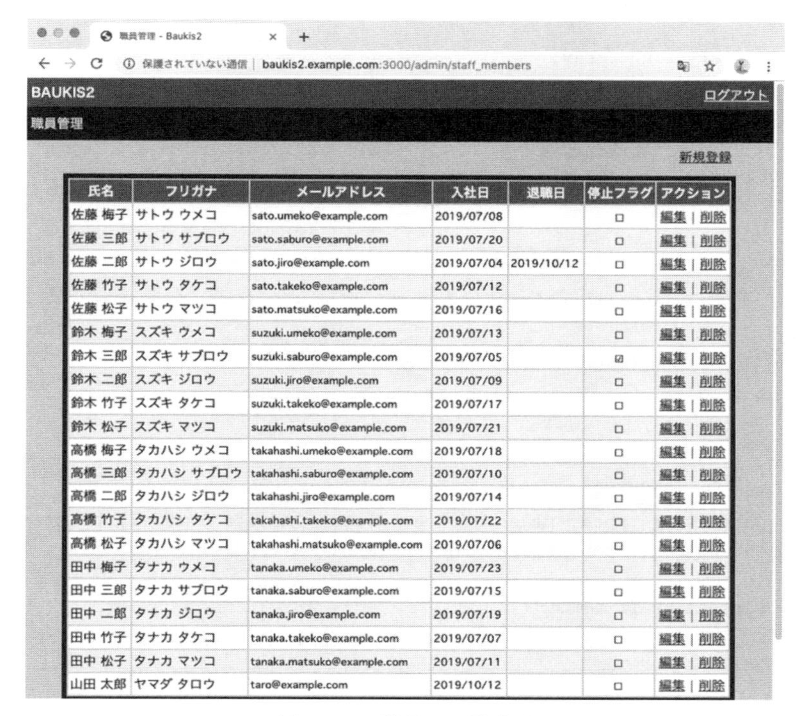

氏名	フリガナ	メールアドレス	入社日	退職日	停止フラグ	アクション
佐藤 梅子	サトウ ウメコ	sato.umeko@example.com	2019/07/08		☐	編集 | 削除
佐藤 三郎	サトウ サブロウ	sato.saburo@example.com	2019/07/20		☐	編集 | 削除
佐藤 二郎	サトウ ジロウ	sato.jiro@example.com	2019/07/04	2019/10/12	☐	編集 | 削除
佐藤 竹子	サトウ タケコ	sato.takeko@example.com	2019/07/12		☐	編集 | 削除
佐藤 松子	サトウ マツコ	sato.matsuko@example.com	2019/07/16		☐	編集 | 削除
鈴木 梅子	スズキ ウメコ	suzuki.umeko@example.com	2019/07/13		☐	編集 | 削除
鈴木 三郎	スズキ サブロウ	suzuki.saburo@example.com	2019/07/05		☑	編集 | 削除
鈴木 二郎	スズキ ジロウ	suzuki.jiro@example.com	2019/07/09		☐	編集 | 削除
鈴木 竹子	スズキ タケコ	suzuki.takeko@example.com	2019/07/17		☐	編集 | 削除
鈴木 松子	スズキ マツコ	suzuki.matsuko@example.com	2019/07/21		☐	編集 | 削除
高橋 梅子	タカハシ ウメコ	takahashi.umeko@example.com	2019/07/18		☐	編集 | 削除
高橋 三郎	タカハシ サブロウ	takahashi.saburo@example.com	2019/07/10		☐	編集 | 削除
高橋 二郎	タカハシ ジロウ	takahashi.jiro@example.com	2019/07/14		☐	編集 | 削除
高橋 竹子	タカハシ タケコ	takahashi.takeko@example.com	2019/07/22		☐	編集 | 削除
高橋 松子	タカハシ マツコ	takahashi.matsuko@example.com	2019/07/06		☐	編集 | 削除
田中 梅子	タナカ ウメコ	tanaka.umeko@example.com	2019/07/23		☐	編集 | 削除
田中 三郎	タナカ サブロウ	tanaka.saburo@example.com	2019/07/15		☐	編集 | 削除
田中 二郎	タナカ ジロウ	tanaka.jiro@example.com	2019/07/19		☐	編集 | 削除
田中 竹子	タナカ タケコ	tanaka.takeko@example.com	2019/07/07		☐	編集 | 削除
田中 松子	タナカ マツコ	tanaka.matsuko@example.com	2019/07/11		☐	編集 | 削除
山田 太郎	ヤマダ タロウ	taro@example.com	2019/10/12		☐	編集 | 削除

図 10-1　職員の一覧表示

リスト 10-5　app/views/admin/shared/_header.html.erb

```
1    <header>
2 -    <span class="logo-mark">BAUKIS2</span>
2 +    <%= link_to "BAUKIS2", :admin_root, class: "logo-mark" %>
3      <%= content_tag(:span, flash.notice, class: "notice") if flash.notice %>
4      <%= content_tag(:span, flash.alert, class: "alert") if flash.alert %>
5      <%=
6        if current_administrator
:
```

スタイルシートも修正が必要です。

リスト 10-6　app/assets/stylesheets/admin/layout.scss

```
:
17   header {
18     padding: $moderate;
19     background-color: $dark_magenta;
```

```
20       color: $very_light_gray;
21       a.logo-mark {
22 +       float: none;
23 +       text-decoration: none;
24         font-weight: bold;
25       }
 :
```

同様の手順で、職員ページのロゴマークにもトップページへのリンクを設定します。

リスト 10-7　app/views/staff/shared/_header.html.erb

```
1      <header>
2 -      <span class="logo-mark">BAUKIS2</span>
2 +      <%= link_to "BAUKIS2", :staff_root, class: "logo-mark" %>
3        <%= content_tag(:span, flash.notice, class: "notice") if flash.notice %>
4        <%= content_tag(:span, flash.alert, class: "alert") if flash.alert %>
5        <%=
6          if current_staff_member
 :
```

スタイルシートも修正します。

リスト 10-8　app/assets/stylesheets/staff/layout.scss

```
 :
17     header {
18       padding: $moderate;
19       background-color: $dark_cyan;
20       color: $very_light_gray;
21       a.logo-mark {
22 +       float: none;
23 +       text-decoration: none;
24         font-weight: bold;
25       }
 :
```

10-1-3 showアクション

次にshowアクションを実装します。単にeditアクションにリダイレクションするだけのアクションです。

リスト10-9　app/controllers/admin/staff_members_controller.rb

```
 1   class Admin::StaffMembersController < Admin::Base
 2     def index
 3       @staff_members = StaffMember.order(:family_name_kana, :given_name_kana)
 4     end
 5 +
 6 +   def show
 7 +     staff_member = StaffMember.find(params[:id])
 8 +     redirect_to [ :edit, :admin, staff_member ]
 9 +   end
10   end
```

7行目で、URLパスに埋め込まれたStaffMemberのid属性の値を用いてstaff_membersテーブルからレコードを取得しています。クラスメソッドfindはモデルオブジェクトのid属性の値（レコードの主キーの値）を引数に取ってレコードを検索します。もし該当するレコードが存在しない場合は、例外ActiveRecord::RecordNotFoundが発生します（107ページ参照）。

8行目では、redirect_toメソッドでリダイレクションを行っています。

```
redirect_to [ :edit, :admin, staff_member ]
```

このように引数に配列が指定された場合、配列の要素からルーティング名が推定され、該当するURLヘルパーメソッドによりURLパスが生成されます。この場合は、変数staff_memberにセットされているオブジェクトのクラス名がStaffMemberであることから、ルーティング名はedit_admin_staff_memberであると推定され、式edit_admin_staff_member_path(id: staff_member.id)を評価した結果がリダイレクション先のURLパスとなります。たとえば、変数staff_memberの属性idの値が23であれば、"/admin/staff_members/23/edit"というURLパスにリダイレクトされることになります。

読者の中には、別のアクションにリダイレクトするだけの show アクションをなぜ実装するのだろうと不思議に思った方もいらっしゃるかもしれません。config/routes でルーティングを設定する際に except オプションに:show を指定してしまえばよさそうです。管理者が普通に Baukis2 を利用するだけであれば、たまたま show アクションにアクセスすることは考えられません。しかし、update アクションでバリデーションが失敗して職員アカウントの編集フォームが表示された場合を想像してください。ブラウザのアドレスバーには、http://baukis2.example.com/admin/staff/members/23 のような URL が表示されているはずです。管理者がこの URL をお気に入りに登録したり、コピーして別のブラウザのアドレスバーに貼り付けたりすると、show アクションへのアクセスが発生します。やや稀なケースですが、このような可能性を考慮して show アクションを実装することにしました。

10-1-4 new アクション

■ アクションの実装

職員管理機能の実装を続けます。次は、職員の新規登録フォームの表示です。admin/staff_members コントローラに new アクションを追加します。

リスト 10-10 app/controllers/admin/staff_members_controller.rb

```
 :
 6      def show
 7        staff_member = StaffMember.find(params[:id])
 8        redirect_to [ :edit, :admin, staff_member ]
 9      end
10 +
11 +    def new
12 +      @staff_member = StaffMember.new
13 +    end
14    end
```

■ ERB テンプレートの作成

続いて、new アクションのための ERB テンプレートを作成します。

リスト 10-11　app/views/admin/staff_members/new.html.erb (New)

```
<% @title = "職員の新規登録" %>
<h1><%= @title %></h1>

<div id="generic-form">
  <%= form_with model: @staff_member, url: [ :admin, @staff_member ] do |f| %>
    <%= render "form", f: f %>
    <div class="buttons">
      <%= f.submit "登録" %>
      <%= link_to "キャンセル", :admin_staff_members %>
    </div>
  <% end %>
</div>
```

5 行目をご覧ください。

```
<%= form_with model: @staff_member, url: [ :admin, @staff_member ] do |f| %>
```

`form_with` の `url` オプションに配列を指定しています。この場合、配列全体からフォームデータの送信先 URL パスが生成されます。その送信先 URL パスは、`/admin/staff_members` となります。`@staff_member` にセットされているオブジェクトがデータベース未保存のため、`create` アクションに向けてフォームデータが送信されるように Rails がうまく取りはからってくれます。

次に、6 行目をご覧ください。

```
<%= render "form", f: f %>
```

`form` という名前の部分テンプレートを挿入しているのですが、問題は末尾の `f: f` というオプションです。コロンの右側の `f` は、`form_with` メソッドのブロック変数 `f` です。これにはフォームビルダーがセットされています。コロンの左側の `f` は、部分テンプレート内でこのフォームビルダーを参照するためのメソッドの名前です。

では、その部分テンプレートを作成しましょう。

リスト 10-12　app/views/admin/staff_members/_form.html.erb (New)

```
<div class="notes">
  <span class="mark">*</span> 印の付いた項目は入力必須です。
</div>
<div>
  <%= f.label :email, "メールアドレス", class: "required" %>
```

```
6      <%= f.email_field :email, size: 32, required: true %>
7    </div>
8    <div>
9      <%= f.label :password, "パスワード", class: "required" %>
10     <%= f.password_field :password, size: 32, required: true %>
11   </div>
12   <div>
13     <%= f.label :family_name, "氏名", class: "required" %>
14     <%= f.text_field :family_name, required: true %>
15     <%= f.text_field :given_name, required: true %>
16   </div>
17   <div>
18     <%= f.label :family_name_kana, "フリガナ", class: "required" %>
19     <%= f.text_field :family_name_kana, required: true %>
20     <%= f.text_field :given_name_kana, required: true %>
21   </div>
22   <div>
23     <%= f.label :start_date, "入社日", class: "required" %>
24     <%= f.date_field :start_date, required: true %>
25   </div>
26   <div>
27     <%= f.label :end_date, "退職日" %>
28     <%= f.date_field :end_date %>
29   </div>
30   <div class="check-boxes">
31     <%= f.check_box :suspended %>
32     <%= f.label :suspended, "アカウント停止" %>
33   </div>
```

この部分テンプレートの各所で f というメソッドが呼び出されています。ローカル変数のように見えますが、これはフォームビルダーを返すメソッドです。このフォームビルダーを用いて、フォームの部品を生成します。

5 行目をご覧ください。

```
<%= f.label :email, "メールアドレス", class: "required" %>
```

class オプションにより input タグの class 属性に"required"という文字列をセットしています。スタイルシートによってラベルの右にアスタリスク記号（*）を表示するためです。

次に、6 行目をご覧ください。

```
<%= f.text_field :email, size: 32, required: true %>
```

text_field でテキスト入力欄を生成しています。ここでは、size オプションで入力欄の幅を広げて、required オプションにより入力を必須としました。required オプションに true を指定しておくと、ユーザーがこのフィールドを空にしたまま送信ボタンをクリックすると、ブラウザ上にエラーメッセージが表示されるようになります。

24 行目ではフォームビルダーの date_field メソッドでテキスト入力欄を生成しています。

```
<%= f.date_field :start_date, required: true %>
```

ユーザーは日付を「2019-12-01」の形式で入力します。

31 行目ではフォームビルダーの check_box メソッドでチェックボックスを生成しています。

```
<%= f.check_box :suspended %>
```

■ スタイルシートの作成

フォーム用のスタイルシートを作成します。

リスト 10-13　app/assets/stylesheets/admin/form.scss (New)

```
1  @import "colors";
2  @import "dimensions";
3
4  div#wrapper {
5    div#container {
6      div#generic-form {
7        width: 480px;
8        margin: $wide * 2 auto;
9        padding: $wide * 2;
10       border-radius: $wide;
11       border: solid 4px $dark_magenta;
12       background-color: $very_light_gray;
13
14       form {
15         div {
16           padding: $wide;
17           label {
18             display: block;
19             padding: $moderate 0;
20           }
21           label.required:after {
```

```
22              content: "*";
23              padding-left: $narrow;
24              color: $red;
25            }
26          }
27          div.notes {
28            text-align: right;
29            font-size: $small;
30            span.mark { color: $red; }
31          }
32          div.check-boxes, div.radio-buttons {
33            label {
34              display: inline-block;
35            }
36          }
37          div.buttons {
38            text-align: center;
39            input[type="submit"] {
40              padding: $wide $wide * 2;
41            }
42          }
43        }
44      }
45    }
46  }
```

スタイルシート form.scss の 21～25 行をご覧ください。

```
          label.required:after {
            content: "*";
            padding-left: $narrow;
            color: $red;
          }
```

CSS の擬似要素 after を利用して、"required" という class 属性を持つ label 要素の後ろに赤いアスタリスク記号を付加しています。

では、ブラウザにフォームを表示してみましょう。職員一覧のページにある「新規登録」リンクをクリックすると、図 10-2 のような画面になります。

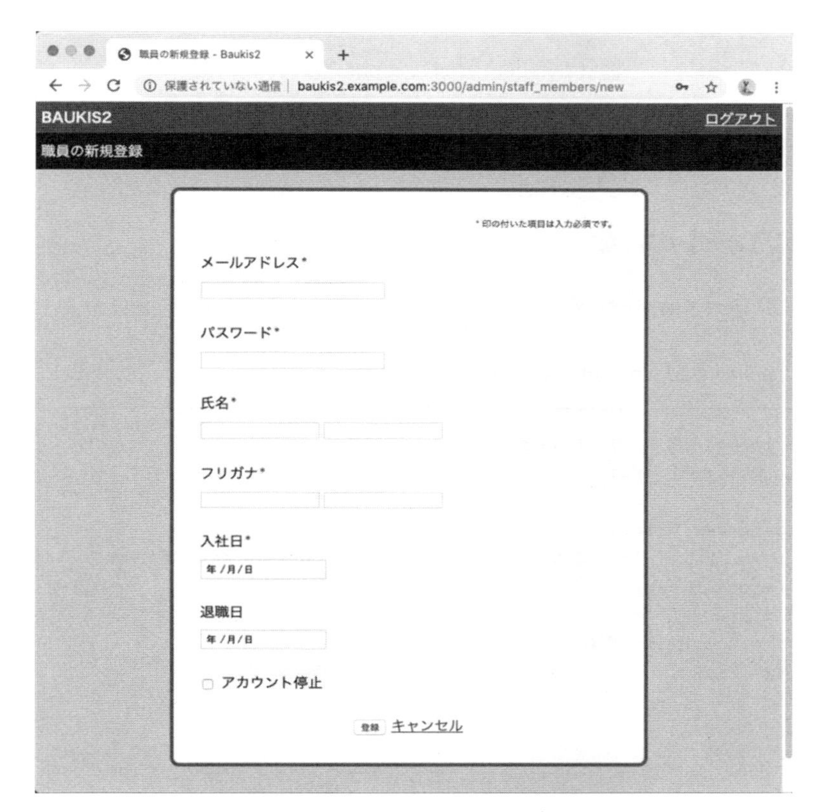

図 10-2　職員アカウントの新規登録フォーム

10-1-5 edit アクション

■ アクションの実装

admin/staff_members コントローラに edit アクションを追加します。

リスト 10-14　app/controllers/admin/staff_members_controller.rb

```
 :
11       def new
12         @staff_member = StaffMember.new
13       end
14 +
15 +     def edit
```

```
16 +     @staff_member = StaffMember.find(params[:id])
17 +   end
18   end
```

■ ERB テンプレートの作成

edit アクション用の ERB テンプレート本体は、new アクションのものとほとんど同じです。

リスト 10-15　app/views/admin/staff_members/edit.html.erb (New)

```
1  <% @title = "職員アカウントの編集" %>
2  <h1><%= @title %></h1>
3
4  <div id="generic-form">
5    <%= form_with model: @staff_member, url: [ :admin, @staff_member ] do |f| %>
6      <%= render "form", f: f %>
7      <div class="buttons">
8        <%= f.submit "更新" %>
9        <%= link_to "キャンセル", :admin_staff_members %>
10     </div>
11   <% end %>
12 </div>
```

パスワードの入力欄を省くために、部分テンプレートを修正します。

リスト 10-16　app/views/admin/staff_members/_form.html.erb

```
 :
 8 - <div>
 9 -   <%= f.label :password, "パスワード", class: "required" %>
10 -   <%= f.password_field :password, size: 32, required: true %>
11 - </div>
 8 + <% if f.object.new_record?  %>
 9 +   <div>
10 +     <%= f.label :password, "パスワード", class: "required" %>
11 +     <%= f.password_field :password, size: 32, required: true %>
12 +   </div>
13 + <% end %>
 :
```

8 行目では、このフォームが扱っているオブジェクト（f.object）がデータベースに保存済みかどうかを調べています。未保存の場合に条件式が成立します。モデルオブジェクトの new_record?メソッドは、データベースに保存されていないときに真値を返します。

パスワードはハッシュ化されてデータベースに記録されているので、フォームフィールドのデフォルト値として使用できません。そのため、他の属性と並べて編集フォームに組み込んでしまうと、職員アカウントを更新するたびにパスワードを設定することになり実用的ではありません。そこで、パスワード変更機能は『機能拡張編』で別途作成します。

> パスワード入力欄を空にしたまま「更新」ボタンをクリックしたらパスワードを変更しない、という仕様も考えられますが、直感的に誰もが理解できるユーザーインターフェースとは言えないので、Baukis2では採用しません。パスワード変更機能を独立させることにします。

職員一覧のページで1番目の職員の「編集」リンクをクリックすると、図10-3のような画面になります。

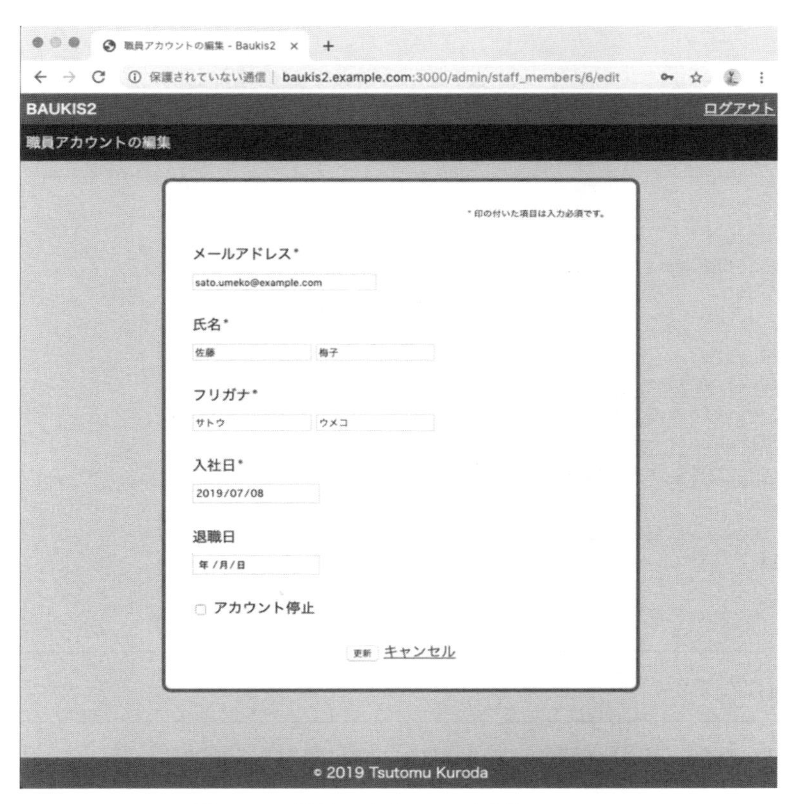

図 10-3　職員アカウントの更新フォーム

10-2 管理者による職員アカウント管理機能（後編）

この節では、管理者による職員アカウント管理機能の残り、変更系の 3 アクション、create、update、destroy を実装します。

10-2-1 create アクション

職員アカウントをデータベースに登録する機能を実装します。ただし、まだ各属性のバリデーション（validation：値の検証）は行いません。つまり、フリガナにカタカナ以外の文字が含まれていても、開始日が 22 世紀の日付でも、そのまま受け付けてしまいます。入力エラーの処理は Chapter 14 で扱います。

admin/staff_members コントローラに create アクションを追加してください。

リスト 10-17　app/controllers/admin/staff_members_controller.rb

```
   :
15      def edit
16        @staff_member = StaffMember.find(params[:id])
17      end
18 +
19 +    def create
20 +      @staff_member = StaffMember.new(params[:staff_member])
21 +      if @staff_member.save
22 +        flash.notice = "職員アカウントを新規登録しました。"
23 +        redirect_to :admin_staff_members
24 +      else
25 +        render action: "new"
26 +      end
27 +    end
28    end
```

20 行目をご覧ください。

```
    @staff_member = StaffMember.new(params[:staff_member])
```

params[:staff_member] は、次のようなハッシュを返します。

```
  staff_member: {
```

```
    email: "kuroda.tsutomu@example.com", password: "foobar",
    family_name: "黒田", given_name: "努",
    family_name_kana: "クロダ", given_name_kana: "ツトム",
    stard_date: "2019/12/01", end_date: "", suspended: "0"
  }
```

このハッシュを用いて StaffMember オブジェクトを作っています。そして、次の行で、この StaffMember オブジェクトを save メソッドでデータベースに保存します。

```
      if @staff_member.save
```

save メソッドが成功するとフラッシュオブジェクトにメッセージをセットして、職員一覧ページにリダイレクトします。save メソッドは、バリデーション（Chapter 14）に失敗すると、データベースへの保存を行わずに false を返します。その場合は、再び職員登録フォームを表示します。

さて、動作確認をしてみましょう。職員登録フォームから、メールアドレス、パスワード、氏名、フリガナ、開始日を適宜入力して、「登録」ボタンを押すと職員が新規登録されます（図 10-4）。

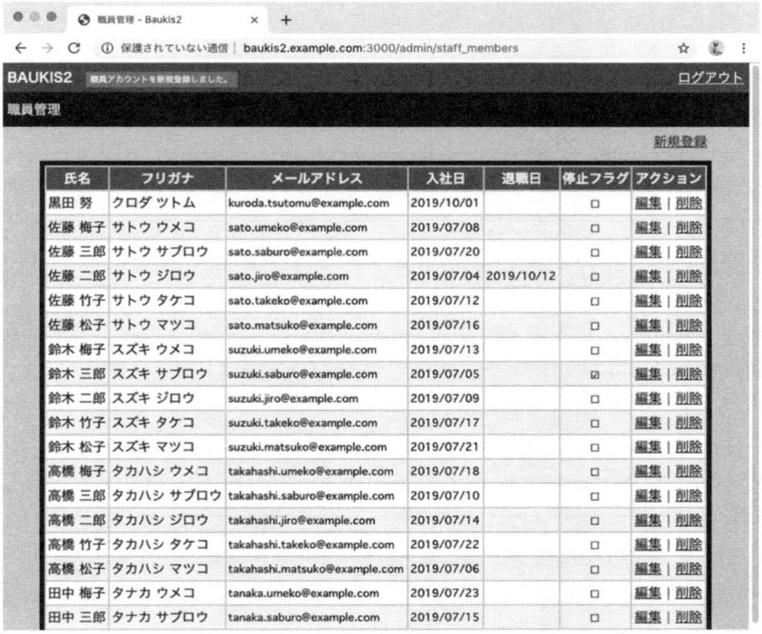

職員管理 - Baukis2

保護されていない通信 | baukis2.example.com:3000/admin/staff_members

BAUKIS2 職員アカウントを新規登録しました。 ログアウト

職員管理

新規登録

氏名	フリガナ	メールアドレス	入社日	退職日	停止フラグ	アクション
黒田 努	クロダ ツトム	kuroda.tsutomu@example.com	2019/10/01		☐	編集 | 削除
佐藤 梅子	サトウ ウメコ	sato.umeko@example.com	2019/07/08		☐	編集 | 削除
佐藤 三郎	サトウ サブロウ	sato.saburo@example.com	2019/07/20		☐	編集 | 削除
佐藤 二郎	サトウ ジロウ	sato.jiro@example.com	2019/07/04	2019/10/12	☐	編集 | 削除
佐藤 竹子	サトウ タケコ	sato.takeko@example.com	2019/07/12		☐	編集 | 削除
佐藤 松子	サトウ マツコ	sato.matsuko@example.com	2019/07/16		☐	編集 | 削除
鈴木 梅子	スズキ ウメコ	suzuki.umeko@example.com	2019/07/13		☐	編集 | 削除
鈴木 三郎	スズキ サブロウ	suzuki.saburo@example.com	2019/07/05		☑	編集 | 削除
鈴木 二郎	スズキ ジロウ	suzuki.jiro@example.com	2019/07/09		☐	編集 | 削除
鈴木 竹子	スズキ タケコ	suzuki.takeko@example.com	2019/07/17		☐	編集 | 削除
鈴木 松子	スズキ マツコ	suzuki.matsuko@example.com	2019/07/21		☐	編集 | 削除
高橋 梅子	タカハシ ウメコ	takahashi.umeko@example.com	2019/07/18		☐	編集 | 削除
高橋 三郎	タカハシ サブロウ	takahashi.saburo@example.com	2019/07/10		☐	編集 | 削除
高橋 二郎	タカハシ ジロウ	takahashi.jiro@example.com	2019/07/14		☐	編集 | 削除
高橋 竹子	タカハシ タケコ	takahashi.takeko@example.com	2019/07/22		☐	編集 | 削除
高橋 松子	タカハシ マツコ	takahashi.matsuko@example.com	2019/07/06		☐	編集 | 削除
田中 梅子	タナカ ウメコ	tanaka.umeko@example.com	2019/07/23		☐	編集 | 削除
田中 三郎	タナカ サブロウ	tanaka.saburo@example.com	2019/07/15		☐	編集 | 削除

図 10-4　職員の新規登録完了

10-2-2 update アクション

次は、職員アカウントの編集フォームからのデータを受ける update アクションを実装します。

リスト 10-18 app/controllers/admin/staff_members_controller.rb

```
 :
25          render action: "new"
26        end
27      end
28 +
29 +    def update
30 +      @staff_member = StaffMember.find(params[:id])
31 +      @staff_member.assign_attributes(params[:staff_member])
32 +      if @staff_member.save
33 +        flash.notice = "職員アカウントを更新しました。"
34 +        redirect_to :admin_staff_members
35 +      else
36 +        render action: "edit"
37 +      end
38 +    end
39    end
```

31 行目をご覧ください。

```
    @staff_member.assign_attributes(params[:staff_member])
```

assign_attributes メソッドで、モデルオブジェクトの属性を一括設定しています。この行は、次のようにも書けます。

```
    @staff_member.attributes = params[:staff_member]
```

モデルオブジェクトの attributes=メソッドは、assign_attributes メソッドの別名（エイリアス）です。

ブラウザで、登録済みの職員アカウントのメールアドレス、氏名、フリガナ、開始日、終了日、停止フラグなどを変更してみてください（画面キャプチャは省略します）。

10-2-3 destroy アクション

最後に、職員アカウントの削除機能を実装します。

リスト 10-19　app/controllers/admin/staff_members_controller.rb

```
 :
36        render action: "edit"
37      end
38    end
39 +
40 +  def destroy
41 +    staff_member = StaffMember.find(params[:id])
42 +    staff_member.destroy!
43 +    flash.notice = "職員アカウントを削除しました。"
44 +    redirect_to :admin_staff_members
45 +  end
46  end
```

ポイントは 42 行目です。

```
staff_member.destroy!
```

モデルオブジェクトには、それ自身を削除するためのメソッドとして destroy と destroy!の 2 種類があります。両者の違いは、削除前に実行されるコールバック before_destroy が false を返したときの結果です。前者は戻り値 false を返し、後者は例外 ActiveRecord::RecordNotDestroyed を発生させます。

> このアクション destroy の目的は職員アカウントの削除です。目的が果たせないのであればソフトウェアのバグですので、不具合の早期発見のため例外を発生させるべきです。

create アクションの動作試験で追加した職員アカウントを、削除して destroy アクションが正しく機能することを確認してください（画面キャプチャは省略します）。

Part IV

堅牢なシステムを目指して

Chapter 11 Strong Parameters

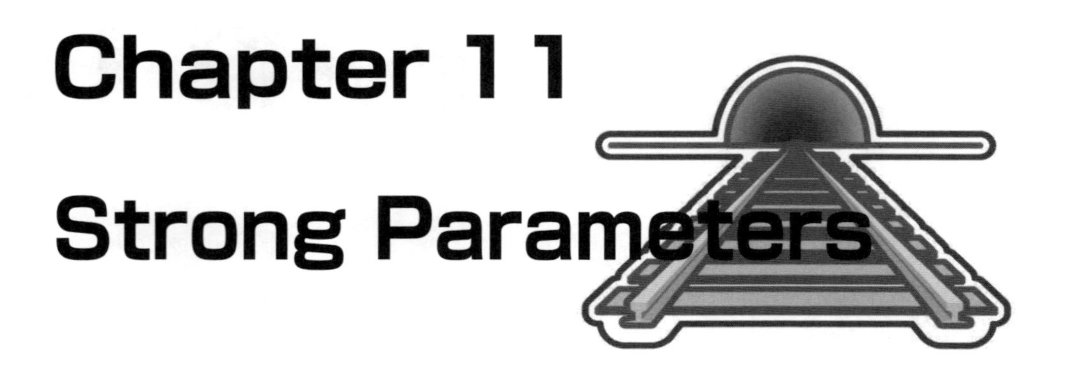

Chapter 11 では、職員アカウントの管理機能を作りながら、マスアサインメント脆弱性に対するセキュリティ強化策 Strong Parameters について学習します。

11-1 Strong Parameters

Strong Parameters はマスアサインメント脆弱性と呼ばれる Web アプリケーション特有のセキュリティホールへの対策として Rails が用意している仕組みです。この節では、前章で作成した職員アカウント管理機能を Strong Parameters に準拠した形に書き換えます。

11-1-1 マスアサインメント脆弱性

モデルオブジェクトの assign_attributes メソッドは引数にハッシュもしくは params オブジェクトを取り、モデルオブジェクトの属性を一括変更します。たとえば、インスタンス変数@staff_member に StaffMember オブジェクトがセットされているとすれば、次のようにして family_name 属性と family_name_kana 属性の値を変更できます。

```
hash = { family_name: "黒田", family_name_kana: "クロダ" }
@staff_member.assign_attributes(hash)
```

同様に、フォームから送信されたデータを保持する params オブジェクトによって@staff_member の属性を一括変更することもできます。

```
@staff_member.assign_attributes(params[:staff_member])
```

ここで 1 つ懸念が生まれます。フォームから送信されたデータの中に書き換えられては困る属性の値が含まれていたらどうなるでしょうか。たとえば、hashed_password 属性は、システム側で機械的にセットされるものであり、ユーザーが自由に書き換えられるべきではありません。また、管理者が特定の職員の end_date 属性を変更するのは構いませんが、その職員自身が変更できては意味がありません。

ブラウザ上に表示されるフォームには書き換え可能な属性のためのフィールドしか現れませんので、ユーザーが普通に Baukis2 を使用している限り、書き換えられては困る属性の値が送信データに含まれることはありません。しかし、プログラミングの初歩的な知識があれば、任意のデータを特定の URL に送り付けるスクリプトを書くことができます。つまり、悪意のある職員が自分自身の end_date 属性を書き換える可能性があるのです。

この種の Web アプリケーション特有の脆弱性を**マスアサインメント脆弱性**（mass assignment vulnerability）と呼びます。Strong Parameters はこの脆弱性に対して Rails 4.0 で導入された対抗策です。

11-1-2 Strong Parameters による防御 (1)

Baukis2 に Strong Parameters による防御を導入しましょう。まず、Chapter 8 で無効化した Strong Parameters を元に戻します。

```
$ rm config/initializers/action_controller.rb
```

もし Baukis2 が動いていれば、再起動してください。

admin/sessions コントローラを次のように修正してください。

リスト 11-1　app/controllers/admin/sessions_controller.rb

```
11    def create
```

```
12 -     @form = Admin::LoginForm.new(params[:admin_login_form])
12 +     @form = Admin::LoginForm.new(login_form_params)
13       if @form.email.present?
 :
29       end
30     end
31
32 +   private def login_form_params
33 +     params.require(:admin_login_form).permit(:email, :password)
34 +   end
35
36     def destroy
 :
```

private メソッド login_form_params の中身をご覧ください。

```
params.require(:admin_login_form).permit(:email, :password)
```

params は params オブジェクトを返すメソッドです。まず params オブジェクトの require メソッドを呼び出すことによって、params オブジェクトが:admin_login_form というキーを持っているかどうかを調べています。もし持っていなければ例外 ActionController::ParameterMissing が発生します。

require メソッドの戻り値は ActionController::Parameters クラス（Hash の子孫クラス）のインスタンスです。require メソッドは指定されたキーに対応する値を返します。たとえば、params オブジェクトが次のハッシュに相当する構造を持っているとします。

```
{  admin_login_form: { email: "test@example.com", password: "foobar" } }
```

このとき、params.require(:admin_login_form) は、次のハッシュに相当する構造を持つ ActionController::Parameters オブジェクトを返します。

```
{ email: "test@example.com", password: "foobar" }
```

このオブジェクトに対して permit メソッドを呼び出すと、引数に指定されていないパラメータが除去されます。したがって、params.require(:admin_login_form).permit(:email) は次のハッシュに相当する構造を持つ ActionController::Parameters オブジェクトを返します。

```
{ email: "test@example.com" }
```

以上のような仕組みにより、login_form_params メソッドは、クライアントの送信したデータから不必要なパラメータを除去します。

前章で見たように、Strong Parameters が有効な環境では、Strong Parameters によるフィルターを通さずに params オブジェクトの値をそのままモデルオブジェクトの assign_attributes メソッドに渡すと例外 ActiveModel::ForbiddenAttributeError が発生します。しかし、Strong Parameters によるフィルターを通った後であれば大丈夫です。例外は発生せず、メールアドレスとパスワードが合っていればログインに成功します。

動作確認をしましょう。まず、パラメータ :admin_login_form が存在しない場合に例外が発生することを確かめるため、33 行目を次のように書き換えてください（admin の前に x を追加）。

```
    params.require(:xadmin_login_form).permit(:email, :password)
```

この状態で管理者サイトへのログインを試みると、図 11-1 のようなエラー画面が表示されます。

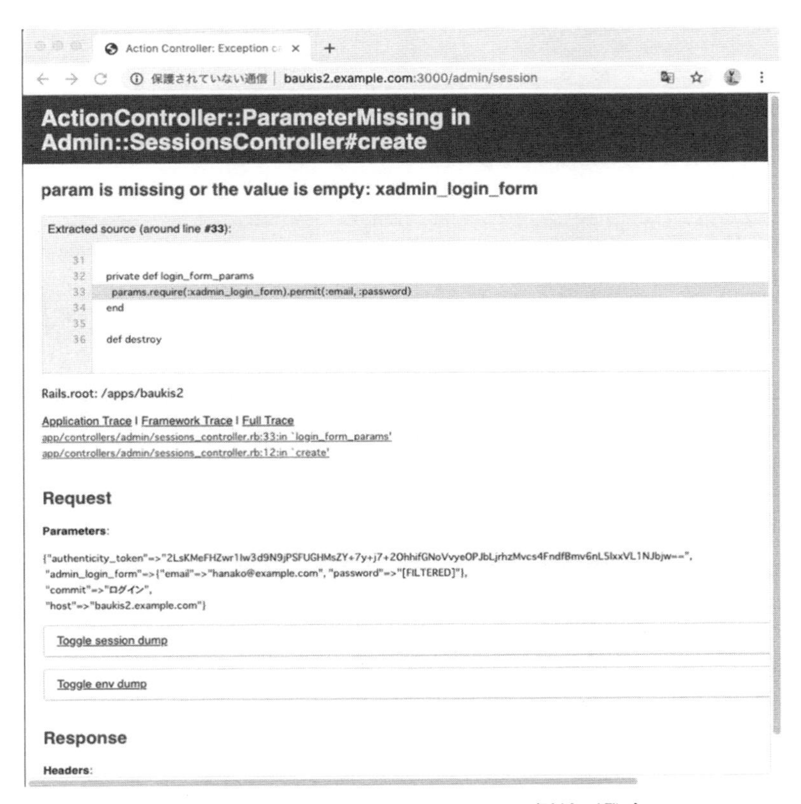

図 11-1 Strong Parameters による例外が発生

エラー画面を確認したら33行目を元に戻してください。

続いて、staff/sessionsコントローラにも同様の修正を行います。

リスト11-2　app/controllers/staff/sessions_controller.rb

```
 9      end
10
11      def create
12 -      @form = Staff::LoginForm.new(params[:staff_login_form])
12 +      @form = Staff::LoginForm.new(login_form_params)
13        if @form.email.present?
14          staff_member = StaffMember.find_by(email_for_index: @form.email.downcase)
 :
29        end
30      end
31 +
32 +    private def login_form_params
33 +      params.require(:staff_login_form).permit(:email, :password)
34 +    end
35
36      def destroy
37        session.delete(:staff_member_id)
38        flash.notice = "ログアウトしました。"
 :
```

11-1-3 Strong Parametersによる防御 (2)

さらに、admin/staff_membersコントローラに対してもStrong Parametersによる防御を導入します。

リスト11-3　app/controllers/admin/staff_members_controller.rb

```
 :
17      end
18
19      def create
20 -      @staff_member = StaffMember.new(params[:staff_member])
20 +      @staff_member = StaffMember.new(staff_member_params)
21        if @staff_member.save
22          flash.notice = "職員アカウントを新規登録しました。"
23          redirect_to :admin_staff_members
 :
28
```

```
29      def update
30        @staff_member = StaffMember.find(params[:id])
31 -      @staff_member.assign_attributes(params[:staff_member])
31 +      @staff_member.assign_attributes(staff_member_params)
32        if @staff_member.save
33          flash.notice = "職員アカウントを更新しました。"
34          redirect_to :admin_staff_members
35        else
36          render action: "edit"
37        end
38      end
39 +
40 +    private def staff_member_params
41 +      params.require(:staff_member).permit(
42 +        :email, :password, :family_name, :given_name,
43 +        :family_name_kana, :given_name_kana,
44 +        :start_date, :end_date, :suspended
45 +      )
46 +    end
47
48      def destroy
 :
```

フィールドの個数が多いのでプライベートメソッド `staff_member_params` の中身が少し複雑ですが、メソッドの役割は `admin/sessions` コントローラの `login_form_params` メソッドと同じです。

念のため、許容された属性しか値が変更されないことを確認しましょう。42 行目を次のように書き換えます（`:given_name,` を削除）。

リスト 11-4　app/controllers/admin/staff_members_controller.rb

```
 :
40      private def staff_member_params
41        params.require(:staff_member).permit(
42 -        :email, :password, :family_name, :given_name,
42 +        :email, :password, :family_name,
43          :family_name_kana, :given_name_kana,
44          :start_date, :end_date, :suspended
45        )
46      end
 :
```

そして、特定の職員アカウントの編集フォームを開き、姓と名を両方とも書き換えて「更新」ボタンをクリックします。姓の値だけが変更されることを確認してください。確認が済んだら、42 行目を元に戻してください。

11-1-4 リクエストのテスト

■ attributes_for

次に、Strong Parameters による防御が正しく機能していることを RSpec でテストしましょう。ブラウザからのリクエストを Rails アプリケーションが正しく処理していることを調べるための spec ファイルは、`spec/requests` ディレクトリに置きます。名前空間ごとにサブディレクトリが必要ですので、`spec/requests/admin` ディレクトリを作成します。

```
$ mkdir -p spec/requests/admin
```

> かつてはコントローラだけを独立してテストする spec ファイルを作るのが一般的で、そのようなファイルは `spec/controllers` ディレクトリに置くことになっていました。しかし、RSpec 3.5 でコントローラだけを独立してテストすることが非推奨になりました。

今回は、エグザンプルを書き始める前に少し準備をします。新規の spec ファイルを次の内容で作成してください。

リスト 11-5　spec/requests/admin/staff_members_management_spec.rb (New)

```
1  require "rails_helper"
2
3  describe "管理者による職員管理" do
4    let(:administrator) { create(:administrator) }
5
6    describe "新規登録" do
7      let(:params_hash) { attributes_for(:staff_member) }
8    end
9
10   describe "更新" do
11     let(:staff_member) { create(:staff_member) }
12     let(:params_hash) { attributes_for(:staff_member) }
13   end
14 end
```

4 行目をご覧ください。

```
    let(:params_hash) { attributes_for(:staff_member) }
```

まだ説明していないメソッドが2つ登場しています。letとattributes_forです。後者から説明しましょう。

attributes_forはFactory Botが提供するメソッドです。Chapter 8でFactory Botの初期設定をした際に、

```
    config.include FactoryBot::Syntax::Methods
```

という記述をspec/rails_helper.rbに追加したおかげで、このメソッドをspecファイルの中で利用できます。

このメソッドは引数としてファクトリーの名前を取り、戻り値としてハッシュを返します。このハッシュは、そのままモデルオブジェクトのassign_attributesメソッドの引数として使用できるキーと値を持っています。

ファクトリー:staff_memberは157ページで次のように定義されました。

```
  FactoryBot.define do
    factory :staff_member do
      sequence(:email) { |n| "member#{n}@example.com" }
      family_name { "山田" }
      given_name { "太郎" }
      family_name_kana { "ヤマダ" }
      given_name_kana { "タロウ" }
      password { "pw" }
      start_date { Date.yesterday }
      end_date { nil }
      suspended { false }
    end
  end
```

この定義を前提とすれば、attributes_for(:staff_member)は次のようなハッシュを返すことになります。

```
  { email: "member1@example.com", family_name: "山田", given_name: "太郎",
    family_name_kana: "", given_name_kana: "", password: "pw",
    start_date: "2019-11-30", end_date: nil, suspended: false }
```

次に、letメソッドです。このメソッドはシンボルを引数に取り、必ずブロックを引き連れています。

```
    let(:params_hash) { attributes_for(:staff_member) }
```

let は「メモ化されたヘルパーメソッド（memoized helper method）」を定義するメソッドです。**メモ化**は情報工学の用語です。メモ化されたメソッドは、複数回呼び出された場合に以下のように振る舞います。

- 1 回目の呼び出しでは普通にメソッドの中身を実行して結果を返す。同時に、結果を何らかの形で記憶する。
- 2 回目以降の呼び出しでは 1 回目の結果をそのまま返す。

メモ化されたメソッドを実装するのは難しくありません。次のコードをご覧ください。

```
def params_hash
  @params_hash ||= attributes_for(:staff_member)
end
```

spec ファイルの 4 行目とこのコードの意味は、ほぼ同じです。1 回目の実行時には attributes_for(:staff_member) が返すハッシュをインスタンス変数@params_hash に記憶させつつ、戻り値として返します。2 回目以降は@params_hash をそのまま返します。

> 厳密に言えば、let メソッドが定義する「メモ化されたヘルパーメソッド」の実装は、インスタンス変数を用いたメソッドの実装と常に同じではありません。メソッドの中身が nil または false を返す場合、1 回目の呼び出し結果が再利用されないので、メソッドの中身が何度も実行されてしまいます。なお、インスタンス変数を利用してメソッドをメモ化するテクニックは、すでにコントローラに current_staff_member メソッドを定義する際に使用しています（131ページ参照）。

let メソッドを使用する際に注意すべきは、初回の実行時にその値が確定するということです。つまり、let メソッドでヘルパーメソッドを定義した段階では、まだ値が定まっていないのです。この事実はときに意外な結果を引き起こすことがありますが、そのことについては次章以降で説明します。

11-1-5 create アクションのテスト

準備作業が済みましたので、spec ファイルに create アクションのためのエグザンプルを追加します。

リスト 11-6 spec/requests/admin/staff_members_management_spec.rb

```
 1    require "rails_helper"
 2
 3    describe "管理者による職員管理" do
 4      let(:administrator) { create(:administrator) }
 5
 6      describe "新規登録" do
 7        let(:params_hash) { attributes_for(:staff_member) }
 8 +
 9 +      example "職員一覧ページにリダイレクト" do
10 +        post admin_staff_members_url, params: { staff_member: params_hash }
11 +        expect(response).to redirect_to(admin_staff_members_url)
12 +      end
13 +
14 +      example "例外 ActionController::ParameterMissing が発生" do
15 +        expect { post admin_staff_members_url }.
16 +          to raise_error(ActionController::ParameterMissing)
17 +      end
18      end
 :
```

エグザンプルを 1 つずつ見ていきましょう。まずは 9〜12 行です。

```
example "職員一覧ページにリダイレクト" do
  post admin_staff_members_url, params: { staff_member: params_hash }
  expect(response).to redirect_to(admin_staff_members_url)
end
```

10 行目の post はコントローラの spec ファイル特有のメソッドです。第 1 引数に指定されたメソッドに対して、第 2 引数に指定されたデータを POST メソッドで“送信”します。実際には RSpec の内部で擬似的な HTTP リクエストが行われているだけですが、実際にアクションが実行されて結果を調べることができます。

11 行目の response は、ActionController::TestResponse オブジェクトを返すメソッドです。このオブジェクトはアクションの実行結果に関する情報を保持しています。redirect_to は、引数に指定した URL パスへのリダイレクションがアクションの中で発生したかどうかを調べるマッチャーです。admin_staff_members_url は、config/routes.rb で定義されたヘルパーメソッドです（173ページ参照）。

admin_staff_members_url の代わりに admin_staff_members_path を使用するとテストが失敗します。redirect_to の引数に URL パスのみを指定すると、RSpec は test.host というホスト名を用いて URL を作り、それをリダイレクト先と比較します。Baukis2 ではホスト名を用いてルーティングを設定しているため、リダイレクト先は http://baukis2.example.com/admin/staff_members のようになります。redirect_to の引数には URL 全体を指定しなければ、正しく比較できません。

第 2 のエグザンプル（14～17 行）では、Strong Parameters による防御に関して調べています。

```
example "例外ActionController::ParameterMissingが発生" do
  expect { post admin_staff_members_url }.
    to raise_error(ActionController::ParameterMissing)
end
```

15 行目の post メソッドは、第 1 のエグザンプルで使用したものと同じです。ただし、パラメータは空です。16 行目の raise_error マッチャーについては Chapter 4 で紹介しました（56ページ）。expect メソッドに指定されたブロックが特定の例外を発生させることを確認するマッチャーです。

テストを実行して、2 つのエグザンプルがすべて成功することを確認してください。

```
$ rspec spec/requests/admin/staff_members_management_spec.rb
..
Finished in 0.36907 seconds (files took 1.38 seconds to load)
2 examples, 0 failures
```

11-1-6 update アクションのテスト

続いて、update アクションのためのエグザンプルを追加します。

リスト 11-7　spec/requests/admin/staff_members_management_spec.rb

```
19
20      describe "更新" do
21        let(:staff_member) { create(:staff_member) }
22        let(:params_hash) { attributes_for(:staff_member) }
23 +
24 +      example "suspendedフラグをセットする" do
25 +        params_hash.merge!(suspended: true)
26 +        patch admin_staff_member_url(staff_member),
27 +          params: { staff_member: params_hash }
28 +        staff_member.reload
```

```
29 +       expect(staff_member).to be_suspended
30 +     end
31 +
32 +     example "hashed_password の値は書き換え不可" do
33 +       params_hash.delete(:password)
34 +       params_hash.merge!(hashed_password: "x")
35 +       expect {
36 +         patch admin_staff_member_url(staff_member),
37 +           params: { staff_member: params_hash }
38 +       }.not_to change { staff_member.hashed_password.to_s }
39 +     end
40    end
41  end
```

21 行目で let メソッドによって「メモ化されたヘルパーメソッド」が定義されています。

```
let(:staff_member) { create(:staff_member) }
```

create メソッドも Factory Bot のメソッドです。定義済みのファクトリー:staff_member を用いて、StaffMember オブジェクトを作ってデータベースに保存し、そのオブジェクトを返します。

第 1 のエグザンプル（24〜30 行）では、update アクションが普通に機能することを確認しています。

```
example "suspendedフラグをセットする" do
  params_hash.merge!(suspended: true)
  patch admin_staff_member_url(staff_member),
    params: { staff_member: params_hash }
  staff_member.reload
  expect(staff_member).to be_suspended
end
```

25 行目の params_hash は 22 行目で定義したヘルパーメソッドです。ハッシュを返します。そのハッシュに対して merge!メソッドを実行して、一部のキーのみ値を入れ替えています。26 行目の patch メソッドは、第 1 と第 2 のエグザンプルで使用した post メソッドの別バージョンです。id と staff_member という 2 つのパラメータを持つデータを PATCH メソッドで送信します。28 行目の staff_member は 21 行目で定義したヘルパーメソッドで、StaffMember オブジェクトを返します。それに対して reload メソッドを呼ぶことで、オブジェクトの各属性の値をデータベースから取得し直しています。

29 行目では RSpec の"be"マッチャーが使用されています。

```
        expect(staff_member).to be_suspended
```

be_suspended はマッチャーの形をしていますが、実は RSpec のマッチャーとして定義されていません。RSpec は be_という接頭辞を持つ未定義のメソッドが呼び出されると、メソッド名から接頭辞を取り除き、末尾に疑問符（?）を付けたメソッドをターゲットのオブジェクトに対して呼び出します。この場合では、staff_member の suspended?メソッドを呼び出します。そして、その戻り値が真であればテストは成功、偽であれば失敗と判定されます。このようなマッチャーを"be"マッチャーと呼びます。

第 2 のエグザンプルは、Strong Parameters による防御を別の側面から調べています。

```
      example "hashed_passwordの値は書き換え不可" do
        params_hash.delete(:password)
        params_hash.merge!(hashed_password: "x")
        expect {
          patch admin_staff_member_url(staff_member),
            params: { staff_member: params_hash }
        }.not_to change { staff_member.hashed_password.to_s }
      end
```

ユーザーによる書き換えが許可されていない属性 hashed_password がパラメータに含まれていても、それが無視されるかどうかをチェックしています。33～34 行では params_hash から password キーを除去し、変わりに hashed_password キーを加えています。これを update アクションに対して送信し、staff_member の属性 hashed_password が変化しないことを確かめています。

35～38 行は、属性値が変化しないことを確かめる典型的なパターンを示しています。

```
   expect { X }.not_to change { Y }
```

RSpec は **X** を実行する前と後で 1 回ずつ **Y** を実行し、その結果を比較します。結果が同じであればテストが成功します。

> change ブロックの内側で staff_member の hashed_password 属性の値を to_s メソッドで文字列に変換しているのはなぜでしょうか。staff_member の hashed_password 属性には BCrypt::Password オブジェクトがセットされています。BCrypt::Password クラスの==メソッドは生のパスワードとの比較を行うように定義されていますので、同一のオブジェクト同士を比較しても偽を返します。他方、change マッチャーはターゲットの==メソッドを用いて値の変化を調べるので、hashed_password 属性の値が変化していなくてもテストが失敗してしまいます。この問題を回避するため、to_s で文字列に変換しているのです。

以上で admin/staff_members コントローラの spec ファイルの説明は終わりです。テストを実行して、4 つのエグザンプルがすべて成功することを確認してください。

```
$ rspec spec/requests/admin/staff_members_management_spec.rb

....
Finished in 1.13 seconds (files took 1.03 seconds to load)
4 examples, 0 failures
```

11-1-7 400 Bad Request

普通に使っている限りは起きないことですが、実運用環境で Strong Parameters が例外 ActionController::ParameterMissing を発生させた場合、どのようなページをユーザーに見せればよいでしょうか。現状では「500 Internal Server Error」のページが表示されることになりますが、システムの不具合ではありませんので不適切です。クライアントからのリクエストが正しくないことを示す HTTP ステータスコード「400 Bad Request」のためのエラーページを作りましょう。

ErrorHandlers モジュールに新たな例外処理メソッド rescue400 を作り、それをクラスメソッド rescue_from で例外ハンドラとして登録します。

リスト 11-8　app/controllers/concerns/error_handlers.rb

```
 1    module ErrorHandlers
 2      extend ActiveSupport::Concern
 3
 4      included do
 5        rescue_from StandardError, with: :rescue500
 6        rescue_from ApplicationController::Forbidden, with: :rescue403
 7        rescue_from ApplicationController::IpAddressRejected, with: :rescue403
 8        rescue_from ActiveRecord::RecordNotFound, with: :rescue404
 9 +      rescue_from ActionController::ParameterMissing, with: :rescue400
10      end
11 +
12 +    private def rescue400(e)
13 +      render "errors/bad_request", status: 400
14 +    end
15
16      private def rescue403(e)
 :
```

エラーページ用の ERB テンプレートを作成します。

リスト 11-9 app/views/errors/bad_request.html.erb (New)

```
1  <div id="error">
2    <h1>400 Bad Request</h1>
3    <p>不正な要求です。</p>
4  </div>
```

動作確認のため、一時的に development モードでも ErrorHandlers モジュールが ApplicationController に組み込まれるようにします。

リスト 11-10 app/controllers/application_controller.rb

```
 :
 7 -    include ErrorHandlers if Rails.env.production?
 7 +    include ErrorHandlers
 :
```

また、Strong Parameters のエラーが発生するように admin/staff_members コントローラを次のように書き換えてください。

リスト 11-11 app/controllers/admin/staff_members_controller.rb

```
 :
39
40      private def staff_member_params
41 -      params.require(:staff_member).permit(
41 +      params.require(:xstaff_member).permit(
42          :email, :password, :family_name, :given_name,
 :
```

ブラウザで管理者トップページにログインし、職員管理ページから適当な職員アカウントの編集フォームを開いて、そのまま「更新」ボタンをクリックしてください。図 11-2 のようなエラーページが表示されれば OK です。

動作確認が済んだら、ApplicationController と admin/staff_members コントローラに加えた変更を元に戻してください。

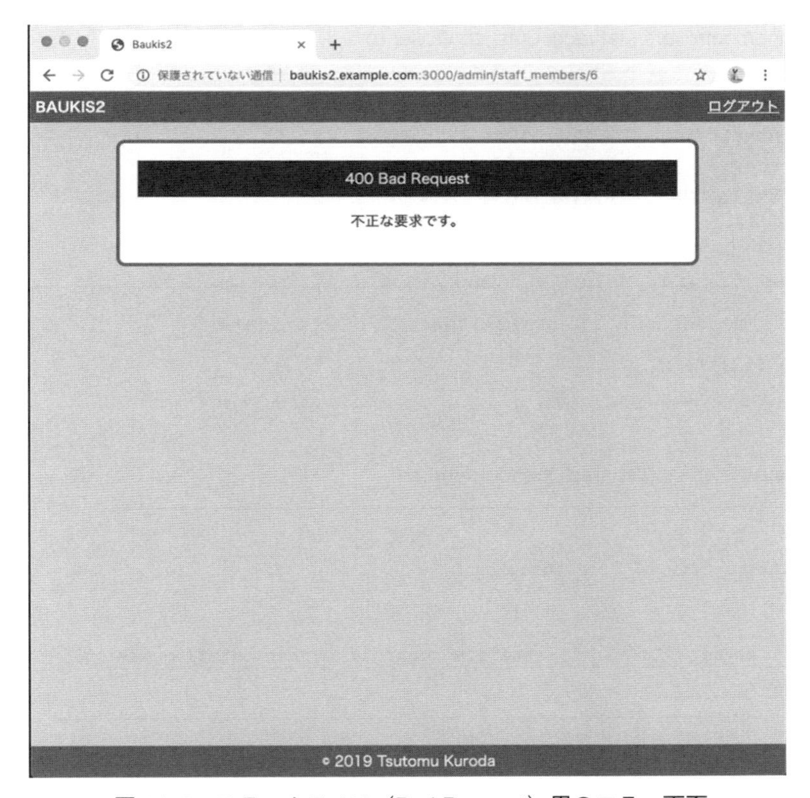

図 11-2　ステータス 400（Bad Request）用のエラー画面

11-2 職員自身によるアカウント管理機能

この節では職員が自分自身のアカウント情報を表示したり、更新したりする機能を作成します。Strong Parameters がどのように Rails アプリケーションのセキュリティを向上させているかを理解してください。

11-2-1 show アクション

まず、staff/accounts コントローラの骨組みを作成します。

```
$ bin/rails g controller staff/accounts
```

show アクションを実装します。

リスト 11-12　app/controllers/staff/accounts_controller.rb

```
1 - class Staff::AccountsController < ApplicationController
1 + class Staff::AccountsController < Staff::Base
2 +   def show
3 +     @staff_member = current_staff_member
4 +   end
5   end
```

current_staff_member はすでに Staff::Base クラスの private なインスタンスメソッドとして定義されています（131ページ）。

職員用ページのヘッダ部分に「アカウント」というリンクを設置します。

リスト 11-13　app/views/staff/shared/_header.html.erb

```
 :
 9       link_to "ログイン", :staff_login
10     end
11     %>
12 +   <%= link_to "アカウント", :staff_account if current_staff_member %>
13   </header>
```

> スタイルシートで header 要素中の a タグには float:right というスタイルが設定されています。そのため、「ログアウト」リンクが右端に、「アカウント」リンクはその左に配置されます。

show アクションのための ERB テンプレートを作成します。

リスト 11-14　app/views/staff/accounts/show.html.erb (New)

```
 1  <% @title = "アカウント情報" %>
 2  <h1><%= @title %></h1>
 3
 4  <div class="table-wrapper">
 5    <div class="links">
 6      <%= link_to "アカウント情報編集", :edit_staff_account %>
 7    </div>
 8
 9    <table class="attributes">
10      <tr>
11        <th>氏名</th>
12        <td>
```

```
13          <%= @staff_member.family_name %>
14          <%= @staff_member.given_name %>
15        </td>
16      </tr>
17      <tr>
18        <th>フリガナ</th>
19        <td>
20          <%= @staff_member.family_name_kana %>
21          <%= @staff_member.given_name_kana %>
22        </td>
23      </tr>
24      <tr>
25        <th>メールアドレス</th>
26        <td class="email">
27          <%= @staff_member.email %>
28        </td>
29      </tr>
30      <tr>
31        <th>入社日</th>
32        <td class="date">
33          <%= @staff_member.start_date.strftime("%Y/%m/%d") %>
34        </td>
35      </tr>
36    </table>
37  </div>
```

6行目の`link_to`メソッドの第2引数には、ルーティング名として`:edit_staff_account`というシンボルが指定されています。9-3-2項の**表9-4**を参照してください。

レイアウト用のスタイルシートを修正します。

リスト 11-15 app/assets/stylesheets/staff/layout.scss

```
 :
26      a {
27        float: right;
28        color: $very_light_gray;
29 +      margin-left: $wide;
30      }
31    }
32    footer {
 :
```

「アカウント」リンクと「ログアウト」リンクの間隔を広げるのが目的です。

モデルオブジェクトの属性名と値を表形式で掲載するためのスタイルシートを作成します。

リスト 11-16　app/assets/stylesheets/staff/tables.scss (New)

```
@import "colors";
@import "dimensions";

div.table-wrapper {
  width: 90%;
  margin: 0 auto;

  div.links {
    text-align: right;
    padding: $moderate;
  }

  table {
    margin: $moderate auto 0;
    border: solid $moderate $very_dark_cyan;
    tr {
      th {
        background-color: $dark_gray;
        color: $very_light_gray;
      }
      th, td { padding: $narrow; }
      td.email, td.date { font-family: monospace; }
      td.boolean { text-align: center; }
      td.actions {
        text-align: center;
        color: $dark_gray;
      }
    }
  }

  table.listing {
    width: 100%;
    tr:nth-child(even) { background-color: $very_light_gray; }
    tr:nth-child(odd) { background-color: $light_gray; }
  }

  table.attributes {
    width: 100%;
    th { padding-right: $moderate; width: 200px; }
    td { background-color: $very_light_gray; }
  }
}
```

動作確認をしましょう。ブラウザで職員トップページにログインし、「アカウント」リンクをクリックすると図 11-3 のような画面が表示されます。

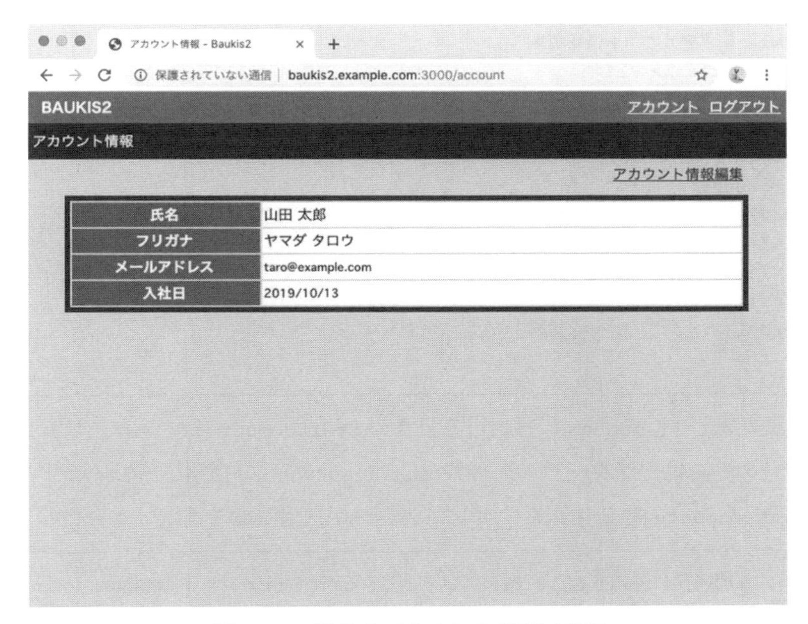

図 11-3　職員のアカウント情報を表示

11-2-2 edit アクション

次に、アカウント情報の編集フォームを作成します。まず、edit アクションを追加します。

リスト 11-17　app/controllers/staff/accounts_controller.rb

```
1    class Staff::AccountsController < Staff::Base
2      def show
3        @staff_member = current_staff_member
4      end
5 +
6 +    def edit
7 +      @staff_member = current_staff_member
8 +    end
9    end
:
```

edit アクションのための ERB テンプレートを作成します。

リスト 11-18　app/views/staff/accounts/edit.html.erb (New)

```
<% @title = "アカウント情報編集" %>
<h1><%= @title %></h1>

<div id="generic-form">
  <%= form_with model: @staff_member, url: :staff_account do |f| %>
    <%= render "form", f: f %>
    <div class="buttons">
      <%= f.submit "更新" %>
      <%= link_to "キャンセル", :staff_account %>
    </div>
  <% end %>
</div>
```

インスタンス変数`@staff_member`には、自分自身の`StaffMember`オブジェクトがセットされています。フォームデータの送信先はルーティング名`:staff_account`で指定されています。`PATCH`メソッドで`staff/accounts#update`アクションに対してデータが送信されます。

> フォームデータの送信に使用される HTTP メソッドは、form_with メソッドの model オプションに指定したモデルオブジェクトがデータベースに保存されているかどうか（id 属性に値がセットされているかどうか）で決まります。保存前なら POST メソッド、保存済みなら PATCH メソッドが選択されます。

部分テンプレート`_form.html.erb`を作成します。

リスト 11-19　app/views/staff/accounts/_form.html.erb (New)

```
<div class="notes">
  <span class="mark">*</span> 印の付いた項目は入力必須です。
</div>
<div>
  <%= f.label :email, "メールアドレス", class: "required" %>
  <%= f.email_field :email, size: 32, required: true %>
</div>
<div>
  <%= f.label :family_name, "氏名", class: "required" %>
  <%= f.text_field :family_name, required: true %>
  <%= f.text_field :given_name, required: true %>
</div>
<div>
  <%= f.label :family_name_kana, "フリガナ", class: "required" %>
  <%= f.text_field :family_name_kana, required: true %>
  <%= f.text_field :given_name_kana, required: true %>
```

```
17  </div>
```

管理者用のスタイルシートを職員用のディレクトリにコピーします。

```
$ pushd app/assets/stylesheets
$ cp admin/form.scss staff/
$ popd
```

境界線の色を$dark_magentaから$dark_cyanに変更します。

リスト 11-20 app/assets/stylesheets/staff/form.scss

```
 :
10         border-radius: $wide;
11 -       border: solid 4px $dark_magenta;
11 +       border: solid 4px $dark_cyan;
12         background-color: $very_light_gray;
 :
```

ブラウザに戻り「アカウント情報編集」リンクをクリックすると、図 11-4 のような画面となります。

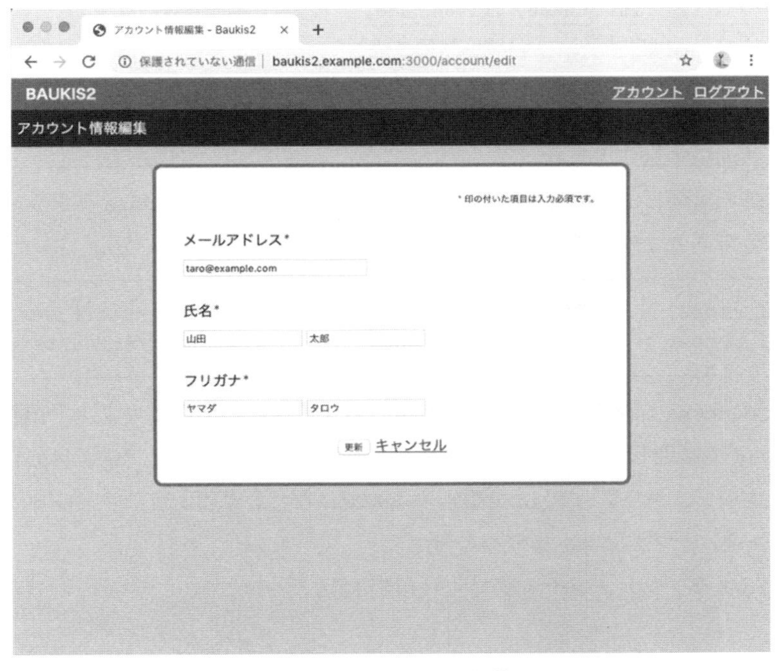

図 11-4 職員のアカウント編集フォーム

11-2-3 update アクション

最後に、update アクションを実装します。

リスト 11-21 app/controllers/staff/accounts_controller.rb

```
 :
 8      end
 9 +
10 +    def update
11 +      @staff_member = current_staff_member
12 +      @staff_member.assign_attributes(staff_member_params)
13 +      if @staff_member.save
14 +        flash.notice = "アカウント情報を更新しました。"
15 +        redirect_to :staff_account
16 +      else
17 +        render action: "edit"
18 +      end
19 +    end
20 +
21 +    private def staff_member_params
22 +      params.require(:staff_member).permit(
23 +        :email, :family_name, :given_name,
24 +        :family_name_kana, :given_name_kana
25 +      )
26 +    end
27    end
```

アクション本体の実装は、前章で作成した admin/staff_members#update アクションとほぼ同じです。相違点は 3 カ所あります。第 1 の違いは 11 行目です。

```
@staff_member = StaffMember.find(params[:id]) # admin/staff_members#update
@staff_member = current_staff_member          # staff/accounts#update
```

admin/staff_members コントローラでは、多くの職員のうちのあるアカウント情報を更新しているのでパラメータ id で識別していますが、staff/accounts コントローラでは、自分自身のアカウント情報を更新しますので、パラメータ id で識別するのではなく、セッションオブジェクトに記録された id から StaffMember オブジェクトを取得します。

第 2 の相違点はフラッシュメッセージです（14 行目）。

```
      flash.notice = "職員アカウントを更新しました。"
      flash.notice = "アカウント情報を更新しました。"
```

第3の相違点は15行目にあります。

```
      redirect_to :admin_staff_members # admin/staff_members#update
      redirect_to :staff_account       # staff/accounts#update
```

admin/staff_membersコントローラでは職員一覧ページにリダイレクトし、staff/accountsコントローラでは自分自身のアカウント情報表示ページ（showアクション）にリダイレクトしています。

privateメソッドstaff_member_paramsについても、admin/staff_membersコントローラの同名メソッドとほぼ同じですが、permitメソッドに指定されている属性のリストが異なります。管理者が職員アカウントを更新する際には、開始日（start_date）、終了日（end_date）、停止フラグ（suspended）も変更可能でしたが、これらの属性については職員自身によって変えられないようにしてあります。また、パスワード（password）もリストから除いてあります。パスワードの変更機能はChapter 15で作成します。

この章の前半で書いたことの繰り返しになりますが、たとえブラウザ上のフォームに変更可能な属性のためのフィールドしか表示されていないとしても、Strong Parametersによる防御機構がなければ、職員が簡単なスクリプトを書いて自分自身の終了日や停止フラグを変更できることになります。それは重大なセキュリティホールとなる可能性があります。

停止フラグがtrueの職員はそもそもログインできないので自分で停止フラグを変更する可能性はなさそうに思えますが、そうとも限りません。現在の実装では、職員がログイン中に管理者がその職員の停止フラグをtrueにしても強制的にログアウトさせられないため、ログアウトするまでの間に自分の停止フラグを解除しようと試みる可能性があります。なお職員を強制ログアウトさせる仕組みは次章で導入します。

11-2-4 アカウント情報更新機能のテスト

最後にstaff/accounts#updateアクションのテストを書いて、この章を終えることにしましょう。まず、specファイルを置くディレクトリを作ります。

```
$ mkdir -p spec/requests/staff
```

そして、そこに新規ファイルmy_account_management_spec.rbを次の内容で作成します。

リスト 11-22　spec/requests/staff/my_account_management_spec.rb (New)

```
 1  require "rails_helper"
 2
 3  describe "職員による自分のアカウントの管理" do
 4    describe "更新" do
 5      let(:params_hash) { attributes_for(:staff_member) }
 6      let(:staff_member) { create(:staff_member) }
 7
 8      example "email属性を変更する" do
 9        params_hash.merge!(email: "test@example.com")
10        patch staff_account_url,
11          params: { id: staff_member.id, staff_member: params_hash }
12        staff_member.reload
13        expect(staff_member.email).to eq("test@example.com")
14      end
15
16      example "例外ActionController::ParameterMissingが発生" do
17        expect { patch staff_account_url, params: { id: staff_member.id } }.
18          to raise_error(ActionController::ParameterMissing)
19      end
20
21      example "end_dateの値は書き換え不可" do
22        params_hash.merge!(end_date: Date.tomorrow)
23        expect {
24          patch staff_account_url,
25            params: { id: staff_member.id, staff_member: params_hash }
26        }.not_to change { staff_member.end_date }
27      end
28    end
29  end
```

中身はadmin/staff_membersコントローラのspecファイル（224〜229ページ）とほぼ同じです。テストを実行してみましょう。

```
$ rspec spec/requests/staff/my_account_management_spec.rb
```

すると、1番目と3番目のエグザンプルが次のようなエラーメッセージを出して失敗します。

```
NoMethodError:
  undefined method 'assign_attributes' for nil:NilClass
```

原因は、セッションオブジェクトのstaff_member_idキーに値がセットされていないためです。updateアクションの11行目で使用されているcurrent_staff_memberメソッドがnilを返し、次の

12 行目で例外 `NoMethodError` が発生します。

この問題に対応するには、spec ファイルを次のように修正します。

リスト 11-23 spec/requests/staff/my_account_management_spec.rb

```
 1    require "rails_helper"
 2
 3    describe "職員による自分のアカウントの管理" do
 4 +    before do
 5 +      post staff_session_url,
 6 +        params: {
 7 +          staff_login_form: {
 8 +            email: staff_member.email,
 9 +            password: "pw"
10 +          }
11 +        }
12 +    end
13 +
14      describe "更新" do
15        let(:params_hash) { attributes_for(:staff_member) }
16        let(:staff_member) { create(:staff_member) }
17
18        example "email 属性を変更する" do
 :
```

`before` メソッドに指定されたブロック内のコードは、各エグザンプルのテストが始まる直前に実行されます。ここでは、ある職員がログインフォームに自分のメールアドレスとパスワードを入力してフォームを送信するという操作をエミュレートしています。

すべてのエグザンプルが成功することを確認してください。

```
$ rspec spec/controllers/staff/my_account_management_spec.rb

...
Finished in 1.75 seconds (files took 1.04 seconds to load)
3 examples, 0 failures
```

Chapter 12 アクセス制御

Chapter 12 では、コントローラのクラスメソッド before_action を用いて、Baukis2 にアクセス制御の仕組みを導入します。コントローラごとにログイン前のユーザーがアクセス可能かどうかを設定したり、状況に応じてユーザーを強制的にログアウトさせたりする方法を学びます。

12-1 before_action

12-1-1 管理者ページのアクセス制御

Baukis2 は職員や顧客の個人情報を取り扱うシステムですので、しっかりとアクセス制御を行う必要があります。この節では、コントローラのクラスメソッド `before_action` を用いて、コントローラごとにログイン前のユーザーがアクセス可能かどうかを設定する方法を学びます。

12-1-2 管理者ページのアクセス制御

普通に使用しているだけではわかりませんが、現在の Baukis2 にはセキュリティ上の重大な問題があります。それは管理者としてログインしていなくても、職員のリストを表示したり、職員アカウントを更新したりできる、ということです。

管理者ページからログアウトした状態で、ブラウザのアドレスバーに `http://baukis2.example.com:3000/admin/staff_members` という URL を入力してみてください。職員のリストが表示されるはずです。

この問題に対応する簡単な方法は、`admin/staff_members` コントローラの各アクションを実行する前に、`current_administrator` メソッドが `StaffMember` オブジェクトを返すかどうかを調べることです。もしこのメソッドが `nil` を返すなら、ログインフォームにリダイレクトすればよいわけです。

とりあえず `admin/staff_members#index` アクションにこの対策を施すと、次のようになります。

リスト 12-1 app/controllers/admin/staff_members_controller.rb

```
1    class Admin::StaffMembersController < Admin::Base
2      def index
3 +      unless current_administrator
4 +        redirect_to :admin_login
5 +      end
6        @staff_members = StaffMember.order(:family_name_kana, :given_name_kana)
7      end
:
```

ブラウザに戻ってページをリロードしてみてください。ログインフォームに画面が切り替わりますね。

さて、同様の対策を他の 6 つのアクションに対しても行えば問題は解決します。しかし、まったく同じコードをすべてのアクションに複写するのは面倒ですし、ソースコードの保守作業がやりにくくなります。そこで登場するのがクラスメソッド `before_action` です。先ほどの `admin/staff_members#index` アクションへの修正を元に戻したうえで、`admin/staff_members` コントローラを次のように修正してください。

リスト 12-2 app/controllers/admin/staff_members_controller.rb

```
1    class Admin::StaffMembersController < Admin::Base
2 +    before_action :authorize
```

```
 3 +
 4      def index
 5        @staff_members = StaffMember.order(:family_name_kana, :given_name_kana)
 6      end
 :
```

さらに、同コントローラにプライベートメソッド authorize を追加します。

リスト 12-3 app/controllers/admin/staff_members_controller.rb

```
 :
38          render action: "edit"
39        end
40      end
41
42 +    private def authorize
43 +      unless current_administrator
44 +        redirect_to :admin_login
45 +      end
46 +    end
47
48      private def staff_member_params
 :
```

before_action は、そのコントローラの各アクションが呼び出される直前に実行されるべきメソッドを登録するクラスメソッドです。ここでは:authorize というシンボルを指定して、authorize メソッドを登録しています。こうすることで index アクション以下 7 つのアクションのすべてについて、ユーザーが管理者としてログインしているかどうかを調べ、未ログインならログインフォームにリダイレクトします。

再度、ブラウザのアドレスバーに http://baukis2.example.com:3000/admin/staff_members という URL を入力してみてください。ログインフォームにリダイレクトされれば OK です。

しかし、単にリダイレクトするだけでは不親切ですね。フラッシュメッセージを表示しましょうか。

リスト 12-4 app/controllers/admin/staff_members_controller.rb

```
 :
42      private def authorize
43        unless current_administrator
44 +        flash.alert = "管理者としてログインしてください。"
45          redirect_to :admin_login
```

```
46      end
47    end
 :
```

もう一度、ブラウザのアドレスバーに http://baukis2.example.com:3000/admin/staff_members を入力すると、図 12-1 のような画面に切り替わります。

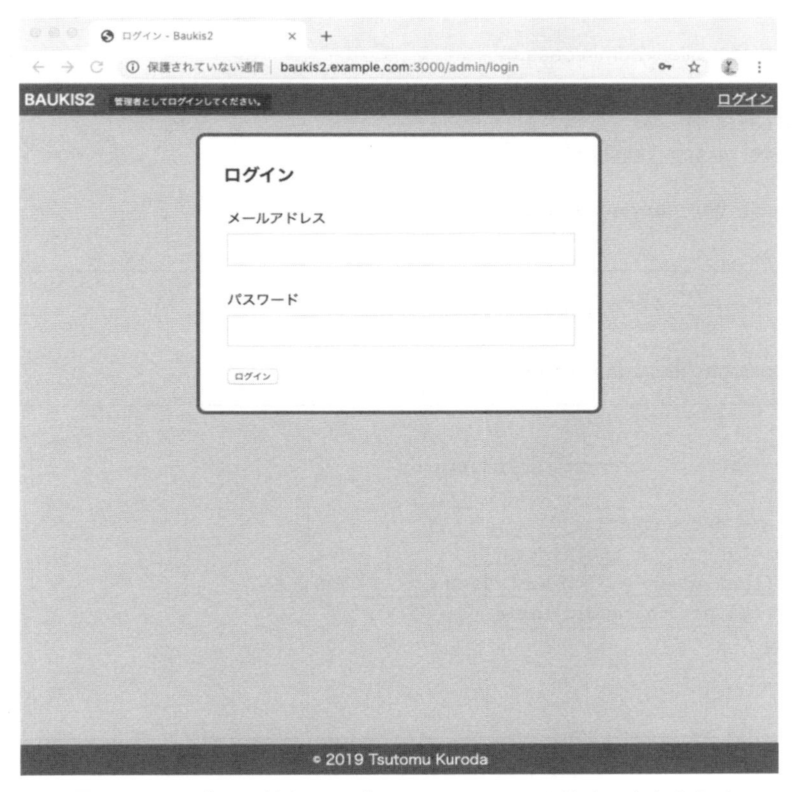

図 12-1　ログイン前ならログインフォームにリダイレクトされる

12-1-3 before_action の継承

現在、名前空間 admin には top、sessions、staff_members という 3 つのコントローラがあります。そのうち、最初の 2 つについてはアクセス制御の仕組みは特に必要ありません。top#index アクションでは管理者としてログインしているかどうかで ERB テンプレートを切り替えています。

sessions コントローラのアクションはログイン前に使用してもログイン後に使用しても問題ないように作られています。しかし、これから実装していく管理者向けの機能のほとんどはアクセス制御を必要とします。top コントローラと sessions コントローラは例外的な存在になるはずです。

そこで、名前空間 admin に属するすべてのコントローラにおいて、原則として authorize メソッドがアクションの前に実行されるようにします。

まず、Admin::Base クラスを次のように書き換えてください。

リスト 12-5　app/controllers/admin/base.rb

```
 1    class Admin::Base
 2 +    before_action :authorize
 3 +
 4      private def current_administrator
 :
```

そして、プライベートメソッド authorize を追加します。

リスト 12-6　app/controllers/admin/base.rb

```
 :
11      helper_method :current_administrator
12
13 +    private def authorize
14 +      unless current_administrator
15 +        flash.alert = "管理者としてログインしてください。"
16 +        redirect_to :admin_login
17 +      end
18 +    end
19    end
```

そして admin/staff_members コントローラから、クラスメソッド before_action の呼び出し（2 行目）と authorized メソッドの定義（42〜47 行）を削除します。before_action は親クラスから子クラスに継承されるので、依然として admin/staff_members コントローラの各クラスが呼び出される直前に authorize メソッドが実行されます。

次に、admin/top コントローラで authorize メソッドが実行されないようにします。

リスト 12-7　app/controllers/admin/top_controller.rb

```
1    Admin::TopController < Admin::Base
2 +    skip_before_action :authorize
3 +
4      def index
:
```

クラスメソッド skip_before_action は引数に指定された名前のメソッドが、アクションの前に実行されないようにします。

同様に、admin/sessions コントローラも書き換えます。

リスト 12-8　app/controllers/admin/sessions_controller.rb

```
1    Admin::SessionsController < Admin::Base
2 +    skip_before_action :authorize
3 +
4      def new
:
```

ブラウザで管理者トップページを開き、ログイン・ログアウト機能、職員管理機能が正常に動くことを確認してください。

12-1-4 職員ページのアクセス制御

続いて、職員ページについても管理者ページと同様の考え方でアクセス制御の仕組みを作ります。まず、Staff::Base クラスを修正します。

リスト 12-9　app/controllers/staff/base.rb

```
1    class Staff::Base < ApplicationController
2 +    before_action :authorize
3 +
4      private def current_staff_member
:
11     helper_method :current_staff_member
12
13 +    private def authorize
14 +      unless current_staff_member
15 +        flash.alert = "職員としてログインしてください。"
```

```
16 +       redirect_to :staff_login
17 +     end
18 +   end
19   end
```

次に、staff/top コントローラです。

リスト 12-10　app/controllers/staff/top_controller.rb

```
1    Staff::TopController < Staff::Base
2 +    skip_before_action :authorize
3 +
4      def index
:
```

そして、staff/sessions コントローラです。

リスト 12-11　app/controllers/staff/sessions_controller.rb

```
1    Staff::SessionsController < Staff::Base
2 +    skip_before_action :authorize
3 +
4      def new
:
```

特に難しいところはないと思います。ブラウザで職員トップページを開き、ログイン・ログアウト機能、アカウント情報管理機能が正常に動くことを確認してください。

12-2 アクセス制御の強化

前節に引き続き、コントローラのクラスメソッド before_action を用いたアクセス制御の実装方法について解説します。ログイン中の職員を強制的にログアウトさせる機能とセッションタイムアウト機能を Baukis2 に追加します。

12-2-1 強制ログアウト

前章でも触れましたが、職員がログインしている間に管理者がそのアカウントの停止フラグを true に変更しても、現在の Baukis2 では職員が自主的にログアウトするまで利用を停止できません。現状の current_staff_member メソッドは、次のように定義されています。

```
def current_staff_member
  if session[:staff_member_id]
    @current_staff_member ||=
      StaffMember.find_by(id: session[:staff_member_id])
  end
end
```

単に session[:staff_member_id] の値から StaffMember オブジェクトを検索しているだけなので、職員を強制的にログアウトさせることができません。また、日付が変わってアカウントの終了日を迎えても利用し続けることができます。この状況は好ましくありません。

そこで、まず StaffMember モデルに Baukis2 へアクセスできるかどうかを調べるインスタンスメソッド active?を追加します。

リスト 12-12　app/models/staff_member.rb

```
:
6          self.hashed_password = nil
7        end
8      end
9 +
10 +    def active?
11 +      !suspended?  && start_date <= Date.today &&
12 +        (end_date.nil?  || end_date > Date.today)
13 +    end
14   end
```

そして、Staff::Base クラスを次のように修正します。

リスト 12-13　app/controllers/staff/base.rb

```
1    class Staff::Base < ApplicationController
2      before_action :authorize
3 +    before_action :check_account
4
```

```
5      private def current_staff_member
:
```

リスト 12-14　app/controllers/staff/base.rb

```
:
17          redirect_to :staff_login
18        end
19      end
20 +
21 +    private def check_account
22 +      if current_staff_member && !current_staff_member.active?
23 +        session.delete(:staff_member_id)
24 +        flash.alert = "アカウントが無効になりました。"
25 +        redirect_to :staff_root
26 +      end
27 +    end
28    end
```

current_staff_member メソッドが StaffMember オブジェクトを返した場合、それに対して active? メソッドを呼び、その結果が偽であれば職員を強制的にログアウトさせています。

22 行目は次のように書けそうに見えます。

```
    if current_staff_member.try(:active?)
```

しかしこう書くと、ログインしていなくても強制的にログアウトさせることになり、無限ループに陥ります。

12-2-2 セッションタイムアウト

次に、職員が一定時間（60 分間）アクセスをしなかったら自動的にログイン状態を解除する仕組み（セッションタイムアウト）を Baukis2 に導入しましょう。

まず、staff/sessions#create アクションを次のように書き換えます（1 行追加）。

リスト 12-15　app/controllers/staff/sessions_controller.rb

```
   :
22            render action: "new"
23          else
24            session[:staff_member_id] = staff_member.id
25 +          session[:last_access_time] = Time.current
26            flash.notice = "ログインしました。"
27            redirect_to :staff_root
28          end
   :
```

ログイン時に現在時刻をセッションオブジェクトに記録しています。

そして、Staff::Base クラスを次のように変更してください。

リスト 12-16　app/controllers/staff/base.rb

```
 1    class Staff::Base < ApplicationController
 2      before_action :authorize
 3      before_action :check_account
 4 +    before_action :check_timeout
 5
 6      private def current_staff_member
   :
```

同クラスにプライベートメソッド check_timeout を追加します。

リスト 12-17　app/controllers/staff/base.rb

```
   :
26          redirect_to :staff_root
27        end
28      end
29 +
30 +    TIMEOUT = 60.minutes
31 +
32 +    private def check_timeout
33 +      if current_staff_member
34 +        if session[:last_access_time] >= TIMEOUT.ago
35 +          session[:last_access_time] = Time.current
36 +        else
37 +          session.delete(:staff_member_id)
38 +          flash.alert = "セッションがタイムアウトしました。"
39 +          redirect_to :staff_login
```

```
40 +        end
41 +      end
42 +    end
43   end
```

30行目で定数TIMEOUTを定義しています。

```
    TIMEOUT = 60.minutes
```

整数60に対してminutesメソッドを呼び出すと、「3600秒」に相当するActiveSupport::Durationオブジェクトが返ってきます。

34行目で定数TIMEOUTを使用しています。

```
        if session[:last_access_time] >= TIMEOUT.ago
```

ActiveSupport::Durationオブジェクトのagoメソッドは、そのオブジェクトが表す時間だけ現在時刻から過去に遡った時刻を返します。つまり、TIMEOUT.agoは「現在から60分前」という意味になります。セッションオブジェクトに記録された「最終アクセス時刻」が現在から60分以内であるかを判定しています。

35行目では「最終アクセス時刻」を更新しています。

```
          session[:last_access_time] = Time.current
```

37〜39行がセッションタイムアウトが発生したときのコードです。

```
          session.delete(:staff_member_id)
          flash.alert = "セッションがタイムアウトしました。"
          redirect_to :staff_login
```

フラッシュメッセージをセットして、ログインフォームへリダイレクトしています。

12-3 アクセス制御のテスト

この章で作成した各種アクセス制御に関するテストを作成します。

12-3-1 失敗するエグザンプルの修正

まず、現在の spec ファイル群を実行して、失敗するエグザンプルがないかどうか確認します。

```
$ rspec
```

すると、ターミナルには次のような結果が表示されます（抜粋）。

```
Failed examples:

rspec ./spec/requests/admin/staff_members_management_spec.rb:9
rspec ./spec/requests/admin/staff_members_management_spec.rb:14
rspec ./spec/requests/admin/staff_members_management_spec.rb:24
```

3 つのエグザンプルが失敗しています。ユーザーがログインしていないことが原因です。Chapter 11 で「職員による自分のアカウントの管理」に関するエグザンプルを修正したのと同様に直せます（241 ページ参照）。

admin/staff_members コントローラのための spec ファイルを次のように修正してください。

リスト 12-18　spec/requests/admin/staff_members_management_spec.rb

```
 1   require "rails_helper"
 2
 3   describe "管理者による職員管理" do
 4     let(:administrator) { create(:administrator) }
 5 +
 6 +   before do
 7 +     post admin_session_url,
 8 +       params: {
 9 +         admin_login_form: {
10 +           email: administrator.email,
11 +           password: "pw"
12 +         }
13 +       }
```

```
14 +     end
15
16       describe "新規登録" do
 :
```

もう一度 rspec コマンドを実行して、すべてのエグザンプルが成功することを確認してください。

```
$ rspec
....

Finished in 3.25 seconds (files took 1.08 seconds to load)
4 examples, 0 failures
```

12-3-2 共有エグザンプル

■ 管理者が職員を管理する機能のテスト

次に、admin/staff_members コントローラに対して before_action :authorize による保護が効いているかどうかを確かめるエグザンプルを書きます。ただし、ここでは**共有エグザンプル**（shared examples）という仕組みを利用して、一部のエグザンプルを spec ファイル本体から別のファイルに抜き出すことにします。この仕組みは複雑な spec ファイルを整理したり、複数の spec ファイルからコードの重複を減らしたりするのに役立ちます。

共有エグザンプルの定義ファイルを置くための spec/support ディレクトリを作成してください。

```
$ mkdir -p spec/support
```

そして、spec ディレクトリ直下にある rails_helper.rb を次のように書き換えます。

リスト 12-19　spec/rails_helper.rb

```
 :
 5     require "rspec/rails"
 6 +   Dir[Rails.root.join("spec", "support", "**", "*.rb")].each { |f| require f }
 7
 8     begin
 :
```

この変更により、spec/support ディレクトリにあるファイル群が自動的に読み込まれるようになります。

続いて、shared_examples_for_admin_controllers.rb というファイルを次のような内容で作成します。

リスト 12-20　spec/support/shared_examples_for_admin_controllers.rb (New)

```
shared_examples "a protected admin controller" do |controller|
  let(:args) do
    {
      host: Rails.application.config.baukis2[:admin][:host],
      controller: controller
    }
  end

  describe "#index" do
    example "ログインフォームにリダイレクト" do
      get url_for(args.merge(action: :index))
      expect(response).to redirect_to(admin_login_url)
    end
  end

  describe "#show" do
    example "ログインフォームにリダイレクト" do
      get url_for(args.merge(action: :show, id: 1))
      expect(response).to redirect_to(admin_login_url)
    end
  end
end

shared_examples "a protected singular admin controller" do |controller|
  let(:args) do
    {
      host: Rails.application.config.baukis2[:admin][:host],
      controller: controller
    }
  end

  describe "#show" do
    example "ログインフォームにリダイレクト" do
      get url_for(args.merge(action: :show))
      expect(response).to redirect_to(admin_login_url)
    end
  end
end
```

2つの共有エグザンプルが定義されています。クラスメソッド shared_examples には引数として共有エグザンプルの名前を与えます。

第1の共有エグザンプル（"a protected admin controller"）には2つのエグザンプルが含まれています。1つ目のエグザンプルの内容は、GET メソッドで index アクションにアクセスすると管理者のログインフォームにリダイレクトされる、というものです。

```
example "ログインフォームにリダイレクト" do
  get url_for(args.merge(action: :index))
  expect(response).to redirect_to(admin_login_url)
end
```

args は、2〜7行で定義された「メモ化されたヘルパーメソッド」です（224ページ参照）。:host と:controller という2つのキーを持つハッシュを返します。このハッシュに:action キーを追加することで新たなハッシュを作り、それを url_for メソッドに渡して URL パスを生成しています。どのコントローラの index アクションであるかが限定されていないため、さまざまなコントローラの spec ファイルで使い回すことができます。

2つ目のエグザンプルは GET メソッドで show アクションにアクセスする場合の仕様を表現しています。

```
example "ログインフォームにリダイレクト" do
  get url_for(args.merge(action: :show, id: 1))
  expect(response).to redirect_to(admin_login_url)
end
```

before_action のため show アクションの本体が呼び出されず、結局パラメータ id の値は使われないので、適当に1を指定しています。

> 他の5つのアクションに対しても同様のエグザンプルを書くことができますが、私は index アクションと show アクションについてのみ記述することにしました。紙幅を節約したいということも理由の1つですが、律儀にすべてのアクションについて調べなくても、before_action が効いていることを確かめるには十分だと考えました。また、この共有エグザンプルに7つの基本アクションすべてに対するエグザンプルを含めてしまうと、汎用性が損なわれるのではないかとも考えました。今後作成するコントローラが7つの基本アクションをすべて持っているとは限らないからです。

第2の共有エグザンプル（"a protected singular admin controller"）は、単数リソースに基づくコントローラで使うためのもので、エグザンプルは1つしか含まれていません。

```
example "ログインフォームにリダイレクト" do
```

```
      get url_for(args.merge(action: :show))
      expect(response).to redirect_to(admin_login_url)
    end
```

本章ではこのエグザンプルは使用しません。

では、この共有エグザンプルを実際に利用してみましょう。

リスト 12-21　spec/request/admin/staff_members_management_spec.rb

```
1   require "rails_helper"
2 +
3 + describe "管理者による職員管理", "ログイン前" do
4 +   include_examples "a protected admin controller", "admin/staff_members"
5 + end
6
7   describe "管理者による職員管理" do
```

クラスメソッド include_examples は、第 1 引数に指定した名前の共有エグザンプルをその場所に取り込む働きをします。このメソッドの第 2 引数以降は、共有エグザンプルのブロック引数として使われます。つまり、3～5 行は次のように記述したのと同じ効果を持つことになります。

```
describe "管理者による職員管理", "ログイン前" do
  let(:args) do
    {
      host: Rails.application.config.baukis2[:admin][:host],
      controller: "admin/staff_members"
    }
  end

  describe "#index" do
    example "ログインフォームにリダイレクト" do
      get url_for(args.merge(action: :index))
      expect(response).to redirect_to(admin_login_url)
    end
  end

  describe "#show" do
    example "ログインフォームにリダイレクト" do
      get url_for(args.merge(action: :show, id: 1))
      expect(response).to redirect_to(admin_login_url)
    end
  end
end
```

ところで、3行目のクラスメソッドdescribeには2つの引数が指定されています。

```
describe "管理者による職員管理", "ログイン前" do
```

第2引数はコンテキスト（context：文脈）を表す文字列です。つまり、「ログイン前」という文脈において、「管理者による職員管理」がどのように行われるべきかを記述しています。

なお、3〜5行は次のようにも書くことができます。

```
describe "管理者による職員管理" do
  context "ログイン前" do
    include_examples "a protected admin controller", "admin/staff_members"
  end
end
```

記述量が増えて、階層も深くなりますが、こう書いた方が意味が明確になるかもしれません。

最後に、すべてのエグザンプルが成功することを確認してください。

```
$ rspec
..............................

Finished in 8.97 seconds (files took 1.08 seconds to load)
30 examples, 0 failures
```

■ 職員が自分のアカウントを管理する機能のテスト

続いて、staff/accountsコントローラに関してspecファイルを書きます。ほぼ前項の繰り返しとなりますので手順のみを示します。まず、共有エグザンプルを定義します。

リスト 12-22　spec/support/shared_examples_for_staff_controllers.rb (New)

```
1  shared_examples "a protected staff controller" do |controller|
2    let(:args) do
3      {
4        host: Rails.application.config.baukis2[:admin][:host],
5        controller: controller
6      }
7    end
8
9    describe "#index" do
10     example "ログインフォームにリダイレクト" do
```

```
11          get url_for(args.merge(action: :index))
12          expect(response).to redirect_to(staff_login_url)
13        end
14      end
15
16      describe "#show" do
17        example "ログインフォームにリダイレクト" do
18          get url_for(args.merge(action: :show, id: 1))
19          expect(response).to redirect_to(staff_login_url)
20        end
21      end
22    end
23
24    shared_examples "a protected singular staff controller" do |controller|
25      let(:args) do
26        {
27          host: Rails.application.config.baukis2[:staff][:host],
28          controller: controller
29        }
30      end
31
32      describe "#show" do
33        example "ログインフォームにリダイレクト" do
34          get url_for(args.merge(action: :show))
35          expect(response).to redirect_to(staff_login_url)
36        end
37      end
38    end
```

staff/accounts コントローラの spec ファイルを次のように書き換えます。

リスト 12-23　spec/request/staff/my_account_management_spec.rb

```
1     require "rails_helper"
2 +
3 +   describe "職員による自分のアカウントの管理", "ログイン前" do
4 +     include_examples "a protected singular staff controller", "staff/accounts"
5 +   end
6
7     describe "職員による自分のアカウントの管理" do
:
```

そして、すべてのエグザンプルが成功することを確認してください。

```
$ rspec
...............................

Finished in 9.03 seconds (files took 1.04 seconds to load)
31 examples, 0 failures
```

12-3-3 強制ログアウトのテスト

強制的ログアウトは名前空間 staff に属するすべてのコントローラに共通する機能です。しかし、共有エグザンプルを定義して各コントローラの spec ファイルに取り込まなくても、いずれかのコントローラでテストすれば十分でしょう。staff/top コントローラの spec ファイルにエグザンプルを記述することにします。

リスト 12-24　spec/request/staff/my_account_management_spec.rb

```
 :
 7    describe "職員による自分のアカウントの管理" do
 8      before do
 9        post staff_session_url,
10          params: {
11            staff_login_form: {
12              email: staff_member.email,
13              password: "pw"
14            }
15          }
16      end
17 +
18 +    describe "情報表示" do
19 +      let(:staff_member) { create(:staff_member) }
20 +
21 +      example "成功" do
22 +        get staff_account_url
23 +        expect(response.status).to eq(200)
24 +      end
25 +
26 +      example "停止フラグがセットされたら強制的にログアウト" do
27 +        staff_member.update_column(:suspended, true)
28 +        get staff_account_url
29 +        expect(response).to redirect_to(staff_root_url)
30 +      end
31 +    end
```

```
 32
 33    describe "更新" do
  :
```

21〜24行で停止フラグがセットされていない通常状態の仕様を記述しています。response.statusの値が200であれば、リダイレクションが発生せずに通常のレスポンスが返ったことがわかります。

26〜30行では強制的ログアウトの仕様を記述しています。27行目をご覧ください。

```
      staff_member.update_column(:suspended, true)
```

モデルオブジェクトのupdate_columnメソッドは第1引数にカラム名、第2引数に値を取り、直ちにデータベースを更新します。その結果、ユーザーは職員のトップページに戻されることになります。

12-3-4 セッションタイムアウトのテスト

セッションタイムアウトのテストもstaff/topコントローラのspecファイルに記述しましょう。まず、Railsが提供するActiveSupport::Testing::TimeHelpersモジュールをRSpecに組み込みます。

リスト 12-25 spec/rails_helper.rb

```
  :
 20      config.include FactoryBot::Syntax::Methods
 21 +    config.include ActiveSupport::Testing::TimeHelpers
 22    end
```

そして、新しいエグザンプルを記述します。

リスト 12-26 spec/request/staff/my_account_management_spec.rb

```
  :
 26        example "停止フラグがセットされたら強制的にログアウト" do
 27          staff_member.update_column(:suspended, true)
 28          get staff_account_url
 29          expect(response).to redirect_to(staff_root_url)
 30        end
 31 +
 32 +      example "セッションタイムアウト" do
 33 +        travel_to Staff::Base::TIMEOUT.from_now.advance(seconds: 1)
 34 +        get staff_account_url
```

```
35 +        expect(response).to redirect_to(staff_login_url)
36 +      end
37      end
38
39      describe "更新" do
 :
```

33 行目をご覧ください。

```
travel_to Staff::Base::TIMEOUT.from_now.advance(seconds: 1)
```

ActiveSupport::Testing::TimeHelpers モジュールに含まれる travel_to メソッドを使っています。このメソッドは、Rails アプリケーションの中での「現在時刻」を指定された時点に移動させます。

定数 Staff::Base::TIMEOUT は 60.minutes と定義されています。from_now メソッドによって「60 分後」の時刻が得られます。advance メソッドは時刻を進めて返します。ここでは 1 秒進めています。すなわち、60 分 1 秒後の時刻が「現在時刻」となります。

エグザンプルが始まった時点では、現在時刻は変更されていません。すなわち、before ブロックの中でユーザーがログインしたときには、本物の現在時刻が session[:last_access_time] にセットされます。しかし、34 行目でユーザーが自分のアカウント情報を表示しようとしたときには、60 分 1 秒後の時刻が「現在時刻」となっていますので、セッションタイムアウトになるわけです。

12-4 演習問題

問題 1

管理者ページに強制ログアウトの仕組みを導入してください。また、その仕組みのエグザンプルを書いて、テストを成功させてください。

問題 2

管理者ページにセッションタイムアウトの仕組みを導入してください。また、その仕組みのエグザンプルを書いて、テストを成功させてください。

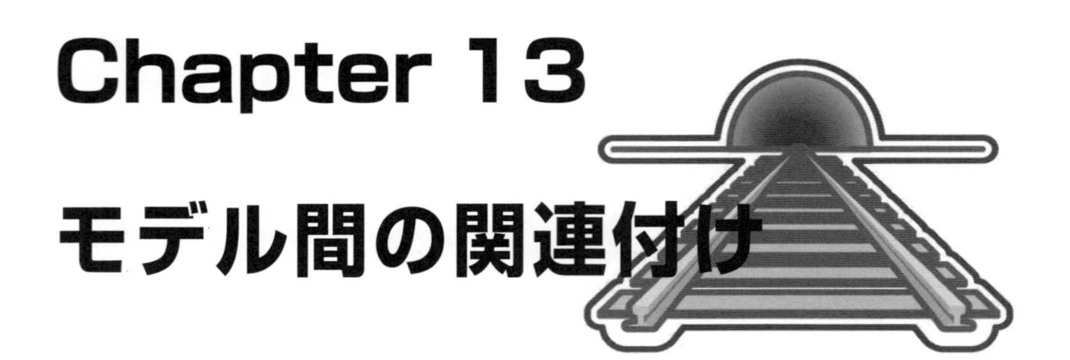

Chapter 13 モデル間の関連付け

Chapter 13 では、職員のログイン・ログアウト記録を管理者が閲覧する機能を作成しながら、モデル間の関連付け、外部キー制約、ネストされたリソースなどについて学びます。また、章の後半ではページネーションの仕組みを Baukis2 に導入します。

13-1 モデル間の関連付け

この節では、職員のログイン・ログアウトという "イベント" を記録するための `StaffEvent` モデルを作成し、`StaffMember` オブジェクトとの間に関連付けを定義します。

13-1-1 一対多の関連付け

Chapter 1 で書いた仕様によれば Baukis2 には「管理者が職員のログイン・ログアウト記録を閲覧する」という機能があります。この機能を実装するには、まず職員がログインあるいはログアウトするたびに何らかの形でその事実を記録する必要があります。そこで `staff_events` という名前のテーブルを作成することにします。

このテーブルには次の 4 つのカラムを定義します（括弧内はカラムの型）。

1. id (整数型)
2. staff_member_id (整数型)
3. type (文字列型)
4. created_at (日時型)

カラム staff_member_id には職員の id 属性の値がセットされます。カラム type には、"logged_in"、"logged_out"、または"rejected のいずれかの値がセットされます。それぞれ、「ログイン」、「ログアウト」、「ログイン拒否」を意味する文字列です。

> Rails はカラム type に単一テーブル継承（Chapter 16）のための特別な意味を付与しています。しかし、ここでは type を普通のカラムとして利用します。カラム type から特別な意味を取り去る方法については後述します。

staff_events テーブルの各レコードは、staff_member_id カラムを通じて staff_members テーブルのあるレコード(1 個)を参照しています。他方、staff_members テーブルの各レコードは、staff_events テーブルの複数個（0 個以上）のレコードから参照されています。このとき、staff_members テーブルと staff_events テーブルは**一対多の関連付け**（one-to-many association）を持つと言います。また、staff_events テーブルの staff_member_id カラムを**外部キー**（foreign key）と呼びます。

13-1-2 外部キー制約

2 つのテーブルが一対多の関連付けを持つとき、データベースにある“縛り”が生まれます。それは、レコード間の参照・被参照の関係を壊すような操作をしてはならない、ということです。たとえば、staff_members テーブルに id カラムの値が 100 であるレコードが存在しないとき、staff_events テーブルに staff_member_id カラムの値が 100 であるようなレコードを追加してはなりません。また、staff_events テーブルに staff_member_id カラムの値が 7 であるようなレコードが存在するとき、staff_members テーブルから id カラムの値が 7 であるようなレコードを削除してはなりません。

Rails アプリケーションの側でこの“縛り”を遵守するように注意深くプログラミングすればレコード間の参照・被参照の関係は壊れませんが、データベース管理システム側で**外部キー制約**（foreign key constraint）を設定すればもっと安全になります。

すぐ後で見るように、Rails にはこの外部キー制約をテーブルに対して設定する簡便な仕組みが備わっています。

13-1-3 StaffEvent モデルの追加

■ マイグレーション

では、staff_events テーブルのためのマイグレーションスクリプトを生成しましょう（web コンテナ側で実行）。

```
$ bin/rails g model staff_event
$ rm spec/models/staff_event_spec.rb
```

StaffEvent モデルの spec ファイルは使用しないので、削除しておきます。

次のようにマイグレーションスクリプトを書き直してください。

リスト 13-1　db/migrate/20190101000002_create_staff_events.rb

```
1     class CreateStaffEvents < ActiveRecord::Migration[6.0]
2       def change
3         create_table :staff_events do |t|
4 -
5 -         t.timestamps
4 +         t.references :staff_member, null: false, index: false, foreign_key: true
5 +                                                 # 職員レコードへの外部キー
6 +         t.string :type, null: false             # イベントタイプ
7 +         t.datetime :created_at, null: false     # 発生時刻
8         end
9 +
10 +       add_index :staff_events, :created_at
11 +       add_index :staff_events, [ :staff_member_id, :created_at ]
12      end
```

マイグレーションスクリプトの変更内容を見ていきましょう。まず、t.timestamps を削除しています。この行はテーブルに created_at カラムと updated_at カラムを追加するものですが、staff_events テーブルに関してはレコードが更新されることはないはずなので、7 行目で created_at カラムだけを追加します。

4 行目をご覧ください。

```
        t.references :staff_member, null: false, index: false, foreign_key: true
```

TableDefinition オブジェクトの references メソッドは、指定された名前の末尾に_id を追加し、その名前(つまり staff_member_id)を持つ整数型のカラムを定義します。

このカラムの値は staff_members テーブルの主キー(id)を参照しており、このカラムを通じて staff_members テーブルと staff_events テーブルの間に一対多の関連付けが生まれます。

さて、4 行目で index オプションが使われています。references メソッドはデフォルトでカラムにインデックスを設定します。しかし、ここで定義される staff_member_id カラムに関しては 11 行目で複合インデックスを設定するので、無駄を省くためインデックスを設定していません。

さらに、4 行目では foreign_key オプションが使われています。このオプションに true を指定すると、references メソッドは staff_members テーブルと staff_events テーブルの間に外部キー制約を設定します。

11 行目では、staff_member_id カラムと created_at カラムの組み合わせに対して複合インデックスを設定しています。

```
    add_index :staff_events, [ :staff_member_id, :created_at ]
```

この設定により、職員別に「イベント」のリストを発生時刻順に並べて取得したいときのパフォーマンスが向上します。

スクリプトの修正が済んだらマイグレーションを実行します(web コンテナ側で実行)。

```
$ bin/rails db:migrate
```

ターミナルに次のような結果が表示されます(タイムスタンプや実行時間は状況により異なります)。

```
$ bin/rails db:migrate
== 20190101000002 CreateStaffEvents: migrating ================================
-- create_table(:staff_events)
   -> 0.0340s
-- add_index(:staff_events, :created_at)
   -> 0.0108s
-- add_index(:staff_events, [:staff_member_id, :created_at])
   -> 0.0110s
== 20190101000002 CreateStaffEvents: migrated (0.0561s) =======================
```

では、web コンテナ側で psql ターミナルを開いてテーブル staff_events が実際にどのように定義されたかを確認しましょう。

```
$ psql -U postgres -h db baukis2_development
```

```
> \d staff_events
```

すると図 13-1 のような結果がターミナルに出力されます。

```
baukis2_development=# \d staff_events
                                    Table "public.staff_events"
     Column      |            Type             | Collation | Nullable |                 Default
-----------------+-----------------------------+-----------+----------+------------------------------------------
 id              | bigint                      |           | not null | nextval('staff_events_id_seq'::regclass)
 staff_member_id | bigint                      |           | not null |
 type            | character varying           |           | not null |
 created_at      | timestamp without time zone |           | not null |
Indexes:
    "staff_events_pkey" PRIMARY KEY, btree (id)
    "index_staff_events_on_created_at" btree (created_at)
    "index_staff_events_on_staff_member_id_and_created_at" btree (staff_member_id, created_at)
Foreign-key constraints:
    "fk_rails_679bf50e22" FOREIGN KEY (staff_member_id) REFERENCES staff_members(id)
```

図 13-1　テーブルに関する情報

出力の最後の行に着目してください。次のように記載されているはずです。この記述があれば外部キー制約が正しく設定されていることになります。

```
"fk_rails_679bf50e22" FOREIGN KEY (staff_member_id) REFERENCES staff_members(id)
```

■ モデル間の関連付け

続いて、StaffMember モデルと StaffEvent モデルの間の関連付けを行います。まず、StaffMember モデルからです。

リスト 13-2　app/models/staff_member.rb

```
1    class StaffMember < ApplicationRecord
2 +    has_many :events, class_name: "StaffEvent", dependent: :destroy
3 +
4      def password=(raw_password)
:
```

クラスメソッド has_many は一対多の関連付けを設定します。引数に指定されたシンボルが関連付けの名前となります。このシンボルと同名のインスタンスメソッドが定義されるので、関連付けの名前は既存の属性やインスタンスメソッドの名前と被らないように選択する必要があります。

class_name オプションには、関連付けの対象モデルのクラス名を指定します。関連付けの名前からクラス名が推定できる場合は class_name オプションは省略可能です。たとえば、2 行目を次のように書き換えてみましょう。

```
has_many :staff_events, dependent: :destroy
```

関連付けの名前:staff_eventsを単数形に変えて、キャメルケースに変更すればStaffEventというクラス名が導き出せるのでclass_nameオプションは不要です。

> 関連付けの名前を:staff_eventsではなく:eventsにした理由は、メソッド名を短くしたかったからです。インスタンス変数@staff_memberにStaffMemberオブジェクトがセットされているとして、そのログイン・ログアウト記録を参照するのに@staff_member.staff_eventsのように書くのは冗長な感じがします。そこで@staff_member.eventsと書けるようにしました。

dependentオプションには、StaffMemberオブジェクトを削除する際の処理方法を指定します。シンボル:destroyを指定すれば、関連付けられたすべてのStaffEventオブジェクトがStaffMemberオブジェクトが削除される前に削除されます。

> :destroy以外に:delete_allや:nullifyなどのシンボルも指定できます（説明省略）。

次に、StaffEventモデルのソースコードを書き換えます。

リスト 13-3　app/models/staff_event.rb

```
1    class StaffEvent < ApplicationRecord
2 +    self.inheritance_column = nil
3 +
4 +    belongs_to :member, class_name: "StaffMember", foreign_key: "staff_member_id"
5 +    alias_attribute :occurred_at, :created_at
6    end
```

2行目をご覧ください。

```
self.inheritance_column = nil
```

モデル定義の中でこのように書けば、typeカラムから特別な意味が失われ、普通のカラムとして使用できることになります。

4行目では、belongs_toメソッドを用いて、StaffEventモデルがmemberという名前でStaffMemberモデルを参照することを宣言しています。この結果、インスタンスメソッドmemberが定義されます。インスタンス変数@eventにStaffEventオブジェクトがセットされているとすれば、@event.memberで記録と結び付けられた職員を参照することができます。

foreign_keyオプションには、外部キーの名前を指定します。デフォルトでRailsは関連付けの名前に_idを付けたものが外部キーの名前であると推測します。この推測から導き出せない場合は、foreign_keyオプションの指定が必要です。

> クラスメソッドhas_manyによる関連付けでもforeign_keyオプションが使用できます。ただし、クラスメソッドbelongs_toの場合と異なり、関連付けの対象モデルのクラス名から外部キーの名前を推測します。StaffMemberのhas_manyメソッド呼び出しでforeign_keyオプションが不要であったのはそのためです。

13-1-4 イベントの記録

続いて、職員がログインまたはログアウトした記録を取るように、staff/sessionsコントローラを修正しましょう。

■ ログインとログイン拒否の記録

まず、職員がログインに成功した場合とログインが拒否された場合に、staff_eventsテーブルへ記録を追加しましょう。

リスト 13-4　app/controllers/staff/sessions_controller.rb

```
   :
19        if Staff::Authenticator.new(staff_member).authenticate(@form.password)
20          if staff_member.suspended?
21 +          staff_member.events.create!(type: "rejected")
22            flash.now.alert = "アカウントが停止されています。"
23            render action: "new"
24          else
25            session[:staff_member_id] = staff_member.id
26            session[:last_access_time] = Time.current
27 +          staff_member.events.create!(type: "logged_in")
28            flash.notice = "ログインしました。"
   :
```

21行目をご覧ください。

```
staff_member.events.create!(type: "rejected")
```

StaffMemberのクラスメソッドhas_manyで関連付けeventsを設定したことによって、StaffMemberオブジェクトにeventsメソッドが定義されました。このメソッドは、ActiveRecord::Association::

CollectionProxy クラス（以下、CollectionProxy クラスと略します）の子孫クラスのインスタンスを返します。ここでは CollectionProxy クラスの create! メソッドを呼び出し、staff_member と関連付けられた StaffEvent オブジェクトを作成し、データベースに保存しています。21 行目は、次のようにも書けます。

```
StaffEvent.create!(member: staff_member, type: "rejected")
```

21 行目とほぼ同じ処理が 27 行目でも行われています。

■ ログアウトの記録

続いて、職員がログアウトしたときに記録を付ける処理を追加しましょう。

リスト 13-5　app/controllers/staff/sessions_controller.rb

```
 :
41     def destroy
42 +      if current_staff_member
43 +        current_staff_member.events.create!(type: "logged_out")
44 +      end
45       session.delete(:staff_member_id)
 :
```

同じ職員が「ログアウト」ボタンを連打したときなど、すでにログアウトした状態でアクション destroy が呼ばれる可能性があるため、全体を if ... end で囲んでいます。

Column　クラスの継承関係を調べる

私は本文中で StaffMember オブジェクトの events メソッドが CollectionProxy クラスの子孫クラスのインスタンスを返すとか、CollectionProxy クラスの create! メソッドを呼び出すとか書きました。私は CollectionProxy クラスや create! メソッドの存在をどのように調べたのでしょうか。

最初に行ったのは、次のコマンドを実行することでした。

```
$ bin/rails r "puts StaffMember.new.events.class.ancestors"
```

bin/rails r コマンドは指定した文字列を Rails のコードとして実行します。調べたいオブジェクトに対して class メソッドを呼んで Class オブジェクトを取得し、さらに ancestors メソッドで祖先クラスのリストを取得し、puts で出力しています。出力結果は次のようになります。

```
StaffEvent::ActiveRecord_Associations_CollectionProxy
StaffEvent::GeneratedRelationMethods
ActiveRecord::Delegation::ClassSpecificRelation
ActiveRecord::Associations::CollectionProxy
ActiveRecord::Relation
ActiveRecord::FinderMethods
（以下省略）
```

次に、ブラウザで https://api.rubyonrails.org/ を開き、出力されたクラス名を順に検索しました。上から 3 つは見つかりませんでしたが、4 番目の ActiveRecord::Associations::CollectionProxy がヒットしました。その説明ページの「Methods」セクションを見ると、create! メソッドがリストに載っており、詳しい説明や用例も記述されています。常にスムーズに調査が進むとは限りませんが、私はこのようにしてクラスの継承関係を調べています。

13-2 ネストされたリソース

前節で作成した StaffEvent オブジェクトのリストを表示する機能を実装しながら、「ネストされたリソース」という概念について学びましょう。

13-2-1 ネストされたリソースとは

■ ルーティングの設定

管理者が職員のログイン・ログアウト記録を閲覧する機能は admin/staff_events コントローラで実装します。まずはルーティングの設定を行いましょう。

リスト 13-6　config/routes.rb

```
 :
16       get "login" => "sessions#new", as: :login
17       resource :session, only: [ :create, :destroy ]
18 -     resources :staff_members
18 +     resources :staff_members do
19 +       resources :staff_events, only: [ :index ]
20 +     end
```

```
21 +      resources :staff_events, only: [ :index ]
22      end
23    end
 :
```

18〜20行をご覧ください。

```
      resources :staff_members do
        resources :staff_events, only: [ :index ]
      end
```

staff_members リソースを定義する resources メソッドにブロックを加え、ブロックの中でリソース staff_events を定義しています。これを**ネストされたリソース**（nested resources）と呼びます。この修正によって**表 13-1** のようなルーティングが設定されます。

表 13-1　ネストされたリソースのためのルーティング

アクションの内容	HTTP メソッド	URL パスのパターン	アクション名
ある職員のログイン・ログアウト記録を一覧表示する	GET	/admin/staff_members/:staff_member_id/staff_events	index

「ネストされた（nested）」という形容詞は、ここでは「包まれた」といった意味で使用されています。staff_events リソースが staff_members リソースによって包まれているというイメージです。Chapter 9 で説明したように Rails 用語の「リソース」は、「アクションによる操作の対象物」と言い換えられます。ここでは、ログイン・ログアウト記録が操作の対象物です。外側のリソースは、内側のリソースの文脈（あるいは条件）を示します。ここでは、「誰の」ログイン・ログアウト記録であるのか限定しているわけです。

21行では、ネストされていない普通のリソースを設定しています。

```
      resources :staff_events, only: [ :index ]
```

こちらは、すべての職員のログイン・ログアウト記録を閲覧するためのリソースです。

■ リンクの設置

先ほど行った config/routes.rb の修正により、ルーティング名が新たに2つ設定されています（**表 13-2**）。

表 13-2　ネストの有無による URL パスとルーティング名の違い

URL パスのパターン	ルーティング名
/admin/staff_members/:staff_member_id/staff_events	:admin_staff_member_staff_events
/admin/staff_events	:admin_staff_events

これらを用いてリンクを設置しましょう。

まず、ダッシュボードに「職員のログイン・ログアウト記録」というリンクを設置します。

リスト 13-7　app/views/admin/top/dashboard.html.erb

```
  :
  4    <ul class="menu">
  5      <li><%= link_to "職員管理", :admin_staff_members %></li>
  6 +    <li><%= link_to "職員のログイン・ログアウト記録", :admin_staff_events %></li>
  7    </ul>
```

ブラウザで管理者ページにログインすると**図 13-2** のような画面が表示されます。

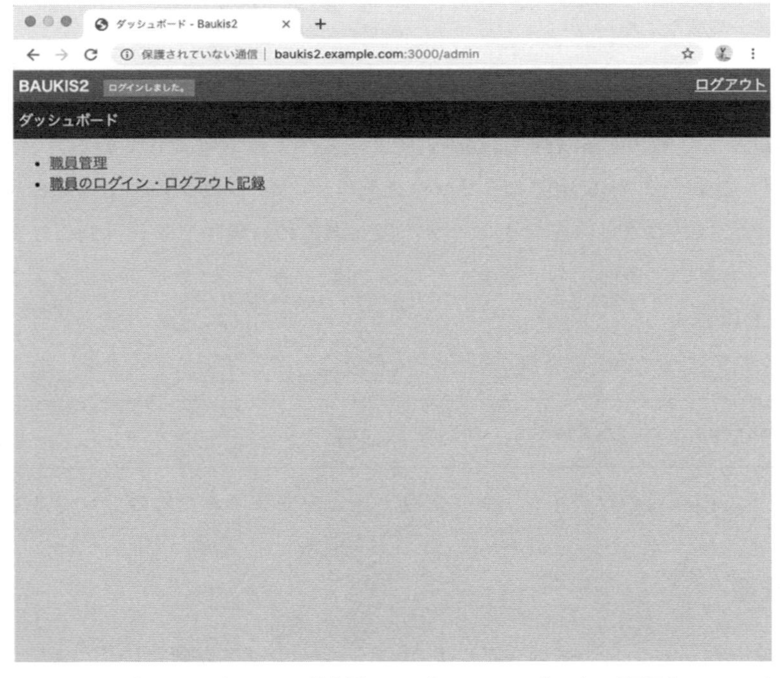

図 13-2　ダッシュボードに「職員のログイン・ログアウト記録」リンクを設置

次に、職員の一覧ページへリンクを設置します。

リスト 13-8　app/views/admin/staff_members/index.html.erb

```
 :
28          <td class="actions">
29            <%= link_to "編集", [ :edit, :admin, m ] %> |
30 +          <%= link_to "Events", [ :admin, m, :staff_events ] %> |
31            <%= link_to "削除", [ :admin, m ], method: :delete,
32              data: { confirm: "本当に削除しますか？" } %>
33          </td>
 :
```

30 行目をご覧ください。

```
          <%= link_to "Events", [ :admin, m, :staff_events ] %> |
```

link_to メソッドの第 2 引数にモデルオブジェクトを含む配列を指定しています。これは次のように書くのと同値です。

```
          <%= link_to "Events", admin_staff_member_staff_events_path(m) %> |
```

ブラウザで職員一覧ページを開くと、図 13-3 のような表示になります。

氏名	フリガナ	メールアドレス	入社日	退職日	停止フラグ	アクション
佐藤 梅子	サトウ ウメコ	sato.umeko@example.com	2019/07/09		☐	編集 | Events | 削除
佐藤 三郎	サトウ サブロウ	sato.saburo@example.com	2019/07/21		☐	編集 | Events | 削除
佐藤 二郎	サトウ ジロウ	sato.jiro@example.com	2019/07/05	2019/10/13	☐	編集 | Events | 削除
佐藤 竹子	サトウ タケコ	sato.takeko@example.com	2019/07/13		☐	編集 | Events | 削除
佐藤 松子	サトウ マツコ	sato.matsuko@example.com	2019/07/17		☐	編集 | Events | 削除
鈴木 梅子	スズキ ウメコ	suzuki.umeko@example.com	2019/07/14		☐	編集 | Events | 削除
鈴木 三郎	スズキ サブロウ	suzuki.saburo@example.com	2019/07/06		☑	編集 | Events | 削除
鈴木 二郎	スズキ ジロウ	suzuki.jiro@example.com	2019/07/10		☐	編集 | Events | 削除
鈴木 竹子	スズキ タケコ	suzuki.takeko@example.com	2019/07/18		☐	編集 | Events | 削除
鈴木 松子	スズキ マツコ	suzuki.matsuko@example.com	2019/07/22		☐	編集 | Events | 削除
高橋 梅子	タカハシ ウメコ	takahashi.umeko@example.com	2019/07/19		☐	編集 | Events | 削除
高橋 三郎	タカハシ サブロウ	takahashi.saburo@example.com	2019/07/11		☐	編集 | Events | 削除
高橋 二郎	タカハシ ジロウ	takahashi.jiro@example.com	2019/07/15		☐	編集 | Events | 削除
高橋 竹子	タカハシ タケコ	takahashi.takeko@example.com	2019/07/23		☐	編集 | Events | 削除
高橋 松子	タカハシ マツコ	takahashi.matsuko@example.com	2019/07/07		☐	編集 | Events | 削除

図 13-3　職員の一覧表示に「Events」リンクを設置

13-2-2 admin/staff_events コントローラ

■ index アクションの実装

admin/staff_events コントローラの実装を始めます。

```
$ bin/rails g controller admin/staff_events
```

index アクションは次のようになります。

リスト 13-9　app/controllers/admin/staff_events_controller.rb

```
 1 - class Admin::StaffEventsController < ApplicationController
 1 + class Admin::StaffEventsController < Admin::Base
 2 +   def index
 3 +     if params[:staff_member_id]
 4 +       @staff_member = StaffMember.find(params[:staff_member_id])
 5 +       @events = @staff_member.events.order(occurred_at: :desc)
 6 +     else
 7 +       @events = StaffEvent.order(occurred_at: :desc)
 8 +     end
 9 +   end
10   end
```

この index アクションは、リソースがネストされている場合とネストされていない場合の両方に対応しています。ネストされているかどうかは、staff_member_id パラメータに値がセットされているかどうかで判定できます。

4～5 行をご覧ください。

```
      @staff_member = StaffMember.find(params[:staff_member_id])
      @events = @staff_member.events.order(occurred_at: :desc)
```

まず staff_member_id パラメータの値から職員を検索し、その職員に関連付けられた StaffEvent オブジェクトのリストを取得しています。order メソッドはソート順を指定します。occurred_at 属性は、created_at 属性のエイリアス（別名）ですので、実際には created_at カラムを基準に降順でソートされます。

7 行目では、全職員のログイン・ログアウト記録を降順でソートしつつ取得しています。

```
    @events = StaffEvent.order(occurred_at: :desc)
```

■ ERB テンプレートの作成

admin/staff_events#index アクションのための ERB テンプレートを作成します。

リスト 13-10　app/views/admin/staff_events/index.html.erb (New)

```
1  <%
2    if @staff_member
3      full_name = @staff_member.family_name + @staff_member.given_name
4      @title = "#{full_name}さんのログイン・ログアウト記録"
5    else
6      @title = "職員のログイン・ログアウト記録"
7    end
8  %>
9  <h1><%= @title %></h1>
10
11 <div class="table-wrapper">
12   <div class="links">
13     <%= link_to "職員一覧", :admin_staff_members %>
14   </div>
15
16   <table class="listing">
17     <tr>
18       <% unless @staff_member %><th>氏名</th><% end %>
19       <th>種別</th>
20       <th>日時</th>
21     </tr>
22     <%= render partial: "event", collection: @events %>
23     <% if @events.empty?  %>
24       <tr>
25         <%= content_tag(:td, "記録がありません",
26           colspan: @staff_member ?  2 : 3, style: "text-align: center") %>
27       </tr>
28     <% end %>
29   </table>
30
31   <div class="links">
32     <%= link_to "職員一覧", :admin_staff_members %>
33   </div>
34 </div>
```

22 行目をご覧ください。

```
    <%= render partial: "event", collection: @events %>
```

部分テンプレートを埋め込む render メソッドはこれまでにも何度か登場していますが、今回は呼び出し方が異なります。partial オプションに部分テンプレートの名前、collection オプションに配列を指定しています。

この呼び出し方をした場合、配列の要素数だけ部分テンプレートが繰り返しこの位置に埋め込まれます。部分テンプレートの内容は次のとおりです。

リスト 13-11　app/views/admin/staff_events/_event.html.erb (New)

```
1  <tr>
2    <% unless @staff_member %>
3    <td>
4      <%= link_to(event.member.family_name + event.member.given_name,
5        [ :admin, event.member, :staff_events ]) %>
6    </td>
7    <% end %>
8    <td><%= event.description %></td>
9    <td class="date">
10     <%= event.occurred_at.strftime("%Y/%m/%d %H:%M:%S") %>
11   </td>
12 </tr>
```

4、5、8、10 行目にある event は、呼び出し元の render メソッドの collection オプションに指定されている配列（@events）の各要素を返すヘルパーメソッドです。つまり、配列@events の個数だけ tr 要素が生成され、その中には職員の氏名、イベントの種別、イベントの発生時刻が記載されます。

■ StaffEvent#description メソッドの定義

次に、部分テンプレートの 8 行目で使われている StaffEvent の description メソッドを定義します。

リスト 13-12　app/models/staff_event.rb

```
:
5       alias_attribute :occurred_at, :created_at
6 +
7 +     DESCRIPTIONS = {
8 +       logged_in: "ログイン",
```

```
 9 +      logged_out: "ログアウト",
10 +      rejected: "ログイン拒否"
11 +    }
12 +
13 +    def description
14 +      DESCRIPTIONS[type.to_sym]
15 +    end
16  end
```

定数 DESCRIPTIONS にハッシュをセットし、description メソッドの中で参照しています。ハッシュのキーにはシンボルを使用しているので、type 属性の値を to_sym メソッドでシンボルに変換しています。

■ 動作確認

では、ブラウザで動作確認をしましょう。まずは、ログイン・ログアウト記録が存在しない状態での表示を確認します。管理者トップページで「職員のログイン・ログアウト記録」リンクをクリックすると図 13-4 のようになります。

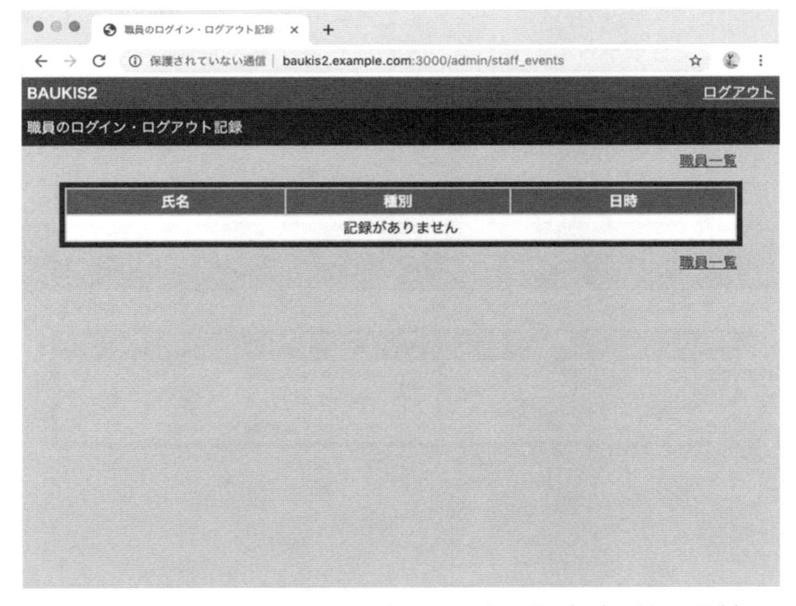

図 13-4　職員のログイン・ログアウト記録一覧（記録がない場合）

ここから「職員一覧」リンクをクリックして、「佐藤梅子」さんの行の「Events」リンクをクリックすると、図 13-5 のような画面となります。

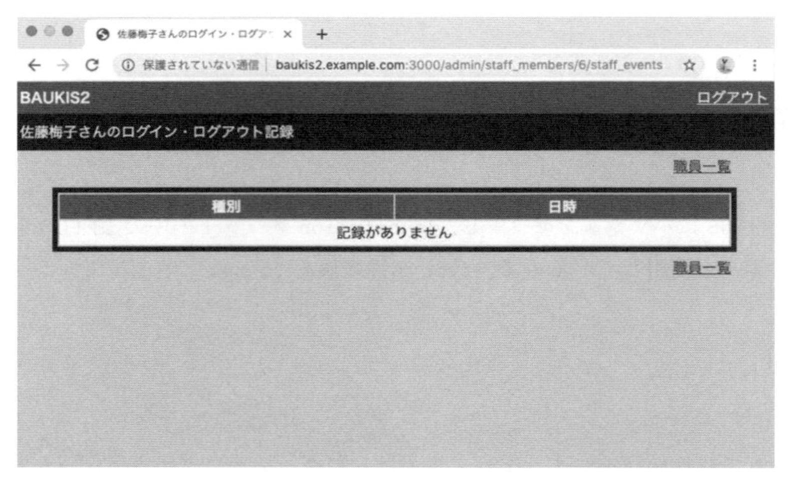

図 13-5　ある職員のログイン・ログアウト記録一覧（記録がない場合）

続いて、「佐藤梅子」さんとして職員ページにログイン・ログアウトします。また、「鈴木三郎」さん（アカウント停止中）として職員ページにログインを試みます。この状態で、管理者トップページから「職員のログイン・ログアウト記録」リンクをクリックすると、図 13-6 のように 3 件のログイン・ログアウト記録が表示されます。

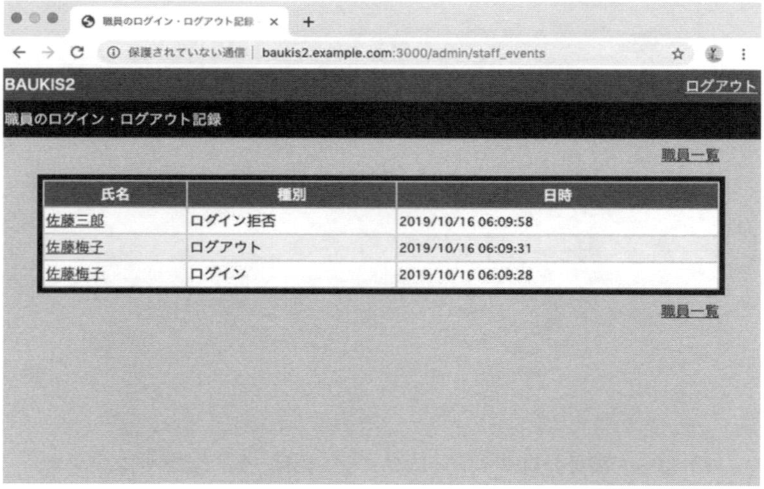

保護されていない通信 | baukis2.example.com:3000/admin/staff_events

BAUKIS2　ログアウト

職員のログイン・ログアウト記録

職員一覧

氏名	種別	日時
佐藤三郎	ログイン拒否	2019/10/16 06:09:58
佐藤梅子	ログアウト	2019/10/16 06:09:31
佐藤梅子	ログイン	2019/10/16 06:09:28

職員一覧

図 13-6　職員のログイン・ログアウト記録一覧

この表の「氏名」列から「佐藤梅子」リンクをクリックすると、「佐藤梅子」さんのログイン・ログアウト記録が表示されます（図 13-7）。

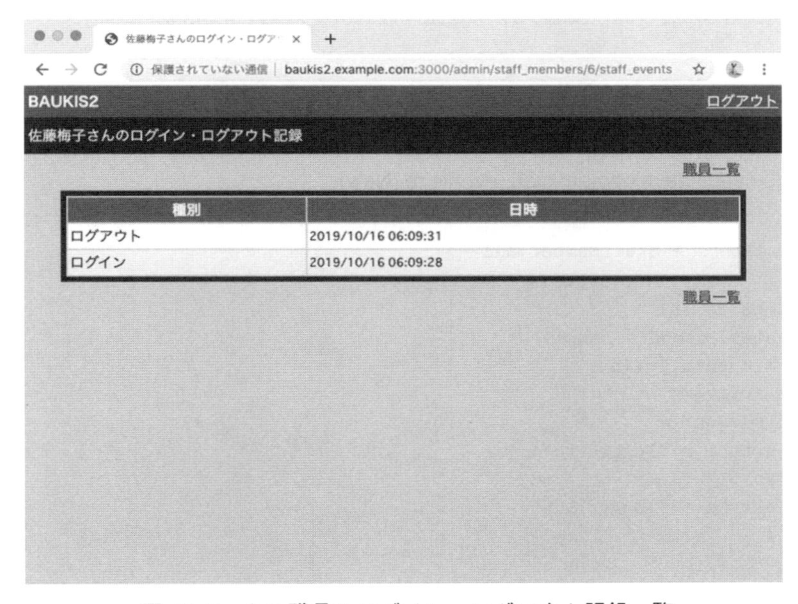

図 13-7　ある職員のログイン・ログアウト記録一覧

13-3 ページネーション

Baukis2 の運用を続ければ職員のログイン・ログアウト記録はどんどん増えていき、1 ページで一覧表示するのは難しくなります。大量の項目を複数のページに分割して表示するページネーションの仕組みを導入しましょう。

13-3-1 シードデータの投入

ページネーションのための実装を始める前に、シードデータとしてあらかじめログイン・ログアウト記録を投入しておきましょう。まず、`db/seeds.rb` を修正します。

リスト 13-13 db/seeds.rb

```
1 - table_names = %w(staff_members administrators)
1 + table_names = %w(staff_members administrators staff_events)
 :
```

そして、256 個の StaffEvent を作成するスクリプトを作成します。

リスト 13-14 db/seeds/development/staff_events.rb (New)

```
 1 staff_members = StaffMember.all
 2
 3 256.times do |n|
 4   m = staff_members.sample
 5   e = m.events.build
 6   if m.active?
 7     if n.even?
 8       e.type = "logged_in"
 9     else
10       e.type = "logged_out"
11     end
12   else
13     e.type = "rejected"
14   end
15   e.occurred_at = (256 - n).hours.ago
16   e.save!
17 end
```

4 行目の sample は配列からランダムに要素を抽出するメソッドです。5 行目の m.events.build は次のように書くのと同値です。

```
StaffEvent.new(member: m)
```

つまり、職員 m と関連付けられた StaffMember オブジェクトを作成しますが、データベースへの保存はしません。7 行目の even?はレシーバが偶数のときに真を返すメソッドです。

シードデータを投入するコマンドを実行してください。

```
$ bin/rails db:reset
```

13-3-2 Gem パッケージ kaminari

ページネーションの仕組みを実現するには Gem パッケージ `kaminari` を使うのが便利です。すでに Chapter 3 で Baukis2 に kaminari を組み込んでいます。

`kaminari` の設定ファイル、ERB テンプレートを生成します。

```
$ bin/rails g kaminari:config
$ bin/rails g kaminari:views default
```

設定ファイル `config/initializers/kaminari_config.rb` を次のように変更します。

リスト 13-15　config/initializers/kaminari_config.rb

```
1    # frozen_string_literal: true
2    Kaminari.configure do |config|
3 -    # config.default_per_page = 25
3 +    config.default_per_page = 10
4      # config.max_per_page = nil
5      # config.window = 4
6      # config.outer_window = 0
:
```

1ページに表示する項目数のデフォルト値を 10 に変更しています。「10」という小さな数を選んだのは書籍編集上の都合です。読者の皆さんは、適宜変更してください。

次に、ERB テンプレートで使用するラベルを日本語化するためのファイルを作成します。まず、新規ディレクトリ `config/locales/views` を作成します。

```
$ mkdir -p config/locales/views
```

そして、このディレクトリに新規ファイル `paginate.ja.yml` を作成します。

リスト 13-16　config/locales/views/paginate.ja.yml (New)

```
1  ja:
2    views:
3      pagination:
4        first: "先頭"
5        last: "末尾"
6        previous: "前"
7        next: "次"
```

```
8         truncate: "..."
```

インデント（字下げ）の幅に注意してください。2行目の先頭には半角の空白が2個あります。3行目は4個、4行目以降は6個です。全角の空白やタブ文字は使用しないでください。また、各行のコロンと二重引用符（"）の間には半角の空白を1個挿入してください。

以上でkaminariの初期設定は終わりです。もしBaukis2を起動中であれば、再起動してください。config/initializersディレクトリの内容を書き換えたり、config/localesディレクトリの下に新規ファイルを追加したりしたときは、Railsアプリケーションの再起動が必要です。

13-3-3 indexアクションの修正

ページネーションのためにadmin/staff_events#indexアクションを書き換えます。

リスト13-17　app/controllers/admin/staff_events_controller.rb

```
1    class Admin::StaffEventsController < Admin::Base
2      def index
3        if params[:staff_member_id]
4          @staff_member = StaffMember.find(params[:staff_member_id])
5          @events = @staff_member.events.order(occurred_at: :desc)
6        else
7          @events = StaffEvent.order(occurred_at: :desc)
8        end
9 +      @events = @events.page(params[:page])
10     end
11   end
```

9行目で使用されているpageメソッドは、Gemパッケージkaminariが提供しているものです。このメソッドは、引数に指定された整数をページ番号とみなして、モデルオブジェクトのリストから取得する範囲を絞り込みます。nilを指定した場合、ページ番号は1となります。

ところで、indexアクションから5行目と9行目だけを抜き出すと次のようになります。

一見すると、この部分では次のような処理が行われているように見えます。

1. 5行目で、ある職員（@staff_member）に関連付けられたMemberEventオブジェクトの配列がoccurred_at属性を基準に降順にソートされてインスタンス変数@eventsにセットされる。
2. インスタンス変数@events（配列）からpageパラメータの値に該当する要素が抽出されて作られ

た配列が再びインスタンス変数@events にセットされる。

しかし、実際に行われている処理はこれとは異なります。

まず5行目のインスタンス変数@events にセットされるのは配列ではありません。ActiveRecord::Relation クラスの子孫クラスのインスタンスです。本書では、これを **Relation オブジェクト**と呼びます。このオブジェクトが作られた時点では、まだデータベースに対するクエリは実行されていません。クエリを実行するための諸条件を保持しているだけです。

同様に9行目で page メソッドが行っているのは、配列から要素を抽出することではありません。page メソッドはレシーバである Relation オブジェクトに新たな検索条件を加えます。そして、page メソッドの戻り値はやはり Relation オブジェクトです。それが9行目の等号（=）の左辺にあるインスタンス変数@events にセットされるのです。

13-3-4 ERB テンプレートの修正

次に、ERB テンプレートにページネーションのためのリンクを埋め込みます。

リスト 13-18　app/views/admin/staff_events/index.html.erb

```
 :
12        <div class="links">
13          <%= link_to "職員一覧", :admin_staff_members %>
14        </div>
15 +
16 +      <%= paginate @events %>
17
18        <table class="listing">
 :
31        </table>
32 +
33 +      <%= paginate @events %>
34
35        <div class="links">
36          <%= link_to "職員一覧", :admin_staff_members %>
37        </div>
38      </div>
```

ヘルパーメソッド paginate は、page メソッド実行済みの Relation オブジェクトを受け取り、その位置にページネーションのためのリンクの列を生成します。

ブラウザで全職員のログイン・ログアウト記録を表示すると、図 13-8 のような画面となります。

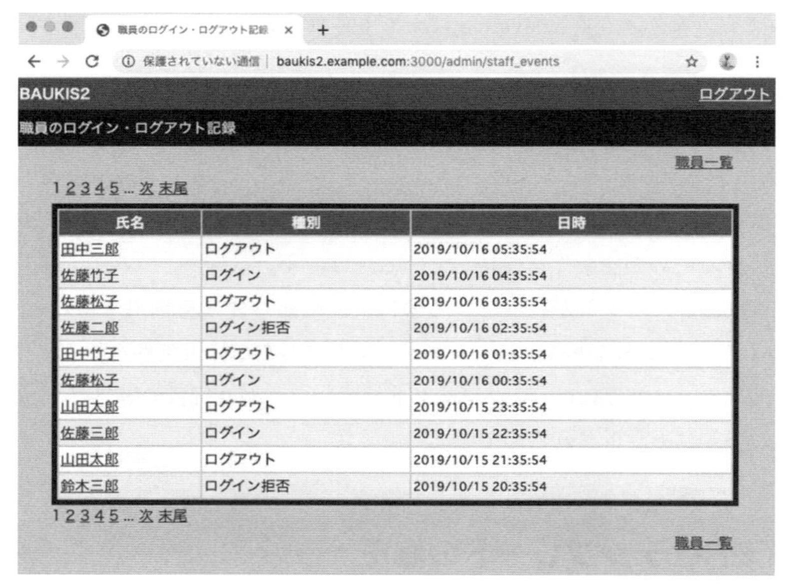

図 13-8　ページネーション（1 ページ目）

そして「次」リンクをクリックすると、図 13-9 のような画面に切り替わります。

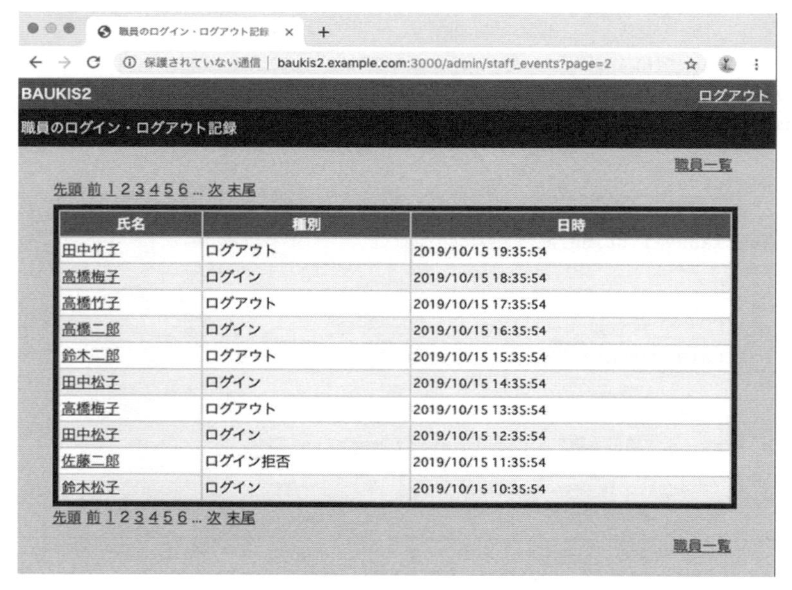

図 13-9　ページネーション（2 ページ目）

13-3-5 ページネーションのカスタマイズ

■ ERB テンプレートの修正

現時点でもページネーションは十分に使えますが、私としては少しカスタマイズしたくなります。不満なのは、1 ページ目を表示しているときに「先頭」と「前」のリンクが消えることです。もちろん「先頭」リンクに機能上の意味はありませんが、クリックできない「先頭」リンクが存在した方がユーザーインターフェースとしてはよさそうです。

kaminari 提供のヘルパーメソッド paginate は app/views/kaminari ディレクトリにある各種 ERB テンプレートを利用してページネーションリンクを生成しています。それらを書き換えれば、自由にカスタマイズが可能です。

まず、ページネーションリンクの列全体の配置を決めている _paginator.html.erb を次のように修正します（コメント行を除いて表示しています）。

リスト 13-19　app/views/kaminari/_paginator.html.erb

```
 :
 9    <%= paginator.render do -%>
10      <nav class="pagination" role="navigation" aria-label="pager">
11 -      <%= first_page_tag unless current_page.first? %>
11 +      <%= first_page_tag %>
12 -      <%= prev_page_tag unless current_page.first? %>
12 +      <%= prev_page_tag %>
 :
20        <% unless current_page.out_of_range? %>
21 -        <%= next_page_tag unless current_page.last? %>
21 +        <%= next_page_tag %>
22 -        <%= last_page_tag unless current_page.last? %>
22 +        <%= last_page_tag %>
23        <% end %>
24      </nav>
25    <% end -%>
```

現在表示しているのが先頭ページであっても「先頭」リンクと「前」リンクを表示するようにしています。同様に、最後のページを表示している状況でも「末尾」リンクと「次」リンクを表示しています。

次に「先頭」リンクです。

リスト 13-20　app/views/kaminari/_first_page.html.erb

```
 :
 9    <span class="first">
10 -    <%= link_to_unless current_page.first?, t('views.pagination.first').html_safe, >
      url, remote: remote %>
10 +    <%=
11 +      link_to_unless(current_page.first?,
12 +        t("views.pagination.first").html_safe, url) do |name|
13 +        content_tag(:span, name, class: "disabled")
14 +      end
15 +    %>
16    </span>
```

link_to_unless メソッドは3つの引数を取ります。第1引数はリンクを表示するかどうかを決める条件式、第2引数はリンク文字列、第3引数はリンク先URLです。このメソッドにブロックを付けると、ブロックの戻り値が条件式が偽の場合に埋め込む文字列となります。ブロック変数には link_to_unless メソッドの第2引数がセットされます。ここでは<span class="disabled">先頭</span>というHTMLコードをブロックの戻り値としています。

なお、書き換え前の link_to_unless メソッドで使われている remote オプションは、Ajaxでリクエストするかどうか制御します。

11行目の current_page は、現在のページに関する情報を返すヘルパーメソッドです。current_page.first?は現在のページが先頭ページなら真を返します。また12行目の url は、先頭ページのURLを返すヘルパーメソッドです。

12行目ではヘルパーメソッド t が使われています。

```
t("views.pagination.first")
```

これはヘルパーメソッド translate のエイリアス(別名)で、Railsアプリケーションの国際化に関連するヘルパーメソッドです。ここでは、283～284ページで作成した config/locales/views/paginate.ja.yml に記載された文字列(「先頭」)を参照するために使用しています。

同様に「末尾」リンクについてもERBテンプレートを書き換えます(説明省略)。

リスト 13-21　app/views/kaminari/_last_page.html.erb

```
 :
 9    <span class="last">
10 -    <%= link_to_unless current_page.last?, t('views.pagination.last').html_safe, url>
```

```
    , remote: remote %>
10 +   <%=
11 +     link_to_unless(current_page.last?,
12 +       t("views.pagination.last").html_safe, url) do |name|
13 +       content_tag(:span, name, class: "disabled")
14 +     end
15 +   %>
16   </span>
```

さらに「前」リンクのカスタマイズです（説明省略）。

リスト 13-22　app/views/kaminari/_prev_page.html.erb

```
 :
 9   <span class="prev">
10 -   <%= link_to_unless current_page.last?, t('views.pagination.previous').html_safe, >
    url, remote: remote %>
10 +   <%=
11 +     link_to_unless(current_page.first?,
12 +       t("views.pagination.previous").html_safe, url) do |name|
13 +       content_tag(:span, name, class: "disabled")
14 +     end
15 +   %>
16   </span>
```

最後に「次」リンクのカスタマイズです（説明省略）。

リスト 13-23　app/views/kaminari/_next_page.html.erb

```
 :
 9   <span class="next">
10 -   <%= link_to_unless current_page.last?, t('views.pagination.next').html_safe, url>
    , rel: 'next', remote: remote %>
10 +   <%=
11 +     link_to_unless(current_page.last?,
12 +       t("views.pagination.next").html_safe, url) do |name|
13 +       content_tag(:span, name, class: "disabled")
14 +     end
15 +   %>
16   </span>
```

■ スタイルシートの作成

仕上げとしてページネーションリンクのためのスタイルシートを作成します。

リスト 13-24　app/assets/stylesheet/admin/pagination.scss (New)

```
@import "colors";
@import "dimensions";

nav.pagination {
  margin: $moderate 0;
  padding: $moderate 0;
  display: inline-block;
  border-top: solid $very_light_gray 1px;
  border-bottom: solid $very_light_gray 1px;
  span.page, span.first, span.prev, span.next, span.last {
    display: inline-block;
    background-color: $light_gray;
    padding: $narrow $moderate;
    a {
      text-decoration: none;
    }
  }
  span.current {
    background-color: $dark_gray;
    color: $light_gray;
  }
  span.disabled {
    color: $gray;
  }
  span.gap {
    background-color: transparent;
  }
}
```

ブラウザに戻り「先頭」リンクをクリックし、図 13-10 のような画面が表示されれば OK です。

図 13-10　ページネーション（スタイルシート適用後））

13-4 N+1 問題

13-4-1 N+1 問題とは

ブラウザで職員のログイン・ログアウト記録にアクセスすると、web コンテナ側のターミナルには次のようなメッセージが表示されます。

```
Started GET "/admin/staff_events" for 172.19.0.1 at 2019-10-12 09:52:45 +0000
Processing by Admin::StaffEventsController#index as HTML
  Parameters: {"host"=>"baukis2.example.com"}
```

HTTP メソッドの種類、アクセス元 IP アドレス、アクセス時刻、アクセスを処理したアクション、パラメータなどの情報を私たちに知らせています。

メッセージはまだ続きます。

```
Administrator Load (0.4ms)  SELECT "administrators".* FROM (省略)
```

この行は、Administratorオブジェクトがロードされたこと、ロードに0.4ミリ秒を要したこと、そしてデータベースに対して「SELECT "administrators".* FROM ...」というSQL文が発行されたことを示しています。

2行おいて、次のようなメッセージがあります。

```
  (0.5ms)  SELECT COUNT(*) FROM "staff_events"
```

staff_eventsテーブルのレコード数を調べています。ページネーションリンクの生成に必要な情報です。

大事なのはここからです。以下のログメッセージをご覧ください。

```
StaffEvent Load (0.5ms)  SELECT "staff_events".* FROM "staff_events" (省略)
↳ app/views/admin/staff_events/index.html.erb:24
StaffMember Load (0.3ms)  SELECT "staff_members".* FROM "staff_members" (省略)
↳ app/views/admin/staff_events/_event.html.erb:4
StaffMember Load (0.3ms)  SELECT "staff_members".* FROM "staff_members" (省略)
↳ app/views/admin/staff_events/_event.html.erb:4
StaffMember Load (0.4ms)  SELECT "staff_members".* FROM "staff_members" (省略)
↳ app/views/admin/staff_events/_event.html.erb:4
StaffEvent Load (0.3ms)  SELECT "staff_events".* FROM "staff_events" (省略)
↳ app/views/admin/staff_events/index.html.erb:24
StaffMember Load (0.3ms)  SELECT "staff_members".* FROM "staff_members" (省略)
↳ app/views/admin/staff_events/_event.html.erb:4
StaffMember Load (0.3ms)  SELECT "staff_members".* FROM "staff_members" (省略)
↳ app/views/admin/staff_events/_event.html.erb:4
StaffMember Load (0.4ms)  SELECT "staff_members".* FROM "staff_members" (省略)
↳ app/views/admin/staff_events/_event.html.erb:4
CACHE StaffMember Load (0.0ms)  SELECT "staff_members".* FROM (省略)
↳ app/views/admin/staff_events/_event.html.erb:4
CACHE StaffMember Load (0.0ms)  SELECT "staff_members".* FROM (省略)
↳ app/views/admin/staff_events/_event.html.erb:4
CACHE StaffMember Load (0.0ms)  SELECT "staff_members".* FROM (省略)
↳ app/views/admin/staff_events/_event.html.erb:4
:::::
```

全部で22行ありますね。「↳」で始まっている行を除くと11行です。ページネーションによって1ページに表示される項目の数に1を加えたものと一致します。何が行われているのでしょうか。

1個目のクエリでは、現在のページに表示すべきStaffEventオブジェクトのリストをデータベースから 10 個取得しています。2 個目のクエリは、リスト 1 番目の StaffEvent オブジェクトと関連付けられた StaffMember オブジェクトを 1 個だけ取得しています。3 番目のクエリは、リスト 2 番目について同様の処理をしています。4 番目以下 6 番目のクエリまでは同様です。

7 番目以降のメッセージ冒頭には CACHE と書かれています。これは、データベースにクエリを発行する代わりにキャッシュからオブジェクトを取得したことを意味します。Rails はデータベースから取得したオブジェクトをキャッシュに記録して再利用します。パフォーマンス向上のためです。

キャッシュを利用したケースを除くと、10 行のログイン・ログアウト記録を表示するために全部で 8 回クエリが発行されてます。しかし、キャッシュを利用できたのはたまたまです。もっと職員数が多ければ、たいていの場合 11 回クエリが発行されることになります。

しかし、工夫すればもっとクエリの回数を減らせそうですね。StaffEvent オブジェクトには staff_member_id 属性がありますので、StaffEvent オブジェクトのリストを取得した時点で、関連付けられた全職員の id 属性の値がわかります。それらの値をデータベースにリストで渡せば、1 回のクエリで必要な全職員の情報を取得できるはずです。つまり、計 2 回のクエリで 10 行のログイン・ログアウト記録を表示できるのです。

このように、工夫次第でクエリの回数を減らせるにもかかわらず、取得したいオブジェクトの個数に 1 を加えた回数のクエリが発行されてしまうことを **N ＋ 1 問題**と呼びます。

13-4-2 includes メソッド

N ＋ 1 問題解決の難易度は状況次第ですが、今回のケースはとても簡単に解決できます。admin/staff_events#index アクションを次のように書き換えてください。

リスト 13-25　app/controllers/admin/staff_events_controller.rb

```
   :
   6        else
   7          @events = StaffEvent.order(occurred_at: :desc)
   8        end
   9 +      @events = @events.includes(:member)
  10        @events = @events.page(params[:page])
  11      end
  12    end
```

Relation オブジェクトの includes メソッドに対して関連付けの名前を与えると、実際のクエリの直後に関連付けられたモデルオブジェクトを一括して取得するクエリが発行されるようになります。

その結果、クエリの回数は2回に減り、多くの場合パフォーマンスの向上につながります。

実際にブラウザで職員のログイン・ログアウト記録にアクセスしてみると、ターミナルには次のようなログメッセージが出力されます（抜粋）。

```
StaffEvent Load (0.4ms)  SELECT "staff_events".* FROM（省略）
↳ app/views/admin/staff_events/index.html.erb:24
StaffMember Load (1.1ms)  SELECT "staff_members".* FROM（省略）
↳ app/views/admin/staff_events/index.html.erb:24
```

2個目のクエリで使われているSQL文をわかりやすく書き直すと次のようになります。

```
SELECT "staff_members".* FROM "staff_members"
  WHERE "staff_members"."id" IN ($1, $2, $3, $4, $5, $6, $7)
  [
    ["id", 8], ["id", 15], ["id", 4], ["id", 14], ["id", 10], ["id", 6],
    ["id", 18]
  ]
```

7人分の職員データが一括して取得されていることがわかります。

13-4-3 リファクタリング

本章の締めくくりとして、簡単な**リファクタリング**を行います。リファクタリングとは、ソフトウェアの振る舞いを変えずにソースコードを読みやすく改善することです。admin/staff_events#index アクションを次のように書き換えてください。

リスト 13-26　app/controllers/admin/staff_events_controller.rb

```
1    class Admin::StaffEventsController < Admin::Base
2      def index
3        if params[:staff_member_id]
4          @staff_member = StaffMember.find(params[:staff_member_id])
5 -        @events = @staff_member.events.order(occurred_at: :desc)
5 +        @events = @staff_member.events
6        else
7 -        @events = StaffEvent.order(occurred_at: :desc)
7 +        @events = StaffEvent
8        end
9 +      @events = @events.order(occurred_at: :desc)
10       @events = @events.includes(:member)
```

```
11        @events = @events.page(params[:page])
12      end
13    end
```

コードの重複が解消されました。しかし、まだリファクタリングの余地がありますね。

リスト 13-27　app/controllers/admin/staff_events_controller.rb

```
 :
 7          @events = StaffEvent
 8        end
 9 -      @events = @events.order(occurred_at: :desc)
10 -      @events = @events.includes(:member)
11 -      @events = @events.page(params[:page])
 9 +      @events =
10 +        @events.order(occurred_at: :desc).includes(:member).page(params[:page])
11      end
12    end
```

order メソッド、includes メソッド、page メソッドなどは Relation オブジェクトを返すので、このようにメソッドを連鎖的に呼び出すことができます。

13-5 演習問題

問題 1

管理者が職員の一覧を表示する機能にページネーションを導入してください。

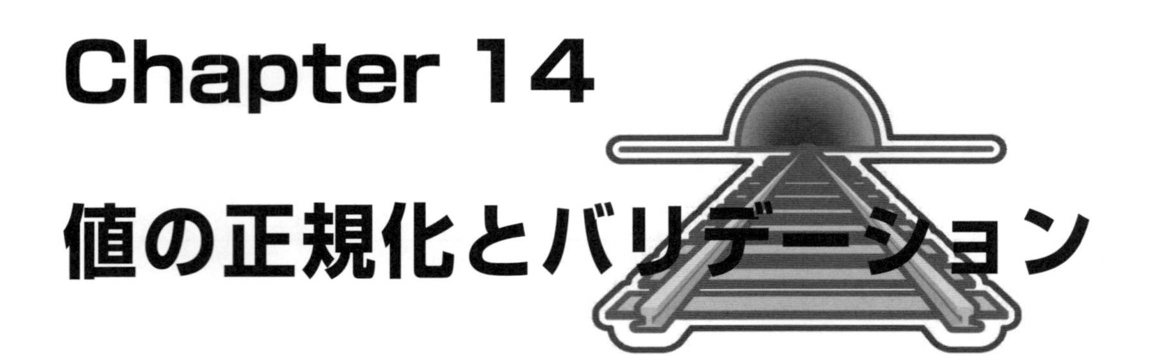

Chapter 14 では、正規化とバリデーションによってデータベースに無効な値が格納されるのを防ぐ方法について学びます。

14-1 モデルオブジェクトの正規化とバリデーション

本章では、モデルオブジェクトをデータベースに格納する前に、それぞれの属性の値に対して正規化とバリデーションを行う方法について学びます。題材としては、管理者による職員アカウントの新規登録・編集機能を使用します。

14-1-1 値の正規化とバリデーション

値の**正規化**（normalization）とは、ある規則に従うように情報を変換することを言います。たとえば、`StaffMember` オブジェクトの `family_name_kana` 属性に「全角カタカナのみが含まれる」という規則があるとすれば、以下のような正規化が考えられます。

- 先頭と末尾の半角空白・全角空白を除去する。
- 半角カタカナを全角カタカナに変換する。
- ひらがなをカタカナに変換する。

他方、バリデーション（validation）とは、ある属性の値が規則に従っているかどうかを検証することです。たとえば、`StaffMember` オブジェクトの `family_name_kana` 属性に漢字や記号が含まれているときに、（本章での開発を通じて）Baukis2 はそれを入力エラーと判定するようになります。これがバリデーションです。

正規化とバリデーションは相互補完的な概念です。アプリケーションがどこまで正規化を行うかによって、バリデーションの振る舞いは変化します。先ほどの例で言えば、アプリケーションの設計者が `family_name_kana` 属性に関して「ひらがなをカタカナに変換する」という正規化を行わないという仕様を選択することも可能で、そのときはユーザーが `family_name_kana` フィールドにひらがなを含む文字列を入力すればバリデーションが失敗することになります。

ところで、Chapter 12 で学習した Strong Parameters による防御とバリデーションはどういう関係にあるのでしょうか。この 2 つの概念は混同されがちですが、まったく役割が異なります。前者は状況に応じて変更可能な属性を制限することで、後者は属性に不正な値がセットされないようにすることです。前者は、マスアサインメント脆弱性に関するもので、後者はデータの整合性維持に関するものです。また、前者はコントローラの機能であり、後者はモデルの機能です。

14-1-2 スタイルシートの書き換え

これから管理者による職員アカウントの新規登録・編集機能に正規化とバリデーションの仕組みを導入していきますが、その前にスタイルシートを書き換えておきます。バリデーションの結果がはっきりとわかるようにするためです。

リスト 14-1　app/assets/stylesheets/admin/form.scss

```
 :
40            padding: $wide $wide * 2;
41          }
42        }
43 +      div.field_with_errors {
44 +        display: inline;
45 +        padding: 0;
46 +        label { color: $red; }
47 +        input { background-color: $pink; }
48 +      }
49      }
 :
```

フォームから送信されたデータのバリデーションが失敗した場合、Rails はフォームを再表示する際にラベルと入力フィールドを`<div class="field_with_errors">`と`</div>`で囲みます。ラベルの文字色を赤色、入力フィールドの背景色をピンク色に指定しています。ピンク色の定義を加えます。

リスト 14-2 app/assets/stylesheets/admin/_colors.scss

```
 :
13     /* 赤系 */
14     $red: #cc0000;
15 +   $pink: #ffcccc;
16
17     /* 緑系 */
18     $green: #00cc00;
 :
```

14-1-3 氏名とフリガナの正規化とバリデーション

■ validates メソッド

最初に、職員の氏名とフリガナのバリデーションを行う仕組みを追加します。

リスト 14-3 app/models/staff_member.rb

```
 1     class StaffMember < ApplicationRecord
 2       has_many :events, class_name: "StaffEvent", dependent: :destroy
 3
 4 +     KATAKANA_REGEXP = /\A[\p{katakana}\u{30fc}]+\z/
 5 +
 6 +     validates :family_name, :given_name, presence: true
 7 +     validates :family_name_kana, :given_name_kana, presence: true,
 8 +       format: { with: KATAKANA_REGEXP, allow_blank: true }
 9 +
10       def password=(raw_password)
 :
```

4行目では1個以上のカタカナ文字列にマッチする正規表現を定数 KATAKANA_REGEXP にセットしています。

```
KATAKANA_REGEXP = /\A[\p{katakana}\u{30fc}]+\z/
```

\p{katakana\}は任意のカタカナ1文字にマッチします。\u{30fc\} は長音符（音引き）1文字にマッチします。

6行目をご覧ください。

```
    validates :family_name, :given_name, presence: true
```

クラスメソッドvalidatesは、引数に名前を指定した属性に対してバリデーションを行うことを宣言します。どのようなバリデーションを行うかはオプションで指定します。ここでは、family_name属性とgiven_name属性に対して、presenceというタイプのバリデーションを指定しています。このバリデーションは、値が空の場合に失敗します。半角スペースやタブ文字のみからなる文字列も空と判定される点に留意してください。

7〜8行ではフリガナのバリデーションを設定しています。

```
    validates :family_name_kana, :given_name_kana, presence: true,
      format: { with: KATAKANA_REGEXP, allow_blank: true }
```

family_name_kana属性とgiven_name_kana属性に対しては2種類のバリデーションを行います。1つ目はすでに説明したpresenceバリデーションです。2つ目は値が正規表現にマッチするかどうかを調べるformatバリデーションです。formatオプションの値に指定したハッシュの中で、このバリデーションの詳細設定を記述します。withオプションには正規表現を指定します。allow_blankオプションにtrueを指定すると、値が空の場合にはバリデーションをスキップします。

動作確認をしましょう。ブラウザでBaukis2に管理者としてログインし、職員一覧から適当な職員の編集フォームを表示します。そして、family_nameフィールドに半角スペース1個を記入し、family_name_kanaフィールドに「てすと」と記入し、「更新」ボタンをクリックすると、図14-1のような画面が表示されます。

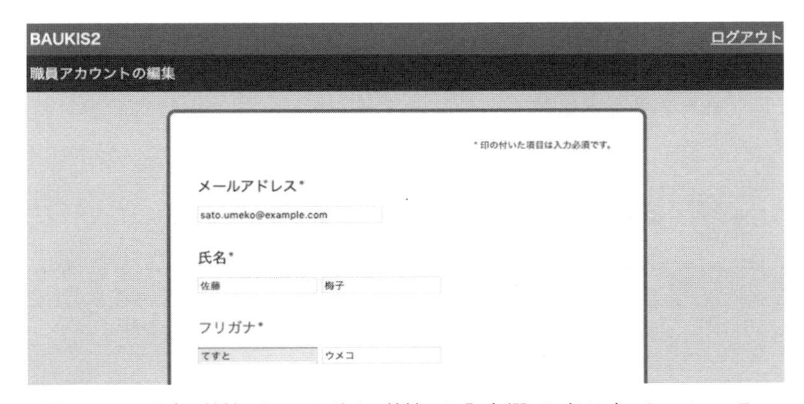

図14-1　氏名（姓）とフリガナ（姓）の入力欄でバリデーションエラー

■ before_validation メソッド

次に、職員の氏名とフリガナを正規化する仕組みを作ります。まず、app/models/concerns ディレクトリに新規ファイル string_normalizer.rb を作成します。

リスト 14-4　app/models/concerns/string_normalizer.rb (New)

```
 1 require "nkf"
 2
 3 module StringNormalizer
 4   extend ActiveSupport::Concern
 5
 6   def normalize_as_name(text)
 7     NKF.nkf("-W -w -Z1", text).strip if text
 8   end
 9
10   def normalize_as_furigana(text)
11     NKF.nkf("-W -w -Z1 --katakana", text).strip if text
12   end
13 end
```

4 行目の ActiveSupport::Concern モジュールに関しては110ページを参照してください。

7 行目と 11 行目が正規化を行っている箇所です。

```
NKF.nkf("-W -w -Z1", text).strip if text
NKF.nkf("-W -w -Z1 --katakana", text).strip if text
```

NKF モジュールは日本語特有の各種変換機能を提供します。Ruby の標準ライブラリ nkf で定義されているので Gemfile に加える必要はなく、単にファイルの冒頭で require "nkf"と書けば利用可能となります。

NKF モジュールの nkf メソッドは第 1 引数にフラグ文字列、第 2 引数に変換対象の文字列を取り、変換後の文字列を返します。ここで使用されているフラグの意味については**表 14-1** をご覧ください。

表 14-1　NKF#nkf メソッドの第 1 引数に指定できるフラグ

フラグ	意　味
-W	入力の文字コードが UTF-8 であることを指定
-w	UTF-8 で出力する
-Z1	全角の英数字、記号、全角スペースを半角に変換する
--katakana	ひらがなをカタカナに変換する

strip メソッドは文字列の先頭と末尾にある空白文字列を除去します。

> NKF.nkf メソッドの第 1 引数に指定するフラグ文字列では、"-W -w -Z1"を"-WwZ1"のように連結することが可能です。フラグの一覧は、https://ruby-doc.org/stdlib-2.1.1/libdoc/nkf/rdoc/NKF.html を参照してください。

続いて、StaffMember モデルに StringNormalizer モジュールを組み込みます。

リスト 14-5 app/models/staff_member.rb

```
 1   class StaffMember < ApplicationRecord
 2 +   include StringNormalizer
 3 +
 4     has_many :events, class_name: "StaffEvent", dependent: :destroy
 5 +
 6 +   before_validation do
 7 +     self.family_name = normalize_as_name(family_name)
 8 +     self.given_name = normalize_as_name(given_name)
 9 +     self.family_name_kana = normalize_as_furigana(family_name_kana)
10 +     self.given_name_kana = normalize_as_furigana(given_name_kana)
11 +   end
12
13     KATAKANA_REGEXP = /\A[\p{katakana}\u{30fc}]+\z/
 :
```

モデルオブジェクトに対してバリデーション、保存、削除などの操作が行われる前後に実行される処理を**コールバック**(callbacks)または**フック**(hooks)と呼びます。ここで使用されている ActiveRecord::Base のクラスメソッド before_validation は、指定されたブロックをバリデーションの直前に実行されるコールバックとして登録します。すなわち、StaffMember オブジェクトに対してバリデーションが行われる直前に、7〜10 行のコードが実行されます。

そこでは StringNormalizer モジュールで定義された normalize_as_name メソッドと normalize_as_furigana メソッドを用いて、before_validation ブロックの中で氏名とフリガナの正規化を行っています。

動作確認をしましょう。職員の編集フォームに戻って、先ほどと同様に family_name フィールドに半角スペース 1 個を記入し、family_name_kana フィールドに「てすと」と記入します。そして、「更新」ボタンをクリックすると、**図 14-2** のような画面が表示されます。

family_name 属性のバリデーションは失敗しますが、family_name_kana 属性の値は正規化によってカタカナに変換されるためバリデーションが成功しています。

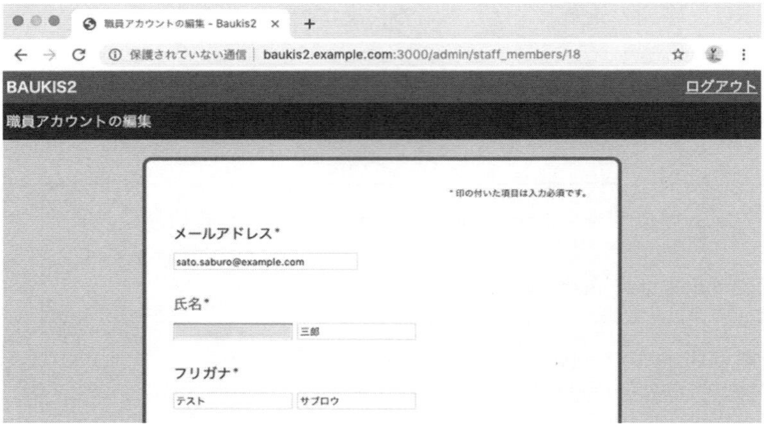

図 14-2　フリガナ（姓）の入力欄ではバリデーションエラーが発生しない

14-1-4 入社日と退職日のバリデーション

Chapter 3 でインストールした Gem パッケージ `data_validator` は `date` タイプのバリデーションを提供します。これを利用して職員アカウントの入社日と退職日の検証を行いましょう。

以下の基準を元にバリデーションを設定することにします。

- 入社日は 2000 年 1 月 1 日以降、かつ今日から 1 年後の日付よりも前。
- 退職日は入社日よりも後で、今日から 1 年後の日付よりも前。空でもよい。

これを Ruby のコードで表現すると次のようになります。

リスト 14-6　app/models/staff_member.rb

```
 :
15     validates :family_name, :given_name, presence: true
16     validates :family_name_kana, :given_name_kana, presence: true,
17       format: { with: KATAKANA_REGEXP, allow_blank: true }
18 +   validates :start_date, presence: true, date: {
19 +     after_or_equal_to: Date.new(2000, 1, 1),
20 +     before: -> (obj) { 1.year.from_now.to_date },
21 +     allow_blank: true
22 +   }
23 +   validates :end_date, date: {
24 +     after: :start_date,
```

```
25 +      before: -> (obj) { 1.year.from_now.to_date },
26 +      allow_blank: true
27 +    }
28
29     def password=(raw_password)
 :
```

date タイプのバリデーションを宣言するには、date オプションに以下のキーを含むハッシュを指定します。

- after（指定された日付よりも後。ただし、指定された日付は含まない）
- before（指定された日付よりも前。ただし、指定された日付は含まない）
- after_or_equal_to（指定された日付よりも後。ただし、指定された日付を含む）
- before_or_equal_to（指定された日付よりも前。ただし、指定された日付を含む）
- allow_blank（true を指定すれば空欄が許可される）

さて、20 行目をご覧ください。

```
      before: -> (obj) { 1.year.from_now.to_date },
```

->は Proc オブジェクトを生成する記号です。Proc オブジェクトとは「名前のない関数」です。括弧の中の obj が関数への引数で、この StaffMember オブジェクト自体がこの引数にセットされます（ただし、この例では関数の中で利用されていません）。このように date タイプのバリデーションでは、after、before、after_or_equal_to、before_or_equal_to キーに Proc オブジェクトを指定することにより基準となる日付を動的に指定できます。1.year.from_now は Rails 独特の日時指定法で、「現在時刻から 1 年後」の日時を返します。それを to_date メソッドで日付に変換しています。

実は、20 行目を次のように書き換えても動かないわけではありません。

```
      before: 1.year.from_now.to_date,
```

しかし、これは予想外の結果を引き起こします。Baukis2 を production モードで動作させた場合、起動時に 1 回だけクラスの読み込みが行われます。そのため、この before キーの値は起動時を基準として 1 年後の日付に固定されてしまいます。つまり、2020 年 4 月 1 日に Baukis2 を起動すれば、今日の日付が変わってもアプリケーションが再起動されるまで「2021 年 4 月 1 日よりも前」という規則に従ってバリデーションが行われることになります。したがって、20 行目は必ず Proc オブジェクトを指定しなければなりません。

職員の編集フォームに戻り、入社日に「1999-12-31」、退職日に「2100-01-01」と記入して、「更新」ボタンをクリックしてみてください。入社日と退職日の入力欄がピンク色になればOKです。

14-1-5 メールアドレスの正規化とバリデーション

■ 値の正規化

メールアドレスの正規化を実装します。まず、ユーザーが入力した文字列に対して正規化を実施する normalize_as_email メソッドを StringNormalizer モジュールに追加します。

リスト 14-7　app/models/concerns/string_normalizer.rb

```
 :
 4      extend ActiveSupport::Concern
 5 +
 6 +    def normalize_as_email(text)
 7 +      NKF.nkf("-W -w -Z1", text).strip if text
 8 +    end
 9
10      def normalize_as_name(text)
 :
```

文字列に含まれる全角の英数字と記号を半角に変換し、全角スペースを半角スペースに変換し、先頭と末尾の空白を除去しています。

次に、StaffMember モデルを次のように書き換えます。

リスト 14-8　app/models/staff_member.rb

```
 :
 6      before_validation do
 7 +      self.email = normalize_as_email(email)
 8        self.family_name = normalize_as_name(family_name)
 :
```

before_validation ブロックでメールアドレスの正規化をするメソッドを呼び出しています。

職員の編集フォームに戻り、メールアドレスを全角文字で入力し、半角文字に変換されることを確かめてください。

■ バリデーション(1)

次に、メールアドレスのバリデーションを実装します。StaffMember モデルを次のように書き換えてください。

リスト 14-9 app/models/staff_member.rb

```
 :
14     KATAKANA_REGEXP = /\A[\p{katakana}\u{30fc}]+\z/
15
16 +   validates :email, presence: true, "valid_email_2/email": true
17     validates :family_name, :given_name, presence: true
 :
```

Chapter 3 でインストールした Gem パッケージ valid_email2 を使ったバリデーションを email 属性に対して行うように宣言しています。

職員の編集フォームに戻り、メールアドレスの入力欄に test@@example.com や test@.com といった不正なメールアドレスを記入して、「更新」ボタンをクリックしてみてください。メールアドレスの入力欄がピンク色になれば正しくバリデーションが効いています。

■ バリデーション(2)

メールアドレスに関しては、他の職員のメールアドレスと重複しない点も確認する必要があります。単に email 属性が他の職員の email 属性と同じでないことをチェックするだけなら、次のように uniqueness タイプのバリデーションを用いることができます。

```
validates :email, presence: true, "valid_email_2/email": true,
  uniqueness: true
```

しかし、デフォルトでこのバリデーションはアルファベットの大文字と小文字を区別するので、Baukis2 の仕様と合いません。そこで、case_sensitive オプションに false を設定して、振る舞いを変更します。StaffMember モデルのソースコードを次のように書き換えてください。

リスト 14-10 app/models/staff_member.rb

```
 :
14     KATAKANA_REGEXP = /\A[\p{katakana}\u{30fc}]+\z/
15
```

```
16 -    validates :email, presence: true, "valid_email_2/email": true
16 +    validates :email, presence: true, "valid_email_2/email": true,
17 +      uniqueness: { case_sensitive: false }
18      validates :family_name, :given_name, presence: true
 :
```

Column 一意性のバリデーションと排他的ロック

いま、管理者 A と管理者 B が Baukis2 にログインして職員の管理をしていると仮定します。もし、A と B が同じメールアドレスを用いて新規の職員 X をほぼ同時に追加しようとしたら、どういう結果になるでしょうか。

`StaffMember` モデルの `email` フィールドには、`uniqueness` タイプのバリデーションが設定されているので、Active Record は新しいレコードを挿入する前に `email` カラムに同じ値を持つレコードが存在しないかどうかを調べ、あればバリデーションエラーを引き起こします。

しかし、A と B がほぼ同時に同じ操作をしている場合、少し状況が複雑になります。

A からのリクエストを受けている Baukis2 と B からのリクエストを受けている Baukis2 は独立して動いています。前者を p、後者を q と呼ぶことにしましょう。

p においてバリデーションが完了したけれどまだレコード挿入が終わっていないタイミングで、q でバリデーションとレコード挿入が完了したらどうなるでしょうか。p は PostgreSQL にレコードを挿入する SQL 文を送りますが、それは `staff_members` テーブルに設定してある UNIQUE 制約により失敗します。すると、管理者 A のブラウザには「システムエラーが発生しました」というエラーメッセージが表示されることになります。

上記のようなシナリオが発生する可能性はかなり低く、実際に発生したとしても実害はないので、この問題には目をつぶるという選択肢もあります。もしこの問題をきっちりと解決したい場合は、「排他的ロック」という仕組みを利用する必要があります。これについては、本書の続編である『機能拡張編』で学習します。

14-1-6 正規化とバリデーションのテスト

`StaffMember` オブジェクトの正規化とバリデーションに関して、RSpec によるテストを追加します。

■ 正規化のテスト

StaffMember モデルの spec ファイルにエグザンプルグループ「値の正規化」を追加し、その内側で主な正規化のパターンについてエグザンプルを記述します。

リスト 14-11 spec/models/staff_member_spec.rb

```
 :
15          expect(member.hashed_password).to be_nil
16        end
17      end
18 +
19 +    describe "値の正規化" do
20 +      example "email 前後の空白を除去" do
21 +        member = create(:staff_member, email: " test@example.com ")
22 +        expect(member.email).to eq("test@example.com")
23 +      end
24 +
25 +      example "email に含まれる全角英数字記号を半角に変換" do
26 +        member = create(:staff_member, email: "ｔｅｓｔ＠ｅｘａｍｐｌｅ．ｃｏｍ")
27 +        expect(member.email).to eq("test@example.com")
28 +      end
29 +
30 +      example "email 前後の全角スペースを除去" do
31 +        member = create(:staff_member, email: "\u{3000}test@example.com\u{3000}")
32 +        expect(member.email).to eq("test@example.com")
33 +      end
34 +
35 +      example "family_name_kana に含まれるひらがなをカタカナに変換" do
36 +        member = create(:staff_member, family_name_kana: "てすと")
37 +        expect(member.family_name_kana).to eq("テスト")
38 +      end
39 +
40 +      example "family_name_kana に含まれる半角カナを全角カナに変換" do
41 +        member = create(:staff_member, family_name_kana: "ﾃｽﾄ")
42 +        expect(member.family_name_kana).to eq("テスト")
43 +      end
44 +    end
45    end
```

テストを実行して、エグザンプルがすべて成功することを確認します。

```
$ rspec spec/models/staff_member_spec.rb
.......
```

```
Finished in 1.58 seconds (files took 1.04 seconds to load)
7 examples, 0 failures
```

■ バリデーションのテスト

さらに、エグザンプルグループ「バリデーション」を追加し、バリデーションの主な仕様をカバーするエグザンプルを記述します。

リスト 14-12　spec/models/staff_member_spec.rb

```
 :
42          expect(member.family_name_kana).to eq("テスト")
43        end
44      end
45 +
46 +    describe "バリデーション" do
47 +      example "@を2個含むemailは無効" do
48 +        member = build(:staff_member, email: "test@@example.com")
49 +        expect(member).not_to be_valid
50 +      end
51 +
52 +      example "漢字を含むfamily_name_kanaは無効" do
53 +        member = build(:staff_member, family_name_kana: "試験")
54 +        expect(member).not_to be_valid
55 +      end
56 +
57 +      example "長音符を含むfamily_name_kanaは有効" do
58 +        member = build(:staff_member, family_name_kana: "エリー")
59 +        expect(member).to be_valid
60 +      end
61 +
62 +      example "他の職員のメールアドレスと重複したemailは無効" do
63 +        member1 = create(:staff_member)
64 +        member2 = build(:staff_member, email: member1.email)
65 +        expect(member2).not_to be_valid
66 +      end
67 +    end
68   end
```

be_validは"be"マッチャーです（228ページ参照）。expect(member).not_to be_validは次のコードと同値です。

```
  expect(member.valid?).to be_falsey
```

テストを実行して、エグザンプルがすべて成功することを確認します。

```
$ rspec spec/models/staff_member_spec.rb
.......

Finished in 3.07 seconds (files took 1.08 seconds to load)
11 examples, 0 failures
```

14-2 職員が自分のパスワードを変更する機能

この節では、職員が自分自身のパスワードを変更する機能を実装しながら、バリデーションの学習を進めます。

14-2-1 ルーティングの設定

config/routes.rb を次のように修正してください。

リスト 14-13　config/routes.rb

```
  :
  4     constraints host: config[:staff][:host] do
  5       namespace :staff, path: config[:staff][:path] do
  6         root "top#index"
  7         get "login" => "sessions#new", as: :login
  8         resource :session, only: [ :create, :destroy ]
  9         resource :account, except: [ :new, :create, :destroy ]
 10 +       resource :password, only: [ :show, :edit, :update ]
 11       end
 12     end
  :
```

名前空間 staff の下で単数リソース password を設定しています。

14-2-2 リンクの設置

パスワード変更フォームへのリンクを設置します。

リスト 14-14　app/views/staff/accounts/show.html.erb

```
 :
 5     <div class="links">
 6 -     <%= link_to "アカウント情報編集", :edit_staff_account %>
 6 +     <%= link_to "アカウント情報編集", :edit_staff_account %> |
 7 +     <%= link_to "パスワード変更", :edit_staff_password %>
 8     </div>
 :
28           <%= @staff_member.email %>
29         </td>
30       </tr>
31 +     <tr>
32 +       <th>パスワード</th>
33 +       <td class="password">***********</td>
34 +     </tr>
35       <tr>
36         <th>入社日</th>
 :
```

スタイルシートを書き換えます。

リスト 14-15　app/assets/stylesheets/staff/table.scss

```
 :
22 -       td.email, td.date { font-family: monospace; }
22 +       td.email, td.date, td.password { font-family: monospace; }
 :
```

ブラウザで職員トップページにログインし、ページ右上の「アカウント」リンクをクリックすると図 14-3 のような画面となります。

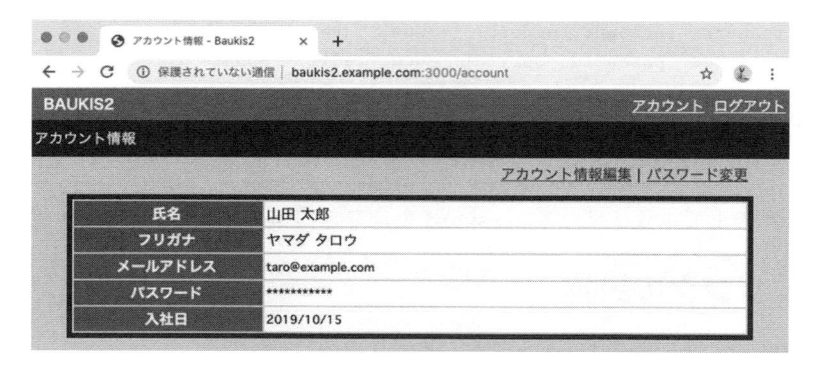

図 14-3　「パスワード変更」リンクを設置

14-2-3 show アクション

staff/passwords コントローラの骨組みを作成します。

```
$ bin/rails g controller staff/passwords
```

show アクションを作成します。

リスト 14-16　app/controllers/staff/passwords_controller.rb

```
1 - class Staff::PasswordsController < ApplicationController
1 + class Staff::PasswordsController < Staff::Base
2 +   def show
3 +     redirect_to :edit_staff_password
4 +   end
5   end
```

14-2-4 edit アクション

■ フォームオブジェクト

edit アクションを追加する前に、フォームオブジェクト Staff::ChangePasswordForm を定義します。

リスト 14-17　app/forms/staff/change_password_form.rb (New)

```
1  class Staff::ChangePasswordForm
2    include ActiveModel::Model
3
4    attr_accessor :object, :current_password, :new_password,
5      :new_password_confirmation
6
7    def save
8      object.password = new_password
9      object.save!
10   end
11 end
```

ActiveModel::Model モジュールを include することにより Staff::ChangePasswordForm クラス

を非 Active Record モデルにしています。クラスメソッド attr_accessor で 4 つの属性を定義しています。object 属性にはこのフォームオブジェクトが取り扱う StaffMember オブジェクトをセットします。その他の 3 つの属性はフォームの入力欄（フィールド）を生成する際に使われます。ユーザーは current_password フィールドに現在のパスワードを入力します。また、new_password フィールドと new_password_confirmation フィールドには新しいパスワードとして同一の文字列を入力することになります。

Chapter 8 で作成したフォームオブジェクト Staff::LoginForm と異なり、Staff::ChangePasswordForm クラスには save メソッドを定義します。ActiveModel::Model モジュールを include して作られた非 Active Record モデルには save メソッドは存在しません。フォームオブジェクトの本来の役割は、form_with メソッドの model オプションの値として指定されることです。しかし、ここでは付随的な機能として、フォームオブジェクトが取り扱うオブジェクトを保存するメソッドを追加しています。

save メソッドの中身は単純です。

```
      object.password = new_password
      object.save!
```

object 属性にセットされている StaffMember オブジェクトに新しいパスワードを設定し、データベースに保存しています。まだバリデーションの機能はありません（後ほど作ります）。現在のパスワードが合っていなくても、2 回入力した新しいパスワードが合致しなくても、そのままパスワードを変更します。

■ アクション

staff/passwords コントローラに edit アクションを追加します。

リスト 14-18　app/controllers/staff/passwords_controller.rb

```
 1    class Staff::PasswordsController < Staff::Base
 2      def show
 3        redirect_to :edit_staff_password
 4      end
 5 +
 6 +    def edit
 7 +      @change_password_form =
 8 +        Staff::ChangePasswordForm.new(object: current_staff_member)
 9 +    end
10    end
```

object 属性に職員本人の StaffMember オブジェクトを指定してフォームオブジェクトを生成しています。

■ ERB テンプレート

パスワード変更フォームのための ERB テンプレートを作成します。

リスト 14-19　app/views/staff/passwords/edit.html.erb (New)

```
<% @title = "パスワード変更" %>
<h1><%= @title %></h1>

<div id="generic-form">
  <%= form_with model: @change_password_form, url: :staff_password,
        method: :patch do |f| %>
    <div>
      <%= f.label :current_password, "現在のパスワード" %>
      <%= f.password_field :current_password, size: 32, required: true %>
    </div>
    <div>
      <%= f.label :new_password, "新しいパスワード" %>
      <%= f.password_field :new_password, size: 32, required: true %>
    </div>
    <div>
      <%= f.label :new_password_confirmation, "新しいパスワード（確認）" %>
      <%= f.password_field :new_password_confirmation, size: 32,
        required: true %>
    </div>
    <div class="buttons">
      <%= f.submit "変更" %>
      <%= link_to "キャンセル", :staff_account %>
    </div>
  <% end %>
</div>
```

ブラウザに戻って「パスワード変更」リンクをクリックすると、パスワード変更フォームが表示されます（図 14-4）。

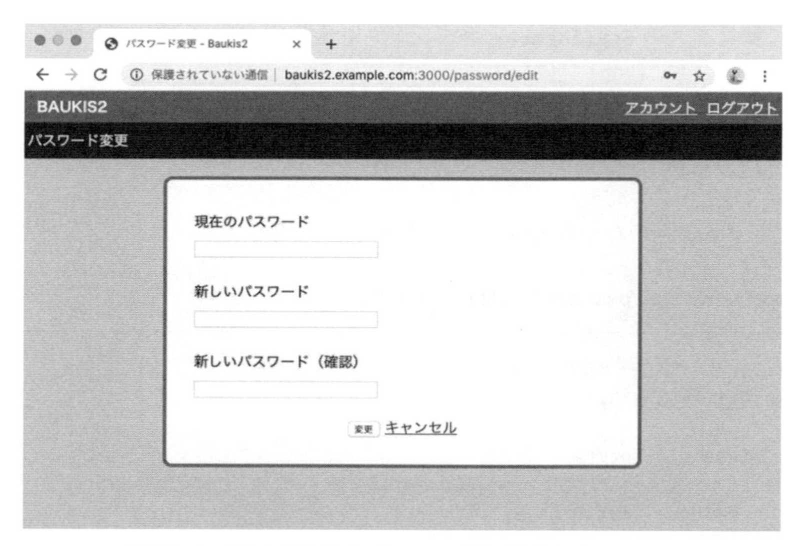

図 14-4　職員が自分のパスワードを変更するフォーム

■ update アクション

update アクションを実装します。

リスト 14-20　app/controllers/staff/passwords_controller.rb

```
 :
 8       Staff::ChangePasswordForm.new(object: current_staff_member)
 9     end
10 +
11 +   def update
12 +     @change_password_form = Staff::ChangePasswordForm.new(staff_member_params)
13 +     @change_password_form.object = current_staff_member
14 +     if @change_password_form.save
15 +       flash.notice = "パスワードを変更しました。"
16 +       redirect_to :staff_account
17 +     else
18 +       flash.now.alert = "入力に誤りがあります。"
19 +       render action: "edit"
20 +     end
21 +   end
22 +
23 +   private def staff_member_params
24 +     params.require(:staff_change_password_form).permit(
25 +       :current_password, :new_password, :new_password_confirmation
```

```
26 +     )
27 +   end
28   end
```

14行目ではStaff::ChangePasswordFormクラスに私たちが追加したsaveメソッドを呼び出しています。現状ではsaveメソッドが偽を返すことはありませんが、バリデーションの仕組みを導入すれば入力エラー時にはelse節のコードが実行されることになります。

24〜28行ではStrong Parametersのためのプライベートメソッドを定義しています。

では、動作確認をしましょう。ブラウザに戻り、先ほど開いたパスワード変更フォームに新しいパスワードを入力してください。現在のパスワードと新しいパスワード（確認）の入力欄には、あえてデタラメな文字列を入力してください。そして、「変更」ボタンをクリックすると、「パスワードを変更しました。」というフラッシュメッセージとともにアカウント情報ページに戻ります。

14-2-5 バリデーション

最後に、フォームオブジェクトStaff::ChangePasswordFormにバリデーションの仕組みを導入します。

リスト14-21　app/forms/staff/change_password_form.rb

```
1    class Staff::ChangePasswordForm
2      include ActiveModel::Model
3
4      attr_accessor :object, :current_password, :new_password,
5        :new_password_confirmation
6 +    validates :new_password, presence: true, confirmation: true
7 +
8 +    validate do
9 +      unless Staff::Authenticator.new(object).authenticate(current_password)
10 +       errors.add(:current_password, :wrong)
11 +     end
12 +   end
13
14     def save
15 -     object.password = new_password
16 -     object.save!
15 +     if valid?
16 +       object.password = new_password
```

```
17 +       object.save!
18 +     end
19     end
20   end
```

6行目をご覧ください。

```
validates :new_password, presence: true, confirmation: true
```

new_password 属性に対して confirmation タイプのバリデーションを設定しています。この場合、この属性の名前に_confirmation を付加した名前を持つ属性とを比較して、値が一致しなければバリデーションが失敗します。

次に8〜12行をご覧ください。

```
validate do
  unless Staff::Authenticator.new(object).authenticate(current_password)
    errors.add(:current_password, :wrong)
  end
end
```

クラスメソッド validate は、presence や form などの組み込みバリデーション以外の方式でバリデーションを実装するときに利用します。

9行目の Staff::Authenticator は Chapter 9 で作ったサービスオブジェクトです。これを用いてユーザーが入力した「現在のパスワード」が正しいかどうかをチェックしています。

10行目の errors は Errors オブジェクトを返すメソッドです（344ページ参照）。

職員ページ用のスタイルシートを追加します（297〜298ページで行った修正と同じです）。

リスト 14-22　app/assets/stylesheets/staff/form.scss

```
 :
40            padding: $wide $wide * 2;
41          }
42        }
43 +      div.field_with_errors {
44 +        display: inline;
45 +        padding: 0;
46 +        label { color: $red; }
47 +        input { background-color: $pink; }
48 +      }
```

```
49          }
50        }
51      }
52    }
```

ピンク色の定義を加えます。

リスト 14-23　app/assets/stylesheets/staff/_colors.scss

```
 :
13    /* 赤系 */
14    $red: #cc0000;
15 +  $pink: #ffcccc;
16
17    /* 緑系 */
18    $green: #00cc00;
```

パスワード変更フォームを開き、3 つの入力欄にデタラメの文字列を入力して「変更」ボタンをクリックしてください。図 14-5 のように「現在のパスワード」と「新しいパスワード（確認）」の入力欄がピンク色になるはずです。

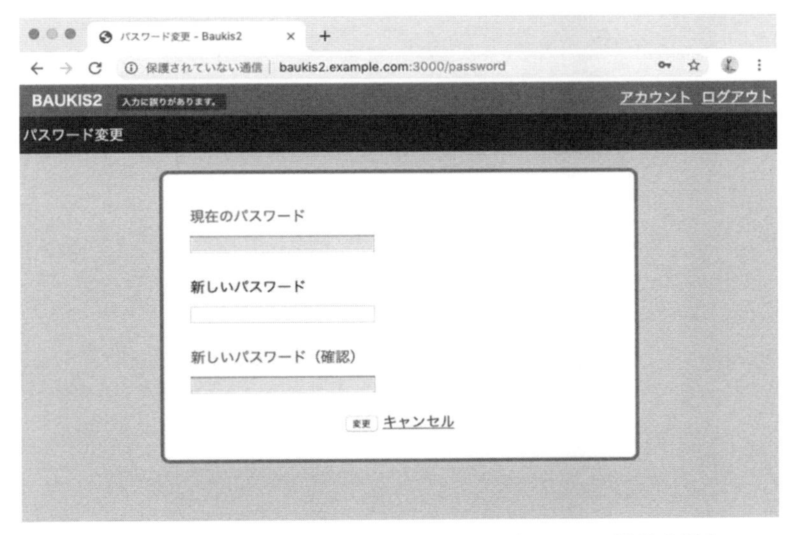

図 14-5　パスワード変更フォームにバリデーション機能を追加

最後に、3 つの入力欄に適切な文字列を入力して「変更」ボタンをクリックし、正常にパスワードが変更されることを確認してください。

14-3 演習問題

問題 1

漢字、ひらがな、カタカナ、アルファベットだけを含む文字列の正規表現は次のように記述できます。

```
/\A[\p{han}\p{hiragana}\p{katakana}\u{30fc}A-Za-z]+\z/
```

`StaffMember` クラスでこれを定数 `HUMAN_NAME_REGEXP` として定義し、この定数を用いて `family_name` 属性と `given_name` 属性に対して「漢字、ひらがな、カタカナ、アルファベット以外の文字を含まない」ことを確かめるバリデーションを追加してください。

問題 2

前問で追加したバリデーションが正しく機能することを確かめるエグザンプルを `StaffMember` モデルの spec ファイルに追加し、テストを成功させてください。

Chapter 15

プレゼンター

Chapter 15 では、プレゼンターという仕組みを用いて ERB テンプレートのソースコードを整理整頓する方法を学びます。

15-1 モデルプレゼンター

モデルプレゼンターはモデルの世界とビュー（ERB テンプレート）の世界をつなぐ架け橋です。モデルプレゼンターを利用すると、ERB テンプレートのソースコードを効率よく記述できます。

15-1-1 問題の所在

■ 雑然とした ERB テンプレート

次に示すのは、`admin/staff_members#index` アクションの ERB テンプレートからの抜粋です。

リスト 15-1　app/views/admin/staff_members/index.html.erb

```
 :
21      <% @staff_members.each do |m| %>
22        <tr>
23          <td><%= m.family_name %> <%= m.given_name %></td>
24          <td><%= m.family_name_kana %> <%= m.given_name_kana %></td>
25          <td class="email"><%= m.email %></td>
26          <td class="date"><%= m.start_date.strftime("%Y/%m/%d") %></td>
27          <td class="date"><%= m.end_date.try(:strftime, "%Y/%m/%d") %></td>
28          <td class="boolean">
29            <%= m.suspended?  ?  raw("&#x2611;") : raw("&#x2610") %></td>
30          <td class="actions">
31            <%= link_to "編集", [ :edit, :admin, m ] %> |
32            <%= link_to "Events", [ :admin, m, :staff_events ] %> |
33            <%= link_to "削除", [ :admin, m ], method: :delete,
34              data: { confirm: "本当に削除しますか？" } %>
35          </td>
36        </tr>
37      <% end %>
 :
```

インスタンス変数@staff_membersにセットされた職員リストからStaffMemberオブジェクトを1個ずつ取り出して、表の行を生成しています。処理内容はそれほど複雑ではありませんが、筆者の目にはソースコードが少しごちゃごちゃしているように思えます。これをどう整理するか。本節の問題はここにあります。

まず私が整理したいのは、28～29行です。

```
        <td class="boolean">
          <%= m.suspended? ? raw("&#x2611;") : raw("&#x2610;") %></td>
```

td要素の中身を生成しているコードを、1回のメソッド呼び出しで表現したいと思います。メソッド化には可読性向上という大きなメリットがあります。メソッドに適切な名前を与えれば、それだけでプログラムの意図や目的が明確化されます。メソッド定義にコメントを加えれば、さらに改善されます。ERBテンプレートの中にコメントを埋め込むことも可能ですが、あまり読みやすいものではありません。

■ どこでメソッドを定義するか

では、どこでメソッドを定義しましょうか。すぐに思いつくのは、ApplicationHelperモジュールです。ビュー（ERBテンプレート）の中で使用するメソッドですから、ヘルパーメソッドとして定義するのは自然です。しかし、ヘルパーメソッドには"グローバル"に定義されるというデメリットがあります。すなわち、アプリケーションのすべてのERBテンプレートから呼び出し可能なメソッドとして定義されます。今後、Baukis2の開発が進むにつれ、名前が衝突しないようにヘルパーメソッドを管理するのがだんだん辛くなるでしょう。

ならばモデルクラスのインスタンスメソッドとして定義してはどうでしょう。つまり、StaffMemberクラスにコードを移すのです。ヘルパーメソッドとして定義するよりはよさそうです。StaffMemberオブジェクトに関連するHTMLコードを生成するメソッドはStaffMemberクラスにまとめられるので、名前が衝突する心配はあまりありません。

しかし、ERBテンプレートだけで使用するメソッドをモデルクラスで定義するのはお勧めできません。それは、モデルに"管轄外"の仕事を割り当てることになるからです。

モデル（広義のモデル、124ページ参照）の本質的な役割は、データの整合性を保つために正規化やバリデーションを行うことです。ActiveRecord::Baseクラスを継承したモデル（狭義のモデル）には、さらにデータベースの読み書きという役割もあります。すでにモデルには過分な責務が与えられています。いま私たちがやりたいことはERBテンプレートの整理整頓です。しかし、その目的を達成するためにモデルに余計な仕事を割り振ってしまっては、アプリケーションの整理整頓が進んだことにはなりません。新たな種類のクラスが必要な局面です。

15-1-2 プレゼンターとは

■ ModelPresenterクラスの定義

あるオブジェクトに関連するHTMLコードを生成する役割を担うクラスを**プレゼンター**と呼びます。プレゼンターは、Chapter 8で紹介したフォームオブジェクトと同様にRailsの公式用語ではなく、Railsコミュニティの中から生まれた概念です。対象がモデルオブジェクトの場合に、本書では特に**モデルプレゼンター**と呼ぶことにします。

まず、プレゼンターのソースコードを配置するディレクトリ（app/presenters）を作成してください。

```
$ mkdir -p app/presenters
```

次に、すべてのモデルプレゼンターの共通祖先となる ModelPresenter クラスを作成します。

リスト 15-2　app/presenters/model_presenter.rb (New)

```
1  class ModelPresenter
2    attr_reader :object, :view_context
3
4    def initialize(object, view_context)
5      @object = object
6      @view_context = view_context
7    end
8  end
```

単純なクラスです。読み出し専用の object 属性と view_context 属性だけが定義されています。

ModelPresenter クラスを継承して空の StaffMemberPresenter クラスを作ります。

リスト 15-3　app/presenters/staff_member_presenter.rb (New)

```
1  class StaffMemberPresenter < ModelPresenter
2  end
```

このクラスを用いて ERB テンプレートを次のように修正してください。

リスト 15-4　app/views/admin/staff_members/index.html.erb

```
 :
21        <% @staff_members.each do |m| %>
22 +        <% p = StaffMemberPresenter.new(m, self) %>
23          <tr>
24            <td><%= m.family_name %> <%= m.given_name %></td>
25            <td><%= m.family_name_kana %> <%= m.given_name_kana %></td>
 :
```

22 行目で StaffMemberPresenter クラスのインスタンスを作成しています。new メソッドには 2 つの引数を指定します。第 1 引数は StaffMember オブジェクトです。第 2 引数には擬似変数 self を指定します。

ERB テンプレートの中で self によって参照されるオブジェクトを**ビューコンテキスト**と呼びます。このオブジェクトは Rails で定義されたすべてのヘルパーメソッドを自分のメソッドとして持っています。

StaffMemberPresenter クラスは ModelPresenter クラスを継承しているため、2 つの属性を所有しています。object 属性と view_context 属性です。前者には StaffMember オブジェクト、後者にはビューコンテキストがセットされます。

■ モデルプレゼンターの利用

StaffMemberPresenter クラスにインスタンスメソッド suspended_mark を定義します。

リスト 15-5　app/presenters/staff_member_presenter.rb

```
 1     class StaffMemberPresenter < ModelPresenter
 2 +     # 職員の停止フラグの On/Off を表現する記号を返す。
 3 +     # On: BALLOT BOX WITH CHECK (U+2611)
 4 +     # Off: BALLOT BOX (U+2610)
 5 +     def suspended_mark
 6 +       object.suspended? ?
 7 +         view_context.raw("&#x2611;") :
 8 +         view_context.raw("&#x2610;")
 9 +     end
10     end
```

object 属性（StaffMember オブジェクト）を介して suspended?メソッドを呼び出し、view_context 属性（ビューコンテキスト）を介して raw メソッドを呼び出しています。メソッド定義の前にコメントを書くことで、メソッドの役割や実装方法がわかりやすくなりました。

すると、ERB テンプレートは次のように書き換えられます。

リスト 15-6　app/views/admin/staff_members/index.html.erb

```
 :
28             <td class="date"><%= m.end_date.try(:strftime, "%Y/%m/%d") %></td>
29 -           <td class="boolean">
30 -             <%= m.suspended? ? raw("&#x2611;") : raw("&#x2610") %></td>
29 +           <td class="boolean"><%= p.suspended_mark %></td>
30             <td class="actions">
 :
```

変更箇所には次のようなコードが埋め込まれていました。

```
m.suspended? ? raw("&#x2611;") : raw("&#x2610")
```

これを抜き出して StaffMemberPresenter#suspended_mark メソッドにしたのですが、その際に次のように変換しました。

```
  object.suspended? ?
    view_context.raw("&#x2611;") :
    view_context.raw("&#x2610;")
```

まず、変数mを属性objectで置き換えています。そしてヘルパーメソッドrawの前にview_contextとドット記号を付加しています。

モデルプレゼンターはrawメソッドを持っていませんので、そのままraw("☑")と書けばエラーになります。しかし、モデルプレゼンターのview_context属性にはビューコンテキストがセットされていて、ビューコンテキストはrawメソッドを含むすべてのヘルパーメソッドを持っています。したがって、このようにview_context属性経由でrawメソッドを呼び出せるわけです。

15-1-3 委譲

さて、モデルプレゼンターを用いてERBテンプレートから複雑なコードをメソッドとして抽出することに成功しましたが、1つ大きな不満が残ります。抽出前のコードと比較して、メソッドの中身の方が記述量が多い、ということです。

しかし、Railsには便利な手段が用意されています。それが**委譲**（delegation）です。具体例を通じて、説明します。まず、ModelPresenterクラスを次のように修正してください。

リスト15-7　app/presenters/model_presenter.rb

```
1      class ModelPresenter
2        attr_reader :object, :view_context
3 +      delegate :raw, to: :view_context
4
5        def initialize(object, view_context)
:
```

クラスメソッドdelegateは引数に指定された名前のインスタンスメソッドを定義します。そして、そのインスタンスメソッドの働きは、toオプションに指定されたメソッドが返すオブジェクトに委ねられます。つまり、ここではrawという名前のメソッドをModelPresenterのインスタンスメソッドとして定義しているのですが、その働きはview_contextメソッドが返すオブジェクトに委譲されるのです。

view_contextメソッドが返すオブジェクトは、ビューコンテキストです。ビューコンテキストはすべてのヘルパーメソッドを所有しているので、当然ながらrawメソッドも持っています。結局のところ、ModelPresenter のインスタンスメソッド raw が呼ばれると、ヘルパーメソッド raw が呼び出されることになるわけです。

したがって、StaffMemberPresenter#suspended_mark メソッドのコードは次のように簡素化できます。

リスト 15-8 app/presenters/staff_member_presenter.rb

```
  :
  5     def suspended_mark
  6 -     object.suspended? ?
  7 -       view_context.raw("&#x2611;") :
  8 -       view_context.raw("&#x2610;")
  6 +     object.suspended? ? raw("&#x2611;") : raw("&#x2610;")
  7     end
  8   end
```

さらに suspended_mark メソッドのコードは短くできます。

リスト 15-9 app/presenters/staff_member_presenter.rb

```
  1   class StaffMemberPresenter < ModelPresenter
  2 +   delegate :suspended?, to: :object
  3 +
  4     # 職員の停止フラグの On/Off を表現する記号を返す。
  5     # On: BALLOT BOX WITH CHECK (U+2611)
  6     # Off: BALLOT BOX (U+2610)
  7     def suspended_mark
  8 -     object.suspended? ? raw("&#x2611;") : raw("&#x2610;")
  8 +     suspended? ? raw("&#x2611;") : raw("&#x2610;")
  9     end
 10   end
```

raw メソッドは汎用的なヘルパーメソッドであり利用する機会も多いため親クラスの ModelPresenter で定義しましたが、suspended?メソッドは StaffMember オブジェクト特有のものなので StaffMemberPresenter で定義しています。

最後に、ブラウザで職員一覧ページを開いてください。表示が従来どおりであれば成功です。

> 職員リストの ERB テンプレートにはプレゼンターを用いて整理整頓できる箇所がまだありますが、紙幅の制約もありますので本文では割愛し、章末の演習問題の題材とします。

Column　Draper と ActiveDecorator

Rails にプレゼンターの仕組みを導入するための Gem パッケージはすでに数多く存在しています。https://www.ruby-toolbox.com/categories/rails_presenters に主な Gem パッケージがリストアップされています。プレゼンターはデコレーター（decorators）とも呼ばれます。ダウンロード数や更新頻度などから判断すると、比較的有力なのは Draper と Cells と ActiveDecorator のようです。本書でもいずれかを採用してもよかったのですが、結局はそうしませんでした。

主な理由は、プレゼンターという「設計法」を読者に伝えたかったからです。本文で見たようにプレゼンターという考え方自体は非常に単純なもので、実装も容易です。仕組みを理解して自分で実装すれば応用範囲が広くなります。

Gem パッケージを使用するメリットは、手間が省けるということです。モデルオブジェクトから対応するプレゼンター（デコレーター）を取得する仕組みが Rails に組み込まれるので、コードの記述量が減ります。しかし、ビューコンテキストが裏側に隠れてしまうので、実際に何が行われているのかがわかりにくくなります。

15-2 HtmlBuilder

`HtmlBuilder` は、HTML ソースコードの生成に特化したモジュールです。プレゼンターにこれを組み込むと、ERB テンプレートの整理整頓をさらに推し進めることができます。

15-2-1 問題の所在

次に示すのは、Chapter 13 で職員のログイン・ログアウト記録をリスト表示するために作成した部分テンプレートです。

リスト 15-10　app/views/admin/staff_events/_event.html.erb

```
1  <tr>
2    <% unless @staff_member %>
3    <td>
4      <%= link_to(event.member.family_name + event.member.given_name,
5        [ :admin, event.member, :staff_events ]) %>
6    </td>
```

```
7      <% end %>
8      <td><%= event.description %></td>
9      <td class="date">
10       <%= event.occurred_at.strftime("%Y/%m/%d %H:%M:%S") %>
11     </td>
12   </tr>
```

非常に複雑であるとまでは言えないかもしれませんが、unless 文が使用されているため、筆者の目には少しごちゃごちゃして見えます。この節では、この部分テンプレート全体を 1 つのメソッドとして括り出すことを考えたいと思います。

15-2-2 HtmlBuilder モジュールの作成

まず準備作業として HtmlBuilder というモジュールを用意します。これは HTML コードの断片を生成する機能を提供するモジュールです。私はこの種の汎用的なモジュールを app/lib ディレクトリに置くことにしています。

```
$ mkdir -p app/lib
```

HtmlBuilder モジュールのソースコードは以下のとおりです。

リスト 15-11　app/lib/html_builder.rb (New)

```
1  module HtmlBuilder
2    def markup(tag_name = nil, options = {})
3      root = Nokogiri::HTML::DocumentFragment.parse("")
4      Nokogiri::HTML::Builder.with(root) do |doc|
5        if tag_name
6          doc.method_missing(tag_name, options) do
7            yield(doc)
8          end
9        else
10         yield(doc)
11       end
12     end
13     root.to_html.html_safe
14   end
15 end
```

ソースコードの中身についての説明は省略します。Gem パッケージ nokogiri を利用して HTML 文書の断片を生成しています。

15-2-3 markupメソッドの使用法

HtmlBuilderモジュールが提供するメソッドはmarkupのみです。このメソッドには、大きく分類して2通りの使用法があります。引数なしの場合と、引数にタグ名を指定する場合です。いずれの場合もブロックが必須です。以下、markupメソッドの使用法を例示します。

■ 引数なしの場合

次の例をご覧ください。

```
markup do |m|
  m.span "*", class: "mark"
  m.text "印の付いた項目は入力必須です。"
end
```

この例は全体で次のようなHTMLコードを生成します。

```
<span class="mark">*</span>印の付いた項目は入力必須です。
```

ブロック変数mにはNokogiri::HTML::Builderオブジェクトがセットされます。このオブジェクトに対してdivやspanのようなHTMLタグに対応するメソッドを呼び出すと、このオブジェクトの中にHTML要素が追加されていきます。メソッドの引数に指定された文字列はHTML要素の中身になります。また、メソッドに指定したオプションはHTML要素の属性となります。Nokogiri::HTML::Builderオブジェクトのtextメソッドは、タグで囲まれていないテキスト（テキストノード）を追加します。markupメソッドの戻り値は、ブロック変数に追加されたHTML要素全体に対応する文字列です。

次に示すのはネストされたHTMLコードを生成する例です。

```
markup do |m|
  m.div(class: "notes") do
    m.span "*", class: "mark"
    m.text "印の付いた項目は入力必須です。"
  end
end
```

これは次のようなHTMLコードになります。

```
<div class="notes"><span class="mark">*</span>印の付いた項目は入力必須です。</div>
```

div メソッドに対して文字列の引数の代わりに、ブロックを与えています。このブロックの中で div 要素の中身が作られます。

HTML コードは何重にもネストできます。

```
markup do |m|
  m.div(id: "message") do
    m.div(class: "box") do
      m.span "まもなくシステムが停止します。", class: "warning"
    end
  end
end
```

Nokogiri::HTML::Builder オブジェクトに、生成済みの HTML コードの断片を加える場合は<<メソッドを使用します。

```
markup do |m|
  m << "<span class='mark'>*</span>"
  m.text "印の付いた項目は入力必須です。"
end
```

■ 引数ありの場合

markup メソッドの第 1 引数にタグ名をシンボルで指定すると、そのタグで全体を囲んだ HTML コード断片を生成します。この場合、全体を囲むタグに属性をセットするためのオプションを markup メソッドに渡せます。次に使用例を示します。

```
markup(:div, class: "notes") do |m|
  m.span "*", class: "mark"
  m.text "印の付いた項目は入力必須です。"
end
```

この例と次の例は同一の HTML コードを生成します。

```
markup do |m|
  m.div(class: "notes") do
    m.span "*", class: "mark"
    m.text "印の付いた項目は入力必須です。"
```

```
  end
end
```

15-2-4 StaffEventPresenter

■ StaffEventPresenter クラスの定義

では、HtmlBuilder モジュールの markup メソッドを用いて、先ほどの部分テンプレート（327～328ページ）をプレゼンターで置き換えましょう。

初めに、ModelPresenter クラスを書き換えます。

リスト 15-12　app/presenters/model_presenter.rb

```
1    class ModelPresenter
2 +    include HtmlBuilder
3 +
4      attr_reader :object, :view_context
5 -    delegate :raw, to: :view_context
5 +    delegate :raw, :link_to, to: :view_context
:
```

HtmlBuilder モジュールを組み込み、link_to メソッドをビューコンテキストに委譲しています。

StaffEventPresenter クラスを作成し、table_row メソッドを定義します。

リスト 15-13　app/presenters/staff_event_presenter.rb (New)

```
1   class StaffEventPresenter < ModelPresenter
2     delegate :member, :description, :occurred_at, to: :object
3
4     def table_row
5       markup(:tr) do |m|
6         unless view_context.instance_variable_get(:@staff_member)
7           m.td do
8             m << link_to(member.family_name + member.given_name,
9               [ :admin, member, :staff_events ])
10          end
11        end
12        m.td description
```

```
13        m.td(:class => "date") do
14          m.text occurred_at.strftime("%Y/%m/%d %H:%M:%S")
15        end
16      end
17    end
18  end
```

6〜11 行は、部分テンプレートの次の箇所を書き換えたものです。

```
<% unless @staff_member %>
<td>
  <%= link_to(event.member.family_name + event.member.given_name,
    [ :admin, event.member, :staff_events ]) %>
</td>
<% end %>
```

6 行目には少し風変わりなコードがあります。

```
    unless view_context.instance_variable_get(:@staff_member)
```

instance_variable_get は、レシーバが持っているインスタンス変数の値を取得するメソッドです。部分テンプレートのインスタンス変数@staff_member の値を取得しています。

■ StaffEventPresenter クラスの利用

部分テンプレートを呼び出している ERB テンプレート本体を書き換えます。

リスト 15-14　app/views/admin/staff_events/index.html.erb

```
 :
21        <th>種別</th>
22        <th>日時</th>
23      </tr>
24 -    <%= render partial: "event", collection: @events %>
24 +    <% @events.each do |event| %>
25 +      <%= StaffEventPresenter.new(event, self).table_row %>
26 +    <% end %>
27      <% if @events.empty?  %>
 :
```

不要となった部分テンプレートを削除して、おしまいです。

```
$ rm app/views/admin/staff_events/_event.html.erb
```

ブラウザで職員のログイン・ログアウト記録のページを開き、これまでどおり表示されることを確認してください。

Column　HtmlBuilder モジュールのメリット・デメリット

HtmlBuilder モジュールの markup メソッドを用いて HTML コードの断片を生成するという方法の大きなメリットは、リファクタリングがしやすいということです。すなわち、プログラムの振る舞いを変えずにソースコードの内部構造を整理しやすい、ということです。たとえば、重複したコードをメソッドとして抽出することで、ソースコードが読みやすくなり、機能追加やバグの除去を効率よく行えるようになります。

他方、HtmlBuilder モジュールを利用して書かれたコードは独特のシンタックスを持つため、慣れない人にはかえって読みにくいというデメリットがあります。特に、Ruby 言語の文法を知らない Web デザイナーが開発プロジェクトに参加してる場合、彼らの心理的抵抗を払拭するのは難しいかもしれません。

本書では、あくまで1つの提案として HtmlBuilder モジュールを紹介しています。開発プロジェクトのメンバーでよく話し合って導入の可否を決めてください。

15-3 フォームプレゼンター

この節では、HTML フォームの部品を生成するプレゼンターであるフォームプレゼンターの使い方を紹介します。

15-3-1 問題の所在

次の部分テンプレートの抜粋をご覧ください。

リスト 15-15　app/views/staff_members/_form.html.erb

```
   :
14  <div>
15    <%= f.label :family_name, "氏名", class: "required" %>
```

```
16    <%= f.text_field :family_name, required: true %>
17    <%= f.text_field :given_name, required: true %>
18  </div>
19  <div>
20    <%= f.label :family_name_kana, "フリガナ", class: "required" %>
21    <%= f.text_field :family_name_kana, required: true %>
22    <%= f.text_field :given_name_kana, required: true %>
23  </div>
 :
```

職員アカウントの新規登録・編集フォームに氏名とフリガナの入力欄を生成している箇所ですが、私には気になることがあります。それは、14〜18 行と 19〜23 行のソースコードが非常に類似していることです。このようなとき、ERB テンプレートの一部をメソッドとして抽出するとソースコードの整理整頓が進みます。

メソッドを抽出する際には、本章第 1 節で導入したプレゼンターの仕組みが利用できそうです。しかし、モデルオブジェクトを対象とするモデルプレゼンターは今回の状況にうまく適合しません。そこで、別の種類のプレゼンターを導入することにします。

15-3-2 FormPresenter クラスの定義

フォームプレゼンターは、本章の第 1 節で紹介したプレゼンターの一種です。私はプレゼンターという概念を「あるオブジェクトに関連する HTML コードを生成する役割を担うクラス」と定義しました。対象となるオブジェクトがモデルオブジェクトである場合が、モデルプレゼンターです。フォームプレゼンターはフォームビルダーを対象とするプレゼンターです。

まず、すべてのフォームプレゼンターの共通祖先となる `FormPresenter` クラスを次のように定義します。

リスト 15-16　app/presenters/form_presenter.rb (New)

```
1  class FormPresenter
2    include HtmlBuilder
3
4    attr_reader :form_builder, :view_context
5    delegate :label, :text_field, :date_field, :password_field,
6      :check_box, :radio_button, :text_area, :object, to: :form_builder
7
8    def initialize(form_builder, view_context)
```

```
9        @form_builder = form_builder
10       @view_context = view_context
11     end
12   end
```

ModelPresenter クラスのソースコードと比較すると、各所で model_object が form_builder に置き換わっています。

5〜6 行ではクラスメソッド delegate を用いて 7 つのメソッドをフォームビルダーに委譲しています。

```
    delegate :label, :text_field, :date_field, :password_field,
      :check_box, :radio_button, :text_area, :object, to: :form_builder
```

この結果、label や text_field などのメソッドを FormPresenter クラス自体のインスタンスメソッドとして呼び出せようになっています。

15-3-3 FormPresenter クラスの利用

■ StaffMemberFormPresenter クラスの作成

次に FormPresenter クラスを継承する StaffMemberFormPresenter クラスを作成し、ERB テンプレートからコードを抽出してメソッドを定義します。

リスト 15-17　app/presenters/staff_member_form_presenter.rb (New)

```
1   class StaffMemberFormPresenter < FormPresenter
2     def full_name_block(name1, name2, label_text, options = {})
3       markup(:div) do |m|
4         m << label(name1, label_text,
5           class: options[:required] ? "required" : nil)
6         m << text_field(name1, options)
7         m << text_field(name2, options)
8       end
9     end
10  end
```

full_name_block メソッドには引数として、姓の属性名、名の属性名、ラベル文字列を指定します。また、input タグに設定する属性をオプションとして渡すことができます。

抽出元のコードは次のとおりです。

```
<div>
  <%= f.label :family_name, "氏名", class: "required" %>
  <%= f.text_field :family_name, required: true %>
  <%= f.text_field :given_name, required: true %>
</div>
```

full_name_block メソッドの中身とよく見比べてください。

■ 部分テンプレートの書き換え

では、このフォームプレゼンターを部分テンプレートの中で使ってみましょう。

リスト 15-18　app/views/admin/staff_members/_form.html.erb

```
 1 + <% p = StaffMemberFormPresenter.new(f, self) %>
 2   <div class="notes">
 :
12     <%= f.password_field :password, size: 32, required: true %>
13   </div>
14   <% end %>
15 - <div>
16 -   <%= f.label :family_name, "氏名", class: "required" %>
17 -   <%= f.text_field :family_name, required: true %>
18 -   <%= f.text_field :given_name, required: true %>
19 - </div>
20 - <div>
21 -   <%= f.label :family_name_kana, "フリガナ", class: "required" %>
22 -   <%= f.text_field :family_name_kana, required: true %>
23 -   <%= f.text_field :given_name_kana, required: true %>
24 - </div>
15 + <%= p.full_name_block(:family_name, :given_name, "氏名", required: true) %>
16 + <%= p.full_name_block(:family_name_kana, :given_name_kana, "フリガナ",
17 +   required: true) %>
18   <div>
19     <%= f.label :start_date, "入社日", class: "required" %>
 :
```

10 行のコードが 3 行に減り、かなりすっきりしました。

■ スタイルシートの調整

ブラウザで職員アカウントの編集フォームを開いてみると、フォームプレゼンター導入前とだいたい同じように表示されますが、氏名ラベルの下に2つのテキストフィールドの間隔が詰まってしまいます。書き換え前のHTMLコードには2つの input 要素の間に改行文字があったのですが、フォームプレゼンターでは2つの input 要素が連続しているからです。

そこで、スタイルシート admin/form.scss を次のように書き換えます。

リスト 15-19　app/assets/stylesheets/admin/form.scss

```
  :
24              color: $red;
25            }
26          }
27 +        div.input-block {
28 +          input { margin-right: $narrow * 2; }
29 +        }
30          div.notes {
  :
```

また、StaffMemberFormPresenter クラスのコードを次のように書き換えます。

リスト 15-20　app/presenters/staff_member_form_presenter.rb

```
 1   class StaffMemberFormPresenter < FormPresenter
 2     def full_name_block(name1, name2, label_text, options = {})
 3 -     markup(:div) do |m|
 3 +     markup(:div, class: "input-block") do |m|
 4         m << label(name1, label_text,
 5           class: options[:required] ? "required" : nil)
 6         m << text_field(name1, options)
 7         m << text_field(name2, options)
 8       end
 9     end
10   end
```

■ フォームプレゼンターの拡張

フォームプレゼンターの仕組みがうまく働くことが確認できたので、適用範囲を広げましょう。まず、StaffMember モデル以外でも利用できそうなメソッド群を FormPresenter クラスで定義します。

リスト 15-21 app/presenters/form_presenter.rb

```
 :
10        @view_context = view_context
11      end
12 +
13 +    def notes
14 +      markup(:div, class: "notes") do |m|
15 +        m.span "*", class: "mark"
16 +        m.text "印の付いた項目は入力必須です。"
17 +      end
18 +    end
19 +
20 +    def text_field_block(name, label_text, options = {})
21 +      markup(:div, class: "input-block") do |m|
22 +        m << label(name, label_text,
23 +          class: options[:required] ? "required" : nil)
24 +        m << text_field(name, options)
25 +      end
26 +    end
27 +
28 +    def password_field_block(name, label_text, options = {})
29 +      markup(:div, class: "input-block") do |m|
30 +        m << label(name, label_text,
31 +          class: options[:required] ? "required" : nil)
32 +        m << password_field(name, options)
33 +      end
34 +    end
35 +
36 +    def date_field_block(name, label_text, options = {})
37 +      markup(:div, class: "input-block") do |m|
38 +        m << label(name, label_text,
39 +          class: options[:required] ? "required" : nil)
40 +        m << date_field(name, options)
41 +      end
42 +    end
43    end
 :
```

そして、StaffMember モデル特有のメソッドを StaffMemberFormPresenter クラスで定義します。

リスト 15-22　app/presenters/staff_member_form_presenter.rb

```
 1    class StaffMemberFormPresenter < FormPresenter
 2 +    def password_field_block(name, label_text, options = {})
 3 +      if object.new_record?
 4 +        super(name, label_text, options)
 5 +      end
 6 +    end
 7 +
 8      def full_name_block(name1, name2, label_text, options = {})
 :
15      end
16 +
17 +    def suspended_check_box
18 +      markup(:div, class: "check-boxes") do |m|
19 +        m << check_box(:suspended)
20 +        m << label(:suspended, "アカウント停止")
21 +      end
22 +    end
23    end
```

password_field_block メソッドは、親クラスの同名メソッドをオーバーライドしています。

以上の成果を用いて、部分テンプレートを書き換えます。

リスト 15-23　app/views/admin/staff_members/_form.html.erb

```
 1    <% p = StaffMemberFormPresenter.new(f, self) %>
 2 -  <div class="notes">
 3 -    <span class="mark">*</span> 印の付いた項目は入力必須です。
 4 -  </div>
 5 -  <div>
 6 -    <%= f.label :email, "メールアドレス", class: "required" %>
 7 -    <%= f.email_field :email, size: 32, required: true %>
 8 -  </div>
 9 -  <% if f.object.new_record?  %>
10 -  <div>
11 -    <%= f.label :password, "パスワード", class: "required" %>
12 -    <%= f.password_field :password, size: 32, required: true %>
13 -  </div>
14 -  <% end %>
 2 +  <%= p.notes %>
 3 +  <%= p.text_field_block(:email, "メールアドレス", size: 32, required: true) %>
 4 +  <%= p.password_field_block(:password, "パスワード", size: 32, required: true) %>
 5    <%= p.full_name_block(:family_name, :given_name, "氏名", required: true) %>
```

```
:
```

さらに書き換えます。

リスト 15-24　app/views/admin/staff_members/_form.html.erb

```
  :
  6   <%= p.full_name_block(:family_name_kana, :given_name_kana, "フリガナ",
  7     required: true) %>
  8 - <div>
  9 -   <%= f.label :start_date, "入社日", class: "required" %>
 10 -   <%= f.date_field :start_date, required: true %>
 11 - </div>
 12 - <div>
 13 -   <%= f.label :end_date, "退職日" %>
 14 -   <%= f.date_field :end_date %>
 15 - </div>
 16 - <div class="check-boxes">
 17 -   <%= f.check_box :suspended %>
 18 -   <%= f.label :suspended, "アカウント停止" %>
 19 - </div>
  8 + <%= p.date_field_block(:start_date, "入社日", required: true) %>
  9 + <%= p.date_field_block(:end_date, "退職日") %>
 10 + <%= p.suspended_check_box %>
```

もともとのテンプレートの行数は35行でしたが、10行にまで縮められました。ブラウザによる表示確認もお忘れなく。

15-3-4 さらなる改善

■ decorated_label メソッドの導入

`FormPresenter` クラスと `StaffMemberFormPresenter` クラスのソースコードはおおむね満足できるものですが、まだ改善の余地があります。次のようなコードが繰り返し現れています。

```
      m << label(name, label_text,
        class: options[:required] ? "required" : nil)
```

そこで、新たに `decorated_label` というプライベートメソッドを定義して、コードの重複を解消します。

リスト 15-25 app/presenters/form_presenter.rb

```
 :
20       def text_field_block(name, label_text, options = {})
21         markup(:div, class: "input-block") do |m|
22 -         m << label(name, label_text,
23 -           class: options[:required] ? "required" : nil)
22 +         m << decorated_label(name, label_text, options)
23           m << text_field(name, options)
24         end
25       end
26
27       def password_field_block(name, label_text, options = {})
28         markup(:div, class: "input-block") do |m|
29 -         m << label(name, label_text,
30 -           class: options[:required] ? "required" : nil)
29 +         m << decorated_label(name, label_text, options)
30           m << password_field(name, options)
31         end
32       end
33
34       def date_field_block(name, label_text, options = {})
35         markup(:div, class: "input-block") do |m|
36 -         m << label(name, label_text,
37 -           class: options[:required] ? "required" : nil)
36 +         m << decorated_label(name, label_text, options)
37           m << date_field(name, options)
38         end
39       end
40 +
41 +     private def decorated_label(name, label_text, options = {})
42 +       label(name, label_text, class: options[:required] ? "required" : nil)
43 +     end
44     end
```

同様に StaffMemberFormPresenter クラスの full_name_block メソッドも書き換えます。

リスト 15-26 app/presenters/staff_member_form_presenter.rb

```
 :
 8       def full_name_block(name1, name2, label_text, options = {})
 9         markup(:div, class: "input-block") do |m|
10 -         m << label(name1, label_text,
11 -           class: options[:required] ? "required" : nil)
10 +         m << decorated_label(name1, label_text, options)
```

```
11        m << text_field(name1, options)
12        m << text_field(name2, options)
13      end
14    end
 :
```

ブラウザを再読み込みして、表示に変化がなければ OK です。

■ ERB テンプレート内で markup メソッドを使う

部分テンプレート_form.html.erb にはまだ整理整頓の余地があります。すべての行が<%と%>で囲まれている点が、(筆者の考えでは) 美しくありません。markup メソッドを使えば、ほとんどの<%と%>を除去できます。

まず、ERB テンプレート内で markup メソッドが使えるようにします。app/helpers/application_helper.rb を次のように書き換えてください。

リスト 15-27　app/helpers/application_helper.rb

```
1     module ApplicationHelper
2 +     include HtmlBuilder
3 +
4       def document_title
 :
```

これで markup メソッドがヘルパーメソッドになりました。

すると、部分テンプレート_form.html.erb は次のように書き換えられます。

リスト 15-28　app/views/admin/staff_members/_form.html.erb

```
1 -  <% p = StaffMemberFormPresenter.new(f, self) %>
2 -  <%= p.notes %>
3 -  <%= p.text_field_block(:email, "メールアドレス", size: 32, required: true) %>
4 -  <%= p.password_field_block(:password, "パスワード", size: 32, required: true) %>
5 -  <%= p.full_name_block(:family_name, :given_name, "氏名", required: true) %>
6 -  <%= p.full_name_block(:family_name_kana, :given_name_kana, "フリガナ",
7 -    required: true) %>
8 -  <%= p.date_field_block(:start_date, "入社日", required: true) %>
9 -  <%= p.date_field_block(:end_date, "退職日") %>
10 -  <%= p.suspended_check_box %>
1 +  <%= markup do |m|
```

```
 2 +    p = StaffMemberFormPresenter.new(f, self)
 3 +    m << p.notes
 4 +    m << p.text_field_block(:email, "メールアドレス", size: 32, required: true)
 5 +    m << p.password_field_block(:password, "パスワード", size: 32, required: true)
 6 +    m << p.full_name_block(:family_name, :given_name, "氏名", required: true)
 7 +    m << p.full_name_block(:family_name_kana, :given_name_kana, "フリガナ",
 8 +      required: true)
 9 +    m << p.date_field_block(:start_date, "入社日", required: true)
10 +    m << p.date_field_block(:end_date, "退職日")
11 +    m << p.suspended_check_box
12 +  end %>
```

■ with_options メソッド

整理された部分テンプレート_form.html.erbを見ると、冗長な箇所があります。変数pに対するメソッド呼び出しでrequired: trueというオプションが繰り返し指定されています。このような場合には、Railsが提供するwith_optionsメソッドを使用すると重複を解消できます。

リスト 15-29　app/views/admin/staff_members/_form.html.erb

```
 1    <%= markup do |m|
 2      p = StaffMemberFormPresenter.new(f, self)
 3      m << p.notes
 4 -    m << p.text_field_block(:email, "メールアドレス", size: 32, required: true)
 5 -    m << p.password_field_block(:password, "パスワード", size: 32, required: true)
 6 -    m << p.full_name_block(:family_name, :given_name, "氏名", required: true)
 7 -    m << p.full_name_block(:family_name_kana, :given_name_kana, "フリガナ",
 8 -      required: true)
 9 -    m << p.date_field_block(:start_date, "入社日", required: true)
10 -    m << p.date_field_block(:end_date, "退職日")
 4 +    p.with_options(required: true) do |q|
 5 +      m << q.text_field_block(:email, "メールアドレス", size: 32)
 6 +      m << q.password_field_block(:password, "パスワード", size: 32)
 7 +      m << q.full_name_block(:family_name, :given_name, "氏名")
 8 +      m << q.full_name_block(:family_name_kana, :given_name_kana, "フリガナ")
 9 +      m << q.date_field_block(:start_date, "入社日")
10 +      m << q.date_field_block(:end_date, "退職日", required: false)
11 +    end
12      m << p.suspended_check_box
13    end %>
```

上記のコードでブロック変数 q が指しているオブジェクトは、ローカル変数 p が指しているオブジェクトと基本的に同じ振る舞いをします。異なるのは、メソッド呼び出しにおける最後の引数の取り扱いです。ブロック変数 q のあるメソッドが呼び出されたとき、もし最後の引数がハッシュであれば with_options メソッドの引数に指定されたハッシュとマージされてメソッドに渡されます。

5 行目をご覧ください。

```
m << q.text_field_block(:email, "メールアドレス", size: 32)
```

ブロック変数 q の text_field_block メソッドが呼び出されています。その最後の引数は{ size: 32 }というハッシュです。4 行目では with_options メソッドの引数に{ required: true }というハッシュが指定されています。この 2 つのハッシュがマージされると{ size: 32, required: true }というハッシュになります。これが、ブロック変数 q の text_field_block メソッドに最後の引数として渡されることになります。このため、5 行目のコードから required: true というオプションを指定する必要がなくなりました。

10 行目では required: false というオプションが追加されています。

```
m << q.date_field_block(:end_date, "退職日", required: false)
```

with_options メソッドの引数に指定されたハッシュとメソッドの最後の引数に指定されたハッシュが同じキーを持っている場合、後者のハッシュに指定された値が優先されます。つまり、with_options メソッドのオプションは“デフォルト値”です。ブロック変数 q のメソッドを呼び出す際にそのデフォルト値を上書きできるのです。

15-4 入力エラーメッセージの生成

この節ではフォームプレゼンターを拡張して、HTML フォームの中に入力エラーメッセージを挿入します。

15-4-1 Errors オブジェクト

モデルオブジェクトの errors メソッドは Errors オブジェクトを返します。このオブジェクトは、モデルオブジェクトのバリデーションで見つかったエラーに関する情報を保持しています。

Errors オブジェクトの full_messages_for メソッドは、引数に指定された属性に関するエラーメッセージの配列を返します。たとえば、ローカル変数 staff_member に StaffMember オブジェクトがセットされているとすれば、その email 属性に関するエラーメッセージのリストは、次の式で取得できます。

```
staff_member.errors.full_messages_for(:email)
```

したがって、メールアドレスに関するすべてのエラーメッセージを<div class="error-message">タグと</div>タグで囲んで HTML コードを生成するには、次のように書くことになります。

```
markup do |m|
  staff_member.errors.full_messages_for(:email).each do |message|
    m.div(message, class: "error-message")
  end
end
```

15-4-2 エラーメッセージの設定

Rails にはバリデーションのタイプごとに英語のエラーメッセージが標準で用意されています。たとえば、email 属性が presence タイプのバリデーションで失敗した場合のエラーメッセージは、「Email can't be blank」となります。他の言語のエラーメッセージは、Gem パッケージ rails-i18n によって提供されます。Chapter 3 で私たちはすでに Baukis2 に組み込んでいます。先ほどのエラーメッセージの日本語版は「Email を入力してください。」です。

エラーメッセージをカスタマイズするには、config/locales ディレクトリに YAML 形式の翻訳ファイルを設置します。翻訳ファイルのファイル名には特に決まりはありません。また、config/locales ディレクトリ直下に置いても構わないし、適宜サブディレクトリを作って分類しても構いません。本書では config/locales/models ディレクトリにエラーメッセージ関連の翻訳ファイルを集めることにします。

```
$ mkdir -p config/locales/models
```

まず、すべてのモデルオブジェクトに共通のエラーメッセージに日本語訳を与えます。

リスト 15-30　config/locales/models/errors.ja.yml (New)

```
1  ja:
```

```
2    activerecord:
3      errors:
4        messages:
5          invalid: が無効です。
6          blank: が入力されていません。
```

5行目と6行目に指定されているのは、それぞれ`format`タイプと`presence`タイプのバリデーションのエラーメッセージです。`email`タイプのバリデーションでは、`format`タイプと共通のエラーメッセージが使用されます。

次に、`StaffMember`オブジェクト特有の翻訳データを作成します。

リスト 15-31　config/locales/models/staff_members.ja.yml (New)

```
1  ja:
2    activerecord:
3      attributes:
4        staff_member:
5          email: メールアドレス
6          family_name: 氏名（姓）
7          given_name: 氏名（名）
8          family_name_kana: フリガナ（姓）
9          given_name_kana: フリガナ（名）
10         start_date: 開始日
11         end_date: 終了日
12     errors:
13       models:
14         staff_member:
15           attributes:
16             email:
17               taken: が他の職員と重複しています。
18             start_date:
19               after_or_equal_to: には 2000 年 1 月 1 日以降の日付を指定してください。
20               before: には 1 年後の日付より前の日付を指定してください。
21             end_date:
22               after_or_equal_to: には 2000 年 1 月 1 日以降の日付を指定してください。
23               before: には 1 年後の日付より前の日付を指定してください。
24               after: には開始日より後の日付を指定してください。
```

5〜11行では`StaffMember`モデルの各属性名に日本語訳を与えています。16〜17行ではメールアドレスに対する`uniqueness`タイプの、18〜24行では`date`タイプのバリデーションのエラーメッセージをそれぞれ指定しています。

15-4-3 エラーメッセージの生成

Baukis2 ではエラーメッセージをフォームの各入力欄のすぐ下に表示することにします。まず、FormPresenter クラスにインスタンスメソッド error_messages_for を定義します。

リスト 15-32　app/presenters/form_presenter.rb

```
   :
37        m << date_field(name, options)
38      end
39    end
40 +
41 +  def error_messages_for(name)
42 +    markup do |m|
43 +      object.errors.full_messages_for(name).each do |message|
44 +        m.div(class: "error-message") do |m|
45 +          m.text message
46 +        end
47 +      end
48 +    end
49 +  end
50
51    private def decorated_label(name, label_text, options = {})
52      label(name, label_text, class: options[:required] ? "required" : nil)
53    end
54  end
```

そして、この error_messages_for メソッドを用いて、各入力欄の下にエラーメッセージが表示されるようにします。

リスト 15-33　app/presenters/form_presenter.rb

```
   :
20    def text_field_block(name, label_text, options = {})
21      markup(:div, class: "input-block") do |m|
22        m << decorated_label(name, label_text, options)
23        m << text_field(name, options)
24 +      m << error_messages_for(name)
25      end
26    end
27
28    def password_field_block(name, label_text, options = {})
29      markup(:div, class: "input-block") do |m|
```

```
30 m << decorated_label(name, label_text, options)
31 m << password_field(name, options)
32 + m << error_messages_for(name)
33 end
34 end
35
36 def date_field_block(name, label_text, options = {})
37 markup(:div, class: "input-block") do |m|
38 m << decorated_label(name, label_text, options)
39 m << date_field(name, options)
40 + m << error_messages_for(name)
41 end
42 end
:
```

同様にStaffMemberFormPresenterクラスのfull_name_blockメソッドにもerror_messages_forメソッドの呼び出しを加えます。

リスト 15-34 app/presenters/staff_member_form_presenter.rb

```
:
8 def full_name_block(name1, name2, label_text, options = {})
9 markup(:div, class: "input-block") do |m|
10 m << decorated_label(name1, label_text, options)
11 m << text_field(name1, options)
12 m << text_field(name2, options)
13 + m << error_messages_for(name1)
14 + m << error_messages_for(name2)
15 end
16 end
:
```

最後に、スタイルシートを整えます。

リスト 15-35 app/assets/stylesheets/admin/form.scss

```
:
46 div.field_with_errors {
47 display: inline;
48 padding: 0;
49 label { color: $red; }
50 input { background-color: $pink; }
51 }
```

```
52 +        div.error-message {
53 +          color: $red;
54 +          font-size: $small;
55 +          padding: 0 $very_wide;
56 +        }
57        }
```

では、動作確認をしましょう。ブラウザで適当な職員アカウントの編集フォームを開き、メールアドレス、氏名、フリガナの入力欄に無効な値を入力します。また、開始日には 1999-12-31、終了日には 2100-01-01 と入力します。そして、「更新」ボタンをクリックすると、図 15-1 のようにフォーム中にエラーメッセージが表示されます。

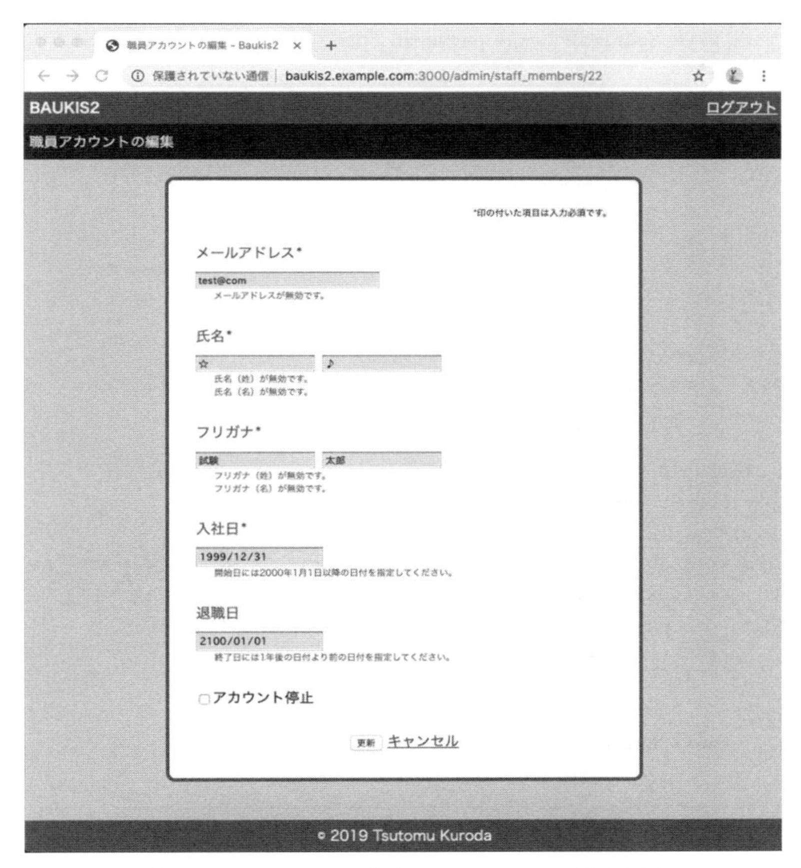

図 15-1 フォームに入力エラーメッセージを表示

15-4-4 パスワード変更フォームの改良

この章の締めくくりとして、職員が自分自身のパスワードを変更するフォームにエラーメッセージが出力されるように、Baukis2 のソースコードを変更します。

■ ERB テンプレートの書き換え

まず、ERB テンプレートを次のように書き換えてください。

リスト 15-36　app/views/staff/passwords/edit.html

```
 :
 5     <%= form_with model: @change_password_form, url: :staff_password,
 6           method: :patch do |f| %>
 7 -    <div>
 8 -      <%= f.label :current_password, "現在のパスワード" %>
 9 -      <%= f.password_field :current_password, size: 32, required: true %>
10 -    </div>
11 -    <div>
12 -      <%= f.label :new_password, "新しいパスワード" %>
13 -      <%= f.password_field :new_password, size: 32, required: true %>
14 -    </div>
15 -    <div>
16 -      <%= f.label :new_password_confirmation, "新しいパスワード（確認）" %>
17 -      <%= f.password_field :new_password_confirmation, size: 32,
18 -        required: true %>
19 -    </div>
 7 +    <%= markup do |m|
 8 +      p = FormPresenter.new(f, self)
 9 +      p.with_options(required: true, size: 32) do |q|
10 +        m << q.password_field_block(:current_password, "現在のパスワード")
11 +        m << q.password_field_block(:new_password, "新しいパスワード")
12 +        m << q.password_field_block(:new_password_confirmation,
13 +          "新しいパスワード（確認）")
14 +      end
15 +    end %>
16      <div class="buttons">
 :
```

8 行目をご覧ください。

```
p = FormPresenter.new(f, self)
```

このフォームにはパスワード入力欄しかなく、FormPresenter クラスの password_field_block メソッドだけで十分なので、専用のクラスは定義せずに FormPresenter クラスを直接使用しています。

9 行目では、343ページで学んだ with_options を使用しています。

```
    p.with_options(required: true, size: 32) do |q|
```

このフォームの入力欄は、すべて必須（required）であり、32 文字分のサイズで表示するので、オプションのデフォルト値として requred: true, size: 32 を設定しています。

10 行目では、password_field_block メソッドを用いてパスワード入力欄を生成しています。

```
      m << q.password_field_block(:current_password, "現在のパスワード")
```

この部分の書き換え前のコードは次のとおりです。

```
    <div>
      <%= f.label :current_password, "現在のパスワード" %>
      <%= f.password_field :current_password, size: 32, required: true %>
    </div>
```

■ 翻訳データの作成

続いて、翻訳データを作成します。まず、専用のディレクトリを作成してください。

```
$ mkdir -p config/locales/models/staff
```

そして、change_password_form.ja.yml という名前で翻訳ファイルを作成します。

リスト 15-37　config/locales/models/staff/change_password_form.ja.yml (New)

```
1  ja:
2    activemodel:
3      attributes:
4        staff/change_password_form:
5          current_password: 現在のパスワード
6          new_password: 新しいパスワード
7          new_password_confirmation: 新しいパスワード（確認）
8      errors:
9        models:
10         staff/change_password_form:
```

```
11            attributes:
12              current_password:
13                wrong: を正しく入力してください。
14              new_password_confirmation:
15                confirmation: と%{attribute}が一致しません。
```

新しい翻訳ファイルを追加したので、ここで Baukis2 の再起動が必要です。

2行目に着目してください。346ページの翻訳ファイルでは activerecord というキーが書かれていましたが、ここでは activemodel となっています。対象となるモデルオブジェクトが狭義のモデル（ActiveRecord::Base を継承するモデルクラス）のインスタンスである場合は activerecord、そうでない場合は activemodel を使用します。

12～13 行では、「現在のパスワード」が間違っている場合のエラーメッセージを指定しています。

```
          current_password:
            wrong: を正しく入力してください。
```

この wrong というキーは、app/forms/staff/change_password_form.rb の 8～12 行に由来します。

```
  validate do
    unless Staff::Authenticator.new(object).authenticate(current_password)
      errors.add(:current_password, :wrong)
    end
  end
```

Errors オブジェクトの add メソッドは、第 1 引数に属性名、第 2 引数にエラーの種類を示すシンボルを取ります。:invalid、:empty、:confirmation などはエラーの種類を示すシンボルとして Rails に初めから組み込まれていますので、デフォルトのエラーメッセージが用意されています。しかし、この:wrong のようにアプリケーション固有のシンボルを利用する場合は、翻訳ファイルでエラーメッセージを用意しなければなりません。

14～15 行では「新しいパスワード（確認）」のエラーメッセージを指定しています。

```
          new_password_confirmation:
            confirmation: と%{attribute}が一致しません。
```

confirmation タイプのバリデーションのエラーメッセージには、比較対象の属性名を埋め込むことができます。エラーメッセージ中の%{attribute} という部分が、その属性名で置き換わります。

■ スタイルシートの置き換え

最後にスタイルシートを書き換えて、ビジュアルデザインを整えます。

リスト 15-38　app/assets/stylesheets/staff/form.scss

```
   :
43          div.field_with_errors {
44            display: inline;
45            padding: 0;
46            label { color: $red; }
47            input { background-color: $pink; }
48          }
49 +        div.error-message {
50 +          color: $red;
51 +          font-size: $small;
52 +          padding: 0 $very_wide;
53 +        }
54        }
```

ブラウザで Baukis2 に適当な職員としてログインし、パスワード変更フォームを開いてください。そして、「現在のパスワード」としてデタラメな文字列、「新しいパスワード」として半角スペース 1 個、「新しいパスワード（確認）」の入力欄にデタラメな文字列を入力し、「変更」ボタンをクリックします。すると、図 15-2 のような画面が表示されます。

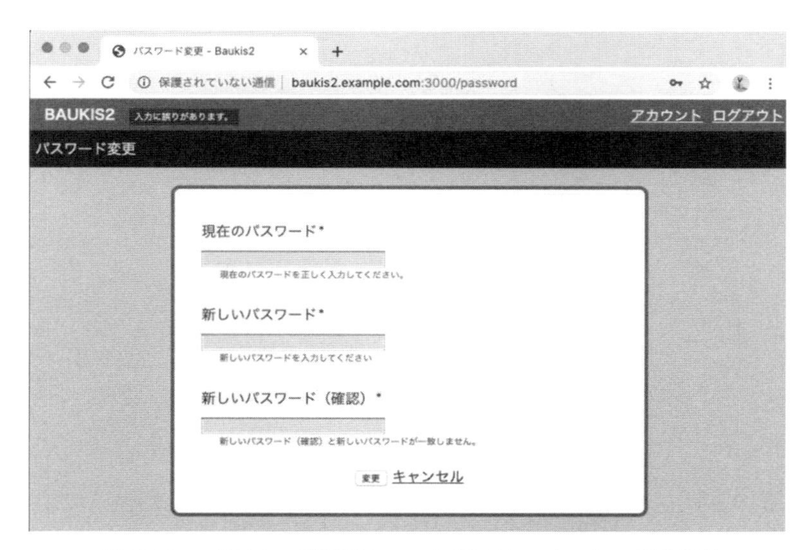

図 15-2　パスワード変更フォームにエラーメッセージを表示

15-5 演習問題

問題 1

StaffMemberPresenter クラスに職員の氏名全体を生成する full_name メソッドと職員のフリガナ全体を生成する full_name_kana を定義し、app/views/admin/staff_members/index.html.erb のソースコードを整理してください。ただし、職員氏名およびフリガナの姓と名の間には半角スペースを挿入してください。

問題 2

StaffMemberFormPresenter クラスを用いて、職員が自分のアカウント情報を編集するためのフォームにエラーメッセージが表示されるようにしてください。

Part V

顧客情報の管理

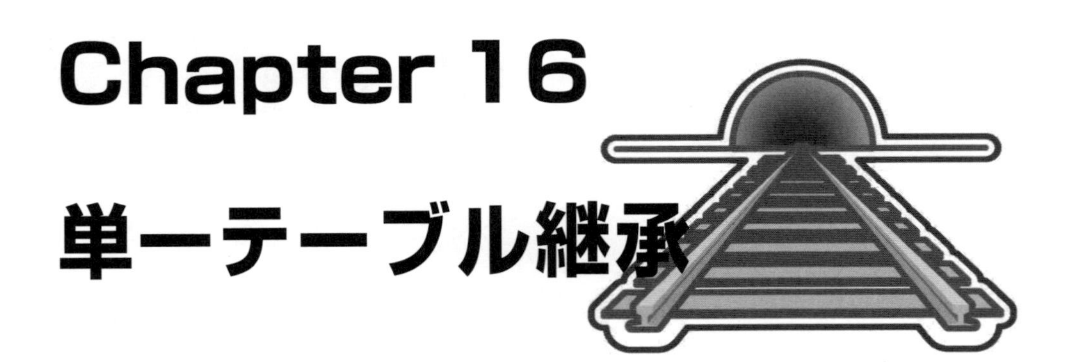

Chapter 16 単一テーブル継承

Chapter 16から、いよいよ顧客管理機能を作り始めます。顧客のデータは、氏名、生年月日などの基本情報に自宅住所と勤務先の情報を組み合わせたものです。単一テーブル継承の仕組みを用いて効率的にデータを管理する方法を学びます。

16-1 単一テーブル継承

Baukis2が扱う顧客データには自宅住所と勤務先に関する情報が含まれていますが、それぞれに含まれる項目（属性）の大半は共通しています。このような場合、単一テーブル継承の仕組みを利用すると効率的にデータを管理できます。

16-1-1 顧客管理のためのデータベース設計

■ 顧客データの項目リスト

Baukis2が取り扱う顧客データは3つの部分から成り立っています。

- 基本情報
- 自宅住所

- 勤務先

基本情報には以下の項目が含まれます。

- メールアドレス
- パスワード
- 氏名
- フリガナ
- 生年月日
- 性別

自宅住所の項目は以下のとおりです。

- 郵便番号
- 都道府県
- 市区町村
- 町域、番地等
- 建物名、部屋番号等

勤務先の項目は自宅住所の項目に、次の2項目を加えたものです。

- 会社名
- 部署名

自宅住所と勤務先の入力はオプショナル（省略可能）です。ただし、自宅住所を入力する場合は、「建物名、部屋番号等」を除き入力必須です。勤務先を入力する場合は、「会社名」のみが入力必須です。

■ データベース設計の選択肢

これらをどのようにデータベースに格納しましょうか。筆者の考えでは、3つの選択肢があります。

第1の選択肢は、これらの項目をすべて1つの `customers` テーブルに記録するというものです。他の選択肢と比較してカラム数は多くなりますが単純な設計です。この場合、たとえば自宅住所の郵便番号と勤務先の郵便番号を別のカラムに記録しますので、`home_address_postal_code` と `work_address_postal_code` のようなカラムを作ることになります。

第2の選択肢は、`customers` テーブルには基本情報だけを記録し、自宅住所は `home_addresses` テーブルに、勤務先は `work_addresses` テーブルに記録するというものです。`home_addresses` テーブルと

work_addresses テーブルに customer_id カラムを設け、customers テーブルと関連付けます。

第 3 の選択肢では、customers と addresses という 2 つのテーブルに顧客情報を記録します。基本情報を customers テーブルに記録する点は第 2 の選択肢と同じです。また、addresses テーブルに customer_id カラムを設ける点も同じです。異なるのは addresses テーブルの各レコードに自宅住所か勤務先のいずれかを記録することです。そして、レコードの種類を識別するためのカラム（たとえば、type カラム）を用意します。

本書が採用するのは第 3 の選択肢ですが、ここでさらに 2 つの選択肢があります。単一テーブル継承を採用するかどうかです。

単一テーブル継承を採用しない場合、type カラムには私たちが決めた独自ルールに従って値をセットします。たとえば、自宅住所なら"h"、勤務先なら"w"といったように。しかし、単一テーブル継承を採用する場合は、この type カラムは Rails が裏側で管理することになり、私たちプログラマが勝手にいじれなくなります。

Baukis2 では addresses テーブルに関して単一テーブル継承を利用することにします。単一テーブル継承を用いると、モデル間の関連付けが容易になる、レコードの種類ごとにバリデーションの方式を切り替えられる、などのメリットが生まれます。

Column　第 3 の選択肢のメリット

筆者は顧客情報をデータベースに格納する方式として第 3 の選択肢を採用しました。なぜでしょうか。いろんな理由があるのですが、筆者が最も重視したのは検索性能です。

Baukis2 の利用者（職員）が「自宅住所または勤務先が東京都にある顧客」をリストアップしたくなることは十分に考えられることです。その際、第 1 または第 2 の選択肢による設計では、あまり効率の良い検索ができません。まず自宅住所の都道府県で顧客をリストアップし、次に勤務先の都道府県で顧客をリストアップ。そして、両者のリストを重複がないようにマージすることになります。このやり方では、顧客をフリガナ順で並べたり、ページネーション機能を付けたりするのが困難です。

第 3 の選択肢による設計を採用すれば、addresses テーブルに対して検索するだけでよいので、ソートやページネーションの実装で悩むこともありませんし、検索に要する時間も短縮できます。

16-1-2 単一テーブル継承とは

単一テーブル継承（single table inheritance：STI）とは、オブジェクト指向プログラミングの継承概念をリレーショナルデータベースで擬似的に実現する方法です。Rails では type カラム（あるいは、モデルクラスの inheritance_column 属性に指定されたカラム）にクラス名を記録することで、単一テーブル継承を実現しています。

いま、文字列型の type カラムと postal_code カラムを持つ addresses というテーブルが存在しているとします（もちろん主キーのための id カラムも持っています）。そして、Address、HomeAddress、WorkAddress という 3 つのモデルクラスを次のように定義します。

```
class Address < ApplicationRecord
end

class HomeAddress < Address
end

class WorkAddress < Address
end
```

HomeAddress クラスと WorkAddress クラスは Address クラスを継承しています。 このとき、次のように HomeAddress オブジェクトと WorkAddress オブジェクトをデータベースに保存できます。

```
HomeAddress.create(postal_code: "1000001")
WorkAddress.create(postal_code: "1050000")
```

これら情報は home_addresses テーブルや work_addresses テーブルではなく addresses テーブルに、**表 16-1** のような形で記録されます。

表 16-1　単一テーブル継承により addresses テーブルに格納されるレコードの例

id	type	postal_code
1	HomeAddress	1000001
2	WorkAddress	1050000

type カラムの値は Rails が自動的にセットします。

また、HomeAddress オブジェクトや WorkAddress オブジェクトをデータベースから取得するコードは次のようになります。

```
a1 = HomeAddress.find(1)
a2 = WorkAddress.find(2)
```

find の引数に指定する id の値は、type カラムのクラス名と対応していなければなりません。したがって、次のコードは例外 ActiveRecord::RecordNotFound を引き起こします。

```
WorkAddress.find(1)
```

次のコードは、type カラムに"HomeAddress"という値を持つ addresses テーブルのレコード数を返します。

```
HomeAddress.count
```

以上のように、単一テーブル継承を用いると複数の種類の類似したオブジェクトを1つのテーブルにまとめて記録し、検索することができます。

16-1-3 顧客関連テーブル群の作成

では、実際に Baukis2 で使用する顧客関連のテーブル群を作成しましょう。まずは、Customer モデルを生成します。

```
$ bin/rails g model customer
```

しかし、次のようなエラーが発生します。

```
>>>The name 'Customer' is either already used in your application or reserved by
 Ruby on Rails. Please choose an alternative and run this generator again.
```

Customer という名前がすでに使われていると書かれています。このエラーの原因は、app/controllers/customer ディレクトリにある top_controller.rb です。ここで、Customer モジュールが名前空間として使われています。この問題を回避するため、一時的に app/controllers/customer ディレクトリを tmp ディレクトリの下に移動して、Customer モデルを作り直してから、元に戻します。

```
$ mv app/controllers/customer tmp/
$ bin/rails g model customer
$ mv tmp/customer app/controllers
```

続いて、Address モデルを生成します。

```
$ bin/rails g model address
```

本書では、これらのモデルに関する spec ファイルを作りませんので、削除します。

```
$ rm spec/models/customer_spec.rb
$ rm spec/models/address_spec.rb
```

紙幅に限りがあるため spec ファイルの作成を省略しています。原則として、すべてのモデルについて spec ファイルを作成するよう心がけてください。しかし、「いつか使うから」という理由で空の spec ファイルを残しておくのはお勧めできません。アプリケーションのソースコードは乱雑になりがちです。不要なファイルは直ちに削除しましょう。

customers テーブルのマイグレーションスクリプトを次のように書き換えます。

リスト 16-1　db/migrate/20190101000003_create_customers.rb

```
 1   class CreateCustomers < ActiveRecord::Migration[6.0]
 2     def change
 3       create_table :customers do |t|
 4 +       t.string :email, null: false # メールアドレス
 5 +       t.string :family_name, null: false # 姓
 6 +       t.string :given_name, null: false # 名
 7 +       t.string :family_name_kana, null: false # 姓（カナ）
 8 +       t.string :given_name_kana, null: false # 名（カナ）
 9 +       t.string :gender # 性別
10 +       t.date :birthday # 誕生日
11 +       t.string :hashed_password # パスワード
12
13         t.timestamps
14       end
15 +
16 +     add_index :customers, "LOWER(email)", unique: true
17 +     add_index :customers, [ :family_name_kana, :given_name_kana ]
18     end
19   end
```

続いて、addresses テーブルです。

リスト 16-2　db/migrate/20190101000004_create_addresses.rb

```
 1   class CreateAddresses < ActiveRecord::Migration[6.0]
 2     def change
 3       create_table :addresses do |t|
 4 +       t.references :customer, null: false # 顧客への外部キー
 5 +       t.string :type, null: false # 継承カラム
```

```
 6 +       t.string :postal_code, null: false # 郵便番号
 7 +       t.string :prefecture, null: false # 都道府県
 8 +       t.string :city, null: false # 市区町村
 9 +       t.string :address1, null: false # 町域、番地等
10 +       t.string :address2, null: false # 建物名、部屋番号等
11 +       t.string :company_name, null: false, default: "" # 会社名
12 +       t.string :division_name, null: false, default: "" # 部署名
13
14         t.timestamps
15       end
16 +
17 +     add_index :addresses, [ :type, :customer_id ], unique: true
18 +     add_foreign_key :addresses, :customers
19     end
20   end
```

addresses テーブルに type カラムを定義したことを除けば、特筆すべきことはありません。

マイグレーションを実行します。

```
$ bin/rails db:migrate
```

16-1-4 顧客関連モデル群の初期実装

顧客関連のモデル群を順に定義していきましょう。まず、Customer モデルです。

リスト 16-3　app/models/customer.rb

```
 1   class Customer < ApplicationRecord
 2 +   has_one :home_address, dependent: :destroy
 3 +   has_one :work_address, dependent: :destroy
 4 +
 5 +   def password=(raw_password)
 6 +     if raw_password.kind_of?(String)
 7 +       self.hashed_password = BCrypt::Password.create(raw_password)
 8 +     elsif raw_password.nil?
 9 +       self.hashed_password = nil
10 +     end
11 +   end
12   end
```

2 行目と 3 行目で使われているクラスメソッド has_one はモデル間に一対一の関連付けを設定しま

す。使い方はChapter 13の268ページで説明したクラスメソッドhas_manyと同様です。dependentオプションに:destroyを指定しているので、あるCustomerモデルオブジェクトが削除される直前に、それと関連付けられたHomeAddressオブジェクトとWorkAddressオブジェクトが削除されます。

password=メソッドはAdministratorクラスにあるものをそのまま複写したものです。Chapter 17でこの部分がリファクタリングの対象となります。

次に、Addressモデルです。

リスト16-4　app/models/address.rb

```
 1    class Address < ApplicationRecord
 2 +    belongs_to :customer
 3 +
 4 +    PREFECTURE_NAMES = %w(
 5 +      北海道
 6 +      青森県 岩手県 宮城県 秋田県 山形県 福島県
 7 +      茨城県 栃木県 群馬県 埼玉県 千葉県 東京都 神奈川県
 8 +      新潟県 富山県 石川県 福井県 山梨県 長野県 岐阜県 静岡県 愛知県
 9 +      三重県 滋賀県 京都府 大阪府 兵庫県 奈良県 和歌山県
10 +      鳥取県 島根県 岡山県 広島県 山口県
11 +      徳島県 香川県 愛媛県 高知県
12 +      福岡県 佐賀県 長崎県 熊本県 大分県 宮崎県 鹿児島県
13 +      沖縄県
14 +      日本国外
15 +    )
16    end
```

クラスメソッドbelongs_toについては、Chapter 13の269ページで説明しました。英語の“belongs to”は「所属する」という意味ですが、“references”（参照する）と言い換えるとわかりやすいかもしれません。Addressモデルはcustomerという名前でCustomerモデルを参照します。

定数PREFECTURE_NAMESは、シードデータを投入したり、都道府県名のドロップダウンリストを生成したりするために利用します。

HomeAddressモデルのソースコードを新規作成します。

リスト16-5　app/models/home_address.rb (New)

```
1    class HomeAddress < Address
2    end
```

とりあえずはAddressモデルを継承するだけです。継承によってモデル間の関連付けも引き継がれますので、belongs_to :customerという宣言を繰り返す必要はありません。

WorkAddress モデルのソースコードも同様に作ってください。

リスト 16-6　app/models/work_address.rb (New)

```
1  class WorkAddress < Address
2  end
```

16-2 顧客アカウントの一覧表示・詳細表示

職員が顧客アカウントのリストと詳細情報を表示する機能を実装します。一覧表示ページには、ページネーションの仕組みを導入しましょう。

16-2-1 シードデータの投入

例によって、シードデータを投入するスクリプトを作ります。

リスト 16-7　db/seeds/development/customers.rb (New)

```
1   city_names = %w(青巻市 赤巻市 黄巻市)
2
3   family_names = %w{
4     佐藤:サトウ:sato
5     鈴木:スズキ:suzuki
6     高橋:タカハシ:takahashi
7     田中:タナカ:tanaka
8     渡辺:ワタナベ:watanabe
9     伊藤:イトウ:ito
10    山本:ヤマモト:yamamoto
11    中村:ナカムラ:nakamura
12    小林:コバヤシ:kobayashi
13    加藤:カトウ:kato
14  }
15
16  given_names = %w{
17    一郎:イチロウ:ichiro
18    二郎:ジロウ:jiro
19    三郎:サブロウ:saburo
20    四郎:シロウ:shiro
```

```
21    五郎:ゴロウ:goro
22    松子:マツコ:matsuko
23    竹子:タケコ:takeko
24    梅子:ウメコ:umeko
25    鶴子:ツルコ:tsuruko
26    亀子:カメコ:kameko
27  }
28
29  company_names = %w(OIAX ABC XYZ)
30
31  10.times do |n|
32    10.times do |m|
33      fn = family_names[n].split(":")
34      gn = given_names[m].split(":")
35
36      c = Customer.create!(
37        email: "#{fn[2]}.#{gn[2]}@example.jp",
38        family_name: fn[0],
39        given_name: gn[0],
40        family_name_kana: fn[1],
41        given_name_kana: gn[1],
42        password: "password",
43        birthday: 60.years.ago.advance(seconds: rand(40.years)).to_date,
44        gender: m < 5 ? "male" : "female"
45      )
46      c.create_home_address!(
47        postal_code: sprintf("%07d", rand(10000000)),
48        prefecture: Address::PREFECTURE_NAMES.sample,
49        city: city_names.sample,
50        address1: "開発 1-2-3",
51        address2: "レイルズハイツ 301 号室"
52      )
53      if m % 3 == 0
54        c.create_work_address!(
55          postal_code: sprintf("%07d", rand(10000000)),
56          prefecture: Address::PREFECTURE_NAMES.sample,
57          city: city_names.sample,
58          address1: "試験 4-5-6",
59          address2: "ルビービル 2F",
60          company_name: company_names.sample
61        )
62      end
63    end
64  end
```

43 行目の advance メソッドについては262ページを、随所で使われている sample メソッドについては282ページを参照してください。

db/seeds.rb を書き直します。

リスト 16-8　db/seeds.rb

```
 1 - table_names = %w(staff_members administrators staff_events)
 1 + table_names = %w(staff_members administrators staff_events customers)
 :
```

シードデータを投入し直します。

```
$ bin/rails db:reset
```

16-2-2 顧客アカウントの一覧表示

顧客の一覧表示機能を実装します。管理者が職員のリストを表示する機能の作り方とほぼ同じですので、原則的に説明は省略してソースコードのみを示していきます。

■ ルーティング設定

リスト 16-9　config/routes.rb

```
  :
  9          resource :account, except: [ :new, :create, :destroy ]
 10          resource :password, only: [ :show, :edit, :update ]
 11 +        resources :customers
 12        end
 13      end
  :
```

■ 職員トップページにリンクを設置

リスト 16-10　app/controllers/staff/top_controller.rb

```
 1 class Staff::TopController < Staff::Base
 2   skip_before_action :authorize
```

```
 3
 4     def index
 5 +     if current_staff_member
 6 +       render action: "dashboard"
 7 +     else
 8 +       render action: "index"
 9 +     end
10     end
11   end
```

リスト 16-11　app/views/staff/top/dashboard.html.erb (New)

```
1  <% @title = "ダッシュボード" %>
2  <h1><%= @title %></h1>
3
4  <ul class="menu">
5    <li><%= link_to "顧客管理", :staff_customers %></li>
6  </ul>
```

Baukis2 に職員としてログインすると**図 16-1** のような画面が表示されます。

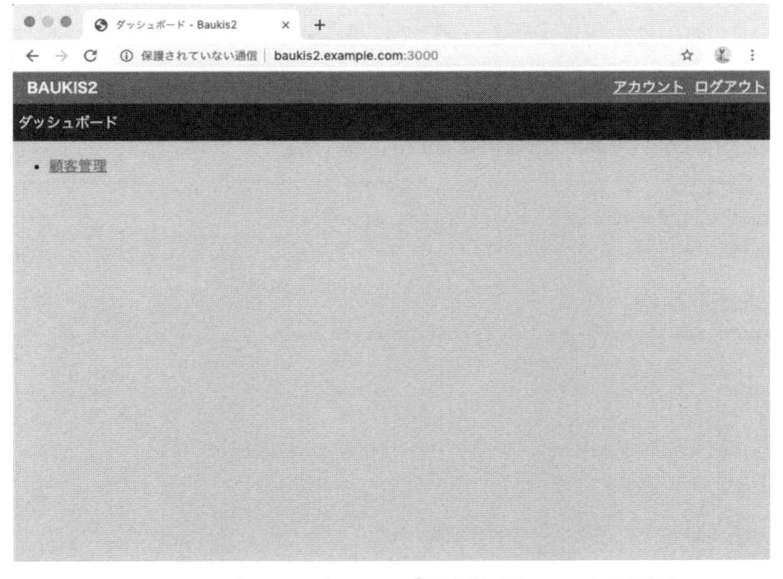

図 16-1　ダッシュボードに「顧客管理」リンクを設置

■ staff/customers#index アクション

staff/customers コントローラの骨組みを生成します。

```
$ bin/rails g controller staff/customers
```

index アクションを実装します。

リスト 16-12 app/controllers/staff/customers_controller.rb

```
1 - class Staff::CustomersController < ApplicationController
1 + class Staff::CustomersController < Staff::Base
2 +   def index
3 +     @customers = Customer.order(:family_name_kana, :given_name_kana)
4 +       .page(params[:page])
5 +   end
6   end
```

ページネーションの仕組みを導入しています。

■ CustomerPresenter

ERB テンプレートの作成を簡単にするため、Customer モデルのためのプレゼンター（Chapter 15）を作成します。

リスト 16-13 app/presenters/customer_presenter.rb (New)

```
1  class CustomerPresenter < ModelPresenter
2    delegate :email, to: :object
3
4    def full_name
5      object.family_name + " " + object.given_name
6    end
7
8    def full_name_kana
9      object.family_name_kana + " " + object.given_name_kana
10   end
11
12   def birthday
13     return "" if object.birthday.blank?
14     object.birthday.strftime("%Y/%m/%d")
15   end
```

```
16
17    def gender
18      case object.gender
19      when "male"
20        "男性"
21      when "female"
22        "女性"
23      else
24        ""
25      end
26    end
27  end
```

■ staff/customers#index アクションの ERB テンプレート

CustomerPresenter を利用して、顧客情報を ERB テンプレートに埋め込みます。

リスト 16-14　app/views/staff/customers/index.html.erb (New)

```
1   <% @title = "顧客管理" %>
2   <h1><%= @title %></h1>
3
4   <div class="table-wrapper">
5     <div class="links">
6       <%= link_to "新規登録", :new_staff_customer %>
7     </div>
8
9     <%= paginate @customers %>
10
11    <table class="listing">
12      <tr>
13        <th>氏名</th>
14        <th>フリガナ</th>
15        <th>メールアドレス</th>
16        <th>生年月日</th>
17        <th>性別</th>
18        <th>アクション</th>
19      </tr>
20      <% @customers.each do |c| %>
21        <% p = CustomerPresenter.new(c, self) %>
22        <tr>
23          <td><%= p.full_name %></td>
24          <td><%= p.full_name_kana %></td>
```

```
25          <td class="email"><%= p.email %></td>
26          <td class="date"><%= p.birthday %></td>
27          <td><%= p.gender %></td>
28          <td class="actions">
29            <%= link_to "詳細", [ :staff, c ] %> |
30            <%= link_to "編集", [ :edit, :staff, c ] %> |
31            <%= link_to "削除", [ :staff, c ], method: :delete,
32              data: { confirm: "本当に削除しますか？" } %>
33          </td>
34        </tr>
35      <% end %>
36    </table>
37
38    <%= paginate @customers %>
39
40    <div class="links">
41      <%= link_to "新規登録", :new_staff_customer %>
42    </div>
43  </div>
```

■ スタイルシート

ページネーションのためのスタイルシートは、名前空間 admin 用に作ったものを名前空間 staff 用のディレクトリにコピーします。

```
$ pushd app/assets/stylesheets
$ cp admin/pagination.scss staff/
$ popd
```

ブラウザで顧客一覧を表示すると図 16-2 のような画面になります。

図 16-2　顧客一覧にページネーション機能を追加

16-2-3 顧客アカウントの詳細表示

次に、顧客の基本情報、自宅住所、勤務先の各項目を表示する機能を実装します。特に難しいところはありませんので、原則としてソースコードのみを示します。

■ staff/customers#show アクション

リスト 16-15　app/controllers/staff/customers_controller.rb

```
  :
 4          .page(params[:page])
 5      end
 6 +
 7 +    def show
 8 +      @customer = Customer.find(params[:id])
 9 +    end
10    end
```

■ ModelPresenter の修正

モデルプレゼンターの共通祖先である ModelPresenter クラスに、created_at メソッドと updated_at メソッドを追加します。

リスト 16-16　app/presenters/model_presenter.rb

```
  :
 9       @view_context = view_context
10     end
11 +
12 +   def created_at
13 +     object.created_at.try(:strftime, "%Y/%m/%d %H:%M:%S")
14 +   end
15 +
16 +   def updated_at
17 +     object.updated_at.try(:strftime, "%Y/%m/%d %H:%M:%S")
18 +   end
19   end
```

これらのメソッドは、後で顧客詳細情報を ERB テンプレートに埋め込む際に利用します。

■ AddressPresenter の作成

Address モデル用のプレゼンターを作成します。

リスト 16-17　app/presenters/address_presenter.rb (New)

```
 1   class AddressPresenter < ModelPresenter
 2     delegate :prefecture, :city, :address1, :address2,
 3       :company_name, :division_name, to: :object
 4
 5     def postal_code
 6       if md = object.postal_code.match(/\A(\d{3})(\d{4})\z/)
 7         md[1] + "-" + md[2]
 8       else
 9         object.postal_code
10       end
11     end
12   end
```

郵便番号は前 3 桁と後 4 桁に分解して、マイナス記号で連結して ERB テンプレートに埋め込みます。

■ staff/customers#show アクションの ERB テンプレート

CustomerPresenter と AddressPresenter を利用して、顧客の基本情報、自宅住所、勤務先の各項目を ERB テンプレートに埋め込んでいきます。

リスト 16-18　app/views/staff/customers/show.html.erb (New)

```
1  <% @title = "顧客詳細情報" %>
2  <h1><%= @title %></h1>
3
4  <div class="table-wrapper">
5    <table class="attributes">
6      <tr><th colspan="2">基本情報</th></tr>
7      <% p1 = CustomerPresenter.new(@customer, self) %>
8      <tr><th>氏名</th><td><%= p1.full_name %></td></tr>
9      <tr><th>フリガナ</th><td><%= p1.full_name_kana %></td></tr>
10     <tr><th>生年月日</th><td class="date"><%= p1.birthday %></td></tr>
11     <tr><th>性別</th><td><%= p1.gender %></td></tr>
12     <tr><th>登録日時</th><td class="date"><%= p1.created_at %></td></tr>
13     <tr><th>更新日時</th><td class="date"><%= p1.updated_at %></td></tr>
14     <% if @customer.home_address %>
15       <% p2 = AddressPresenter.new(@customer.home_address, self) %>
16       <tr><th colspan="2">自宅住所</th></tr>
17       <tr><th>郵便番号</th><td><%= p2.postal_code %></td></tr>
18       <tr><th>都道府県</th><td><%= p2.prefecture %></td></tr>
19       <tr><th>市区町村</th><td><%= p2.city %></td></tr>
20       <tr><th>町域、番地等</th><td><%= p2.address1 %></td></tr>
21       <tr><th>建物名、部屋番号等</th><td><%= p2.address2 %></td></tr>
22     <% end %>
23     <% if @customer.work_address %>
24       <% p3 = AddressPresenter.new(@customer.work_address, self) %>
25       <tr><th colspan="2">勤務先</th></tr>
26       <tr><th>会社名</th><td><%= p3.company_name %></td></tr>
27       <tr><th>部署名</th><td><%= p3.division_name %></td></tr>
28       <tr><th>郵便番号</th><td><%= p3.postal_code %></td></tr>
29       <tr><th>都道府県</th><td><%= p3.prefecture %></td></tr>
30       <tr><th>市区町村</th><td><%= p3.city %></td></tr>
31       <tr><th>町域、番地等</th><td><%= p3.address1 %></td></tr>
32       <tr><th>建物名、部屋番号等</th><td><%= p3.address2 %></td></tr>
33     <% end %>
34   </table>
35 </div>
```

ブラウザで適当な職員の「詳細」リンクをクリックすると図 16-3 のようになります。

顧客詳細情報 - Baukis2
baukis2.example.com:3000/customers/51
BAUKIS2 アカウント ログアウト
顧客詳細情報

基本情報	
氏名	伊藤 一郎
フリガナ	イトウ イチロウ
生年月日	1968/05/28
性別	男性
登録日時	2019/09/21 10:49:00
更新日時	2019/09/21 10:49:00
自宅住所	
郵便番号	526-0136
都道府県	岐阜県
市区町村	赤巻市
町域、番地等	開発1-2-3
建物名、部屋番号等	レイルズハイツ301号室
勤務先	
会社名	OIAX
部署名	
郵便番号	635-8960
都道府県	岩手県
市区町村	赤巻市
町域、番地等	試験4-5-6
建物名、部屋番号等	ルビービル2F

© 2019 Tsutomu Kuroda

図 16-3　顧客詳細情報

16-3 顧客アカウントの新規登録・編集フォーム

本書の中で何度か紹介したフォームオブジェクトの考え方を利用して、職員が顧客の情報を新規登録・編集するためのフォームをブラウザに表示します。

16-3-1 フォームオブジェクトの作成

フォームオブジェクトについては Chapter 8 と Chapter 14 で学習しました。今回作るフォームオブジェクト `Staff::CustomerForm` は、3 つのモデルオブジェクトを扱います。すなわち `Customer` オブジェクト、`HomeAddress` オブジェクト、`WorkAddress` オブジェクトです。ただし、フォームオブジェクトが属性として所持するのは `Customer` オブジェクトです。残りの 2 つのオブジェクトは、`Customer`

オブジェクト経由で間接的に所持することになります。

フォームオブジェクト Staff::CustomerForm の初期実装は次のとおりです。

リスト 16-19 app/forms/staff/customer_form.rb (New)

```
 1  class Staff::CustomerForm
 2    include ActiveModel::Model
 3
 4    attr_accessor :customer
 5    delegate :persisted?, to: :customer
 6
 7    def initialize(customer = nil)
 8      @customer = customer
 9      @customer ||= Customer.new(gender: "male")
10      @customer.build_home_address unless @customer.home_address
11      @customer.build_work_address unless @customer.work_address
12    end
13  end
```

5 行目をご覧ください。

```
    delegate :persisted?, to: :customer
```

クラスメソッド delegate については Chapter 15 で説明しました。persisted?メソッドを customer 属性に委譲しています。すなわち、このフォームオブジェクトの persisted?メソッドが呼び出されると、customer.persisted?という式が評価されます。

persisted?メソッドは、モデルオブジェクトがデータベースに保存されているかどうかを真偽値で返します。非 Active Record モデルの persisted?メソッドはデフォルトで false を返すので、クラスメソッド delegate を用いて persisted?メソッドをオーバーライド（上書き）しています。

なぜ、このオーバーライドが必要なのでしょうか。実は、ヘルパーメソッド form_with がフォーム送信時に使用する HTTP メソッドを決定する際に、対象オブジェクトの persisted?メソッドを呼んでいるのです。その戻り値が真であれば HTTP メソッドは PATCH に、偽であれば POST になります。すなわち、このオーバーライドをしないと、常に非 ActiveRecord モデルの persisted?メソッドが評価されるため、HTTP メソッドが POST に固定されてしまうのです。

次に、8〜9 行をご覧ください。

```
      @customer = customer
      @customer ||= Customer.new(gender: "male")
```

customer属性（インスタンス変数@customer）を初期化しています。引数customerが指定されていない場合は、Customer.newでCustomerオブジェクトを作っています。フォームの初期値としてgender属性に"male"を指定しています。

続く10～11行では、CustomerオブジェクトにHomeAddressオブジェクトとWorkAddressオブジェクトを結び付けています。

```
      @customer.build_home_address unless @customer.home_address
      @customer.build_work_address unless @customer.work_address
```

build_home_addressは、クラスメソッドhas_oneによってCustomerモデルに追加されたインスタンスメソッドで、初期状態のHomeAddressオブジェクトをインスタンス化して自分自身と結び付けます。この段階ではHomeAddressオブジェクトはデータベースに保存されません。このオブジェクトはフォームを表示するために利用されます。

16-3-2 new/editアクションの実装

staff/customersコントローラにnewアクションとeditアクションを追加します。

リスト16-20　app/controllers/staff/customers_controller.rb

```
 :
 7      def show
 8        @customer = Customer.find(params[:id])
 9      end
10 +
11 +    def new
12 +      @customer_form = Staff::CustomerForm.new
13 +    end
14 +
15 +    def edit
16 +      @customer_form = Staff::CustomerForm.new(Customer.find(params[:id]))
17 +    end
18    end
```

Staff::CustomerFormのコンストラクタは引数としてCustomerオブジェクトを取ります。ただし、引数は省略可能です。引数を省略した場合どうなるかは、Staff::Customerクラスのinitializeメソッドのコードを読み返してください（375ページ）。

16-3-3 フォームプレゼンターの作成

ERB テンプレートの作成に入る前に、Customer モデルと Address モデルのためのフォームプレゼンター（Chapter 15）を作成します。

■ CustomerFormPresenter クラスの作成

Customer モデルは StaffMember モデルと共通する属性が多いので、CustomerFormPresenter クラスは StaffMemberPresenter クラスのコードを一部借り受ける形で作ることにします。

まず、mv コマンドで StaffMemberPresenter クラスのソースコードのファイル名を staff_member_form_presenter.rb から user_form_presenter.rb に変更します。

```
$ mv app/presenters/staff_member_form_presenter.rb \
app/presenters/user_form_presenter.rb
```

そして、クラス名を UserFormPresenter に書き換え、suspended_check_box メソッドを除去します。

リスト 16-21　app/presenters/user_form_presenter.rb

```
 1 - class StaffMemberFormPresenter < FormPresenter
 1 + class UserFormPresenter < FormPresenter
 :
17 -
18 -   def suspended_check_box
19 -     markup(:div, class: "check-boxes") do |m|
20 -       m << check_box(:suspended)
21 -       m << label(:suspended, "アカウント停止")
22 -     end
23 -   end
24   end
```

あらためて StaffMemberFormPresenter を作ります。

リスト 16-22　app/presenters/staff_member_form_presenter.rb (New)

```
1  class StaffMemberFormPresenter < UserFormPresenter
2    def suspended_check_box
3      markup(:div, class: "check-boxes") do |m|
4        m << check_box(:suspended)
5        m << label(:suspended, "アカウント停止")
```

```
6         end
7       end
8     end
```

そして、CustomerFormPresenter を作ります。

リスト 16-23 app/presenters/customer_form_presenter.rb (New)

```
1  class CustomerFormPresenter < UserFormPresenter
2    def gender_field_block
3      markup(:div, class: "radio-buttons") do |m|
4        m << decorated_label(:gender, "性別")
5        m << radio_button(:gender, "male")
6        m << label(:gender_male, "男性")
7        m << radio_button(:gender, "female")
8        m << label(:gender_female, "女性")
9      end
10   end
11 end
```

gender_field_block メソッドは、顧客の性別を選択するためのラジオボタン 2 個を含む div 要素を生成します。ラジオボタンを水平に並べるため、div 要素に radio-buttons クラスを指定しています。

■ AddressFormPresenter クラスの作成

AddressFormPresenter クラスには、郵便番号の入力欄を生成する postal_code_block メソッドを実装します。

リスト 16-24 app/presenters/address_form_presenter.rb (New)

```
1  class AddressFormPresenter < FormPresenter
2    def postal_code_block(name, label_text, options)
3      markup(:div, class: "input-block") do |m|
4        m << decorated_label(name, label_text, options)
5        m << text_field(name, options)
6        m.span " (7 桁の半角数字で入力してください。)", class: "notes"
7        m << error_messages_for(name)
8      end
9    end
10 end
```

■ FormPresenter クラスの拡張

最後に、汎用的な drop_down_list_block メソッドを FormPresenter クラスに追加します。

リスト 16-25　app/presenters/form_presenter.rb

```
 :
42      end
43 +
44 +    def drop_down_list_block(name, label_text, choices, options = {})
45 +      markup(:div, class: "input-block") do |m|
46 +        m << decorated_label(name, label_text, options)
47 +        m << form_builder.select(name, choices, { include_blank: true }, options)
48 +        m << error_messages_for(name)
49 +      end
50 +    end
51
52      def error_messages_for(name)
 :
```

フォームビルダーの select メソッドを用いてドロップダウンリスト（セレクトボックス）を生成しています。第 2 引数には選択項目の配列、第 3 引数には select メソッドの振る舞いを変更するオプション、第 4 引数には HTML の select 要素に指定する属性を設定するためのオプションを指定します。第 3 引数で include_blank オプションに true を指定すると、空白の選択肢がリストの先頭に加えられます。

16-3-4 ERB テンプレート本体の作成

new アクションのための ERB テンプレート本体を作ります。

リスト 16-26　app/views/staff/customers/new.html.erb (New)

```
1  <% @title = "顧客の新規登録" %>
2  <h1><%= @title %></h1>
3
4  <div id="generic-form">
5    <%= form_with model: @customer_form, scope: "form",
6          url: :staff_customers do |f| %>
7      <%= render "form", f: f %>
8      <div class="buttons">
```

```
 9          <%= f.submit "登録" %>
10          <%= link_to "キャンセル", :staff_customers %>
11        </div>
12      <% end %>
13    </div>
```

ヘルパーメソッド `form_with` に指定されている `scope` オプションについて説明します。

`form_with` によって生成される HTML フォームの各フィールドの名前は、一般に次のような形式を持っています。

```
x[y]
```

`x` を**プレフィックス**、`y` を属性名と呼びます。`form_with` は、デフォルトでは `model` オプションに指定されたオブジェクトのクラス名からプレフィックスを導き出します。そのオブジェクトが `StaffMember` クラスのインスタンスであれば、プレフィックスは `staff_member` となり、`StaffMember` オブジェクトの `email` 属性のフィールドの名前は `staff_member[email]` となります。そして、アクション側でこのフィールドに入力された値を取得するコードは、`params[:staff_member][:email]` となります。また、プレフィックスはフォーム内に置かれた HTML 要素の `id` 属性の接頭辞としても使われます。

さて、ここではインスタンス変数`@customer_form` には `Staff::CustomerForm` オブジェクトがセットされていますので、デフォルトでは `staff_customer_form` がプレフィックスとなります。先に述べたようにプレフィックスはソースコードのさまざまな場面で使われるので、長いパラメータ名はソースコードが読みにくくなる原因になります。これを解消するのが `scope` オプションです。`form_with` メソッドの `scope` オプションに文字列を指定すると、それがプレフィックスとして使われるようになります。

続いて、`edit` アクションのための ERB テンプレート本体を作ります。

リスト 16-27　app/views/staff/customers/edit.html.erb (New)

```
1  <% @title = "顧客アカウントの編集" %>
2  <h1><%= @title %></h1>
3
4  <div id="generic-form">
5    <%= form_with model: @customer_form, scope: "form",
6          url: [ :staff, @customer_form.customer ] do |f| %>
7      <%= render "form", f: f %>
8      <div class="buttons">
9        <%= f.submit "更新" %>
```

```
10        <%= link_to "キャンセル", :staff_customers %>
11      </div>
12    <% end %>
13  </div>
```

16-3-5 部分テンプレート群の作成

■ 部分テンプレート (1)

部分テンプレート_form.html.erb を次のように作成します。

リスト 16-28　app/views/staff/customers/_form.html.erb (New)

```
1   <%= FormPresenter.new(f, self).notes %>
2   <fieldset id="customer-fields">
3     <legend>基本情報</legend>
4     <%= render "customer_fields", f: f %>
5   </fieldset>
6   <fieldset id="home-address-fields">
7     <legend>自宅住所</legend>
8     <%= render "home_address_fields", f: f %>
9   </fieldset>
10  <fieldset id="work-address-fields">
11    <legend>勤務先</legend>
12    <%= render "work_address_fields", f: f %>
13  </fieldset>
```

1 行目では FormPresenter の notes メソッドで、「* 印の付いた項目は入力必須です。」という注意書きをフォームの右上に表示しています。4、8、12 行目では、さらに別の部分テンプレートを呼び出しています。

■ 部分テンプレート (2)

基本情報セクションのフィールド群を生成する部分テンプレート_customer_fields.html.erb を作成します。

リスト 16-29　app/views/staff/customers/_customer_fields.html.erb (New)

```
1   <%= f.fields_for :customer, f.object.customer do |ff| %>
```

```
2    <%= markup do |m|
3      p = CustomerFormPresenter.new(ff, self)
4      p.with_options(required: true) do |q|
5        m << q.text_field_block(:email, "メールアドレス", size: 32)
6        m << q.password_field_block(:password, "パスワード", size: 32)
7        m << q.full_name_block(:family_name, :given_name, "氏名")
8        m << q.full_name_block(:family_name_kana, :given_name_kana, "フリガナ")
9      end
10     m << p.date_field_block(:birthday, "生年月日")
11     m << p.gender_field_block
12   end %>
13 <% end %>
```

フォームビルダーのインスタンスメソッド`fields_for`を用いて、フォームの対象となるオブジェクトを切り替えています。このメソッドは2つの引数を取ります。第1引数が「レコード名」で、第2引数が対象となるオブジェクトです。

このフォームの役割を思い出してください。`Customer`モデル、`HomeAddress`モデル、`WorkAddress`モデルという3種類のモデルを同時に取り扱うフォームです。しかし、この部分テンプレートでは`Customer`モデルに関連するフィールドだけを生成します。そこで、`fields_for`メソッドによって対象オブジェクトを切り替えたのです。

さて、`fields_for`メソッドを用いるとフィールド名の形式が変化します。たとえば、`email`属性のフィールド名は、

```
form[customer][email]
```

となります。先頭の`form`は380ページで説明したプレフィックスです。1番目の角括弧内の`customer`が`fields_for`の第1引数で指定したレコード名です。そして2番目の角括弧内の`email`が属性名です。

この結果、フォームからの送信データを受け取るアクション側では、

```
params[:form][:customer][:email]
```

というコードで基本情報セクションの`email`フィールドに記入された値を取得できることになります。また、

```
params[:form][:customer]
```

というコードで基本情報セクションの各フィールドに記入された値を含むハッシュを取得できます。

このハッシュは、そのまま Customer オブジェクトの assign_attributes メソッドに引数として指定できます。ただし、事前に Strong Parameters のフィルターを通す必要があります。

■ 部分テンプレート (3)

自宅住所セクションのフィールド群を生成する部分テンプレート _home_address_fields.html.erb を作成します。

リスト 16-30 app/views/staff/customers/_home_address_fields.html.erb (New)

```
1  <%= f.fields_for :home_address, f.object.customer.home_address do |ff| %>
2    <%= markup do |m|
3      p = AddressFormPresenter.new(ff, self)
4      p.with_options(required: true) do |q|
5        m << q.postal_code_block(:postal_code, "郵便番号", size: 7)
6        m << q.drop_down_list_block(:prefecture, "都道府県",
7          Address::PREFECTURE_NAMES)
8        m << q.text_field_block(:city, "市区町村", size: 16)
9        m << q.text_field_block(:address1, "町域、番地等", size: 40)
10     end
11     m << p.text_field_block(:address2, "建物名、部屋番号等", size: 40)
12   end %>
13 <% end %>
```

フォームビルダーの fields_for メソッドを用いて、フォームの対象を HomeAddress オブジェクトに切り替えています。この結果、フォームからの送信データを受け取るアクション側では、

```
params[:form][:home_address]
```

というコードで自宅住所の各フィールドに入力された値を含むハッシュを取得できるようになります。

■ 部分テンプレート (4)

勤務先セクションのフィールド群を生成する部分テンプレート _work_address_fields.html.erb を作成します。

リスト 16-31 app/views/staff/customers/_work_address_fields.html.erb (New)

```
1  <%= f.fields_for :work_address, f.object.customer.work_address do |ff| %>
2    <%= markup do |m|
3      p = AddressFormPresenter.new(ff, self)
```

```
4       m << p.text_field_block(:company_name, "会社名", size: 40, required: true)
5       m << p.text_field_block(:division_name, "部署名", size: 40)
6       m << p.postal_code_block(:postal_code, "郵便番号", size: 7)
7       m << p.drop_down_list_block(:prefecture, "都道府県",
8         Address::PREFECTURE_NAMES)
9       m << p.text_field_block(:city, "市区町村", size: 16)
10      m << p.text_field_block(:address1, "町域、番地等", size: 40)
11      m << p.text_field_block(:address2, "建物名、部屋番号等", size: 40)
12    end %>
13  <% end %>
```

書いてある内容は部分テンプレート`_home_address_fiels`とほぼ同じです。相違点は、会社名と部署名のフィールドが加わっている点と、会社名フィールドだけが入力必須（`required`）である点です。

■ 動作確認

では、動作確認をしましょう。ブラウザで顧客一覧ページを開き、適当な顧客の「編集」ボタンをクリックしてください。すると、**図 16-4** のような画面が表示されます。

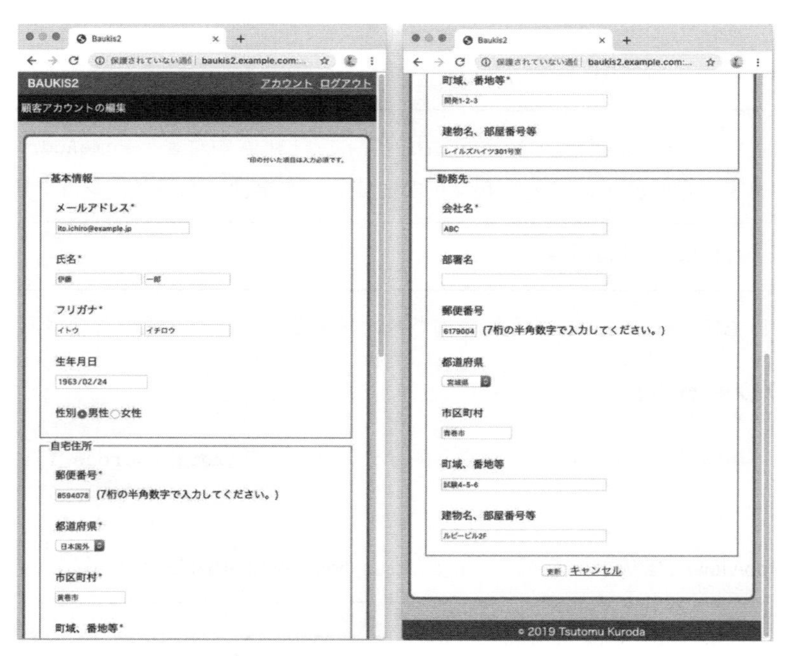

図 16-4　顧客アカウント編集フォーム

そして、「キャンセル」リンクをクリックして顧客一覧ページに戻り、「新規登録」リンクをクリックして、顧客アカウント編集ページと同様のフォームが表示されることを確認してください。

16-4 顧客アカウントの新規登録・更新・削除

前節で作成したフォームから送られてくるデータを受けて、顧客アカウントを新規登録・更新する機能を実装します。また、顧客アカウントを削除する機能も作ります。

16-4-1 フォームオブジェクトの拡張

■ assign_attributes メソッドの追加

まず、フォームオブジェクト Staff::CustomerForm に、フォームから送信されたデータを受ける assign_attributes メソッドを追加します。

リスト 16-32　app/forms/staff/customer_form.rb

```
  :
11        @customer.build_work_address unless @customer.work_address
12      end
13 +
14 +    def assign_attributes(params = {})
15 +      @params = params
16 +
17 +      customer.assign_attributes(customer_params)
18 +      customer.home_address.assign_attributes(home_address_params)
19 +      customer.work_address.assign_attributes(work_address_params)
20 +    end
21 +
22 +    private def customer_params
23 +      @params.require(:customer).permit(
24 +        :email, :password,
25 +        :family_name, :given_name, :family_name_kana, :given_name_kana,
26 +        :birthday, :gender
27 +      )
28 +    end
29 +
30 +    private def home_address_params
```

```
31 +     @params.require(:home_address).permit(
32 +       :postal_code, :prefecture, :city, :address1, :address2,
33 +     )
34 +   end
35 +
36 +   private def work_address_params
37 +     @params.require(:work_address).permit(
38 +       :postal_code, :prefecture, :city, :address1, :address2,
39 +       :company_name, :division_name
40 +     )
41 +   end
42 end
```

後述するように、assign_attributes メソッドは次のように利用されます。

```
@customer_form.assign_attributes(params[:form])
```

params[:form] が返すのは、:customer、:home_address、:work_address という 3 つのキーを持つハッシュです。そのハッシュを h とすれば、h[:customer] は基本情報セクションの各フィールドに入力された値を含むハッシュを返します。同様に、h[:home_address] は自宅住所セクションの、h[:work_address] は勤務先セクションの各フィールドに入力された値を含むハッシュを返すことになります。

これらの点を踏まえて、assign_attributes メソッドの中身をご覧ください。

```
@params = params
customer.assign_attributes(customer_params)
customer.home_address.assign_attributes(home_address_params)
customer.work_address.assign_attributes(work_address_params)
```

まずインスタンス変数@params に引数 params をセットしています。そして、customer 属性の assign_attributes メソッドを呼び出して、フォームで入力された値を顧客の各属性にセットしています。ただしプライベートメソッド customer_params を呼び出すことにより、フォームで入力された値を Strong Parameters のフィルターに通しています。

同様に、customer.home_address と customer.work_address についても、それぞれ assign_attributes メソッドを呼び出し、自宅住所と勤務先の各属性を変更しています。

> この章の冒頭で書いたように、自宅住所と勤務先の入力はオプショナル（省略可能）ですが、現段階ではこの仕様を考慮していません。次章でこの仕様を踏まえた実装に変更します。

■ save メソッドの追加

次に、顧客、自宅住所、勤務先の情報をデータベースに保存する save メソッドを Staff::CustomerForm クラスに追加します。

リスト 16-33　app/forms/staff/customer_form.rb

```
 :
19        customer.work_address.assign_attributes(work_address_params)
20      end
21 +
22 +    def save
23 +      ActiveRecord::Base.transaction do
24 +        customer.save!
25 +        customer.home_address.save!
26 +        customer.work_address.save!
27 +      end
28 +    end
29
30      private def customer_params
 :
```

まず、24～26 行をご覧ください。

```
customer.save!
customer.home_address.save!
customer.work_address.save!
```

Customer オブジェクト、HomeAddress オブジェクト、WorkAddress オブジェクトを順にデータベースへ保存しています。Customer オブジェクトと HomeAddress オブジェクトは関連付けられてはいますが、Customer オブジェクトが保存されても自動的に HomeAddress オブジェクトが保存されるわけではありません。明示的に保存する必要があります。WorkAddress オブジェクトも同様です。

> 正確に言えば、Customer オブジェクトがデータベース未保存の場合は、Customer オブジェクトを保存する際に自動的に HomeAddress オブジェクトと WorkAddress オブジェクトもデータベースに保存されます。Customer オブジェクトがデータベース保存済みの場合、それらは自動的に保存されません。この点については、次章で改めて検討します。

さて、24～26 行のコードは ActiveRecord::Base.transaction ブロックで囲まれています。これは、この範囲のデータベース処理を**トランザクション**として実行することを意味します。トランザクションは、データベース管理システムの機能です。ごく簡単に言えば、複数のデータベース操作を実行したときに、その結果が「すべて完了」あるいは「すべて取り消し」のいずれかになることを保証する仕組みです。

顧客の新規登録・更新のケースで言えば、3つのデータベース操作のうち1つでも失敗すれば、すべての操作が取り消されます。トランザクション処理により、データベースに不整合が生じる事態を防止できます。

16-4-2 create/update アクションの実装

フォームオブジェクトに追加された assign_attributes メソッドと save メソッドを用いて、staff/customers コントローラに create アクションと update アクションを追加します。

リスト 16-34　app/controllers/staff/customers_controller.rb

```
  :
15      def edit
16        @customer_form = Staff::CustomerForm.new(Customer.find(params[:id]))
17      end
18 +
19 +    def create
20 +      @customer_form = Staff::CustomerForm.new
21 +      @customer_form.assign_attributes(params[:form])
22 +      if @customer_form.save
23 +        flash.notice = "顧客を追加しました。"
24 +        redirect_to action: "index"
25 +      else
26 +        flash.now.alert = "入力に誤りがあります。"
27 +        render action: "new"
28 +      end
29 +    end
30 +
31 +    def update
32 +      @customer_form = Staff::CustomerForm.new(Customer.find(params[:id]))
33 +      @customer_form.assign_attributes(params[:form])
34 +      if @customer_form.save
35 +        flash.notice = "顧客情報を更新しました。"
36 +        redirect_to action: "index"
37 +      else
38 +        flash.now.alert = "入力に誤りがあります。"
39 +        render action: "edit"
40 +      end
41 +    end
```

```
42  end
```

Staff::CustomerForm クラスの役割・使い方を理解していれば、特に難しいところはないはずですので、ソースコードの説明は省略します。

ブラウザで顧客情報の新規登録と更新が正しくできるかどうかを確かめてください。ただし、まだバリデーションが実装されていないので、「入力に誤りがあります。」というフラッシュメッセージの表示確認はできません。バリデーションは次章で実装します。

16-4-3 destroy アクションの実装

最後に、顧客アカウントの削除機能を作って本章を閉じることにしましょう。

リスト 16-35　app/controllers/staff/customers_controller.rb

```
 :
39          render action: "edit"
40        end
41      end
42 +
43 +    def destroy
44 +      customer = Customer.find(params[:id])
45 +      customer.destroy!
46 +      flash.notice = "顧客アカウントを削除しました。"
47 +      redirect_to :staff_customers
48 +    end
49    end
```

ブラウザで顧客一覧ページを開き、適当な顧客を選んで「削除」リンクをクリックしてください。「本当に削除しますか？」というポップアップウィンドウが現れて、「OK」ボタンをクリックすれば、顧客アカウントが削除されます。

Chapter 17
Capybara

Chapter 17 では、Capybara（カピバラ）を利用したテストの書き方を学びます。そして、テストを活用して Baukis2 の顧客管理機能を少しずつ改良していきます。

17-1 Capybara

この節では、HTTP 通信をエミュレートするライブラリ Capybara を用いたテストの書き方を学びます。

17-1-1 Capybara とは

Capybara（カピバラ）とは、Web ブラウザと Web アプリケーションの間で交わされる HTTP 通信をエミュレート（模倣）するためのライブラリです。これを RSpec に組み込むと、Rails アプリケーションのテストをより直観的に記述できるようになります。

次のコード例をご覧ください。

```
visit staff_login_path
within("#login-form") do
  fill_in "メールアドレス", with: "test@example.com"
  fill_in "パスワード", with: "pw"
```

```
    click_button "ログイン"
  end
  expect(page).to have_css("header span.notice")
```

職員がBaukis2にログインする機能をCapybaraで記述してみたものです。

visitメソッドやfill_inメソッドの使用法については後で詳しく解説しますが、メソッド名から何をテストしようとしているのかがだいたい推測できるのではないでしょうか。ログインフォームのページを開き、ログインフォームにある「メールアドレス」フィールドに「test@example.com」、「パスワード」フィールドに「pw」と入力し、「ログイン」ボタンをクリックすると、ヘッダ部分にフラッシュによる通知が表示されるかどうか。これをテストしています。

17-1-2 準備作業

■ FeaturesSpecHelperモジュール

Capybaraを用いてBaukis2のテストを行うに当たり、2つのヘルパーメソッドを含むFeaturesSpecHelperモジュールを用意します。

リスト17-1　spec/support/features_spec_helper.rb (New)

```
 1 module FeaturesSpecHelper
 2   def switch_namespace(namespace)
 3     config = Rails.application.config.baukis2
 4     Capybara.app_host = "http://" + config[namespace][:host]
 5   end
 6
 7   def login_as_staff_member(staff_member, password = "pw")
 8     visit staff_login_path
 9     within("#login-form") do
10       fill_in "メールアドレス", with: staff_member.email
11       fill_in "パスワード", with: password
12       click_button "ログイン"
13     end
14   end
15 end
```

switch_namespaceメソッドは、ルーティングの名前空間を切り替えます。Capybaraがデフォルトで使用するホスト名はwww.example.comです。Baukis2の場合は、ホスト名によってルーティングの名前空間を切り替えているので、config/environments/test.rb に記載されたホスト名を Capybara が使用するように設定する必要があります。

Capybara.app_host にホスト名を http://付きで指定すれば、Capybara が使用するホスト名を設定できます。Rails.application.config に関しては186ページを参照してください。

login_as_staff_member は、その名のとおり、職員として Baukis2 にログインするメソッドです。第 1 引数には StaffMember オブジェクト、第 2 引数（省略可能）にはパスワードを指定します。

8 行目では visit メソッドにより、特定のページを訪問しています。staff_login_path は Rails 側で定義されたヘルパーメソッドで、"/login"という文字列を返します。ですから、8 行目は次のようにも書けます。

```
visit "/login"
```

しかし、開発が進むにつれてルーティングが変更される可能性がありますので、なるべくヘルパーメソッドを使用することをお勧めします。

9 行目では within メソッドにより HTML 文書内で対象範囲を絞り込んでいます。引数に指定している"#login-form"は CSS セレクタです。within ブロック内では id 属性に"login-form"という値を持つ HTML 要素の内側が、Capybara による操作の対象となります。

10～11 行では、fill_in メソッドでフォームのフィールドに文字列を入力しています。引数にはフィールドに対応するラベルの文字列を指定し、with オプションの値に入力する文字列を指定します。引数にはラベル文字列の代わりに input 要素の id 属性もしくは name 属性の値を指定することも可能で、10 行目は次のようにも書けます。

```
fill_in "staff_login_form_email", with: staff_member.email  # id属性を指定
fill_in "staff_login_form[email]", with: staff_member.email # name属性を指定
```

ソースコードの保守性を考慮するとラベル文字列よりも id 属性で指定する方がよいかもしれません。たいていは id 属性の方が変化しにくいからです。しかし、ソースコードの読みやすさでは、ラベル文字列を用いた方が有利です。悩ましい選択ですが、本書では読みやすさを重視することにしました。

12 行目では click_button メソッドでボタンをクリックしています。引数にはボタンに記載されているラベル文字列、またはボタン要素（input 要素または button 要素）の id 属性の値を指定します。

■ ファクトリーの定義

次に顧客管理のテストで使用するファクトリー（157ページ参照）を定義します。まず、HomeAddress モデルと WorkAddress モデルのファクトリーから定義します。

リスト 17-2　spec/factories/addresses.rb (New)

```
FactoryBot.define do
  factory :home_address do
    postal_code { "1000000" }
    prefecture { "東京都" }
    city { "千代田区" }
    address1 { "試験 1-1-1" }
    address2 { "" }
  end

  factory :work_address do
    company_name { "テスト" }
    division_name { "開発部" }
    postal_code { "1050000" }
    prefecture { "東京都" }
    city { "港区" }
    address1 { "試験 1-1-1" }
    address2 { "" }
  end
end
```

この 2 つのファクトリーの定義で留意すべきことは、NOT NULL 制約が課せられた customer_id 属性の値が設定されていない点です。つまり、単に spec ファイルの中で create(:home_address) と記述しただけではダメで、必ず次のように customer_id 属性の値を補わなければなりません。

```
create(:home_address, customer_id: 1)
```

もちろん外部キー制約も効いていますので、1 という id を持つ Customer オブジェクトがすでに存在している必要もあります。しかし、build(:home_address) と記述してデータベース未保存の HomeAddress オブジェクトを作ることは問題ありません。

次に Customer モデルのファクトリーを定義します。

リスト 17-3　spec/factories/customers.rb (New)

```
1  FactoryBot.define do
2    factory :customer do
3      sequence(:email) { |n| "member#{n}@example.jp" }
4      family_name { "山田" }
5      given_name { "太郎" }
6      family_name_kana { "ヤマダ" }
7      given_name_kana { "タロウ" }
8      password { "pw" }
9      birthday { Date.new(1970, 1, 1) }
10     gender { "male" }
11     association :home_address, strategy: :build
12     association :work_address, strategy: :build
13   end
14 end
```

11〜12行では、associationメソッドで関連付けを行っています。associationメソッドの第1引数には、ファクトリーの名前を指定します。これらの指定があるおかげで、私たちはspecファイルの中で単にcreate(:customer)とかbuild(:customer)と書くだけで、HomeAddressオブジェクトおよびWorkAddressオブジェクトと関連付けられたCustomerオブジェクトを手に入れられます。

ところで、associationメソッドのstrategyオプションにシンボル:buildが指定されています。このオプション指定は重要です。通常、associationメソッドは、関連付けられるオブジェクトをcreateメソッドで作成します。しかし、前述のようにファクトリー:home_addressと:work_addressはcreateメソッドにファクトリー名のみを指定してオブジェクトを作れません。そこで、strategyオプションにシンボル:buildを指定することにより、createメソッドの代わりにbuildメソッドで関連付けられるオブジェクトを作らせているのです。

> buildメソッドで作られたHomeAddressオブジェクトとWorkAddressオブジェクトは、Customerオブジェクトが保存される際に、合わせて保存されます。この点については、411ページの「autosaveオプションによる処理の簡素化」の項を参照してください。

17-1-3 顧客アカウント更新機能のテスト

では、Capybaraを利用して顧客アカウント更新機能のテストを書きましょう。Capybaraを利用したspecファイルは原則としてspec/featuresディレクトリに配置します。私たちはさらにその中を名前空間別にサブディレクトリで分割することにします。顧客アカウント管理は名前空間staffに属しますので、spec/features/staff ディレクトリを作成しましょう。

```
$ mkdir -p spec/features/staff
```

ファイル名に関しては、末尾を_spec.rb で終わらせること以外のルールはありません。customer_management_spec.rb という新規ファイルを次のような内容で作成してください。

リスト 17-4　spec/features/staff/customer_management_spec.rb (New)

```
 1  require "rails_helper"
 2
 3  feature "職員による顧客管理" do
 4    include FeaturesSpecHelper
 5    let(:staff_member) { create(:staff_member) }
 6    let!(:customer) { create(:customer) }
 7
 8    before do
 9      switch_namespace(:staff)
10      login_as_staff_member(staff_member)
11    end
12
13    scenario "職員が顧客、自宅住所、勤務先を更新する" do
14      click_link "顧客管理"
15      first("table.listing").click_link "編集"
16
17      fill_in "メールアドレス", with: "test@example.jp"
18      within("fieldset#home-address-fields") do
19        fill_in "郵便番号", with: "9999999"
20      end
21      within("fieldset#work-address-fields") do
22        fill_in "会社名", with: "テスト"
23      end
24      click_button "更新"
25
26      customer.reload
27      expect(customer.email).to eq("test@example.jp")
28      expect(customer.home_address.postal_code).to eq("9999999")
29      expect(customer.work_address.company_name).to eq("テスト")
30    end
31  end
```

これまでの spec ファイルと異なるのは、全体が feature ブロックで囲まれていることです。feature メソッドは describe メソッドと同じく、関連するエグザンプル群をエグザンプルグループ（51ページ参照）としてまとめるものですが、Capybara を利用する場合には feature メソッドを使用してください。

また、scenario ブロックでエグザンプルが囲まれている点も、これまでと異なります。scenario メソッドは、Capybara が example メソッドの別名（alias）として提供しています。これまでどおり、example メソッドを使用しても構いませんが、Capybara を利用していることが明示されるので scenario メソッドを使った方がよいでしょう。本章では、「エグザンプル」の言い換えとして「シナリオ」という用語を使用します。

4 行目では前項「準備作業」で作った FeaturesSpecHelper モジュールを組み込んでいます。これによって、ヘルパーメソッド switch_namespace と login_as_staff_member が利用可能になります。

5〜6 行をご覧ください。

```
    let(:staff_member) { create(:staff_member) }
    let!(:customer) { create(:customer) }
```

let メソッドは本書の中ですでに何度も使用しました。「メモ化されたヘルパーメソッド」（224ページ参照）を定義するメソッドです。

let メソッドで定義されたヘルパーメソッドは、1 回目の呼び出し時にオブジェクトを作って記憶し、2 回目以降は 1 回目の結果をそのまま返します。感嘆符（!）付きの let! メソッドは、let メソッドと同様に「メモ化されたヘルパーメソッド」を定義しますが、定義時に オブジェクトを作成する点が let メソッドと異なります。

login_as_staff_member メソッドは before ブロックの中で呼び出されるので（10 行目）、各シナリオが始まる時点ですでにデータベースの staff_members テーブルには 1 個のレコードが挿入されています。他方、customer メソッドは 26 行目まで呼び出されません。15 行目で「編集」リンクをクリックする時点までに、customers テーブルに 1 個のレコードが挿入されている必要があるので、定義時にオブジェクトを作成してしまうのです。

さて、13〜30 行で記述されたシナリオは空行によって 3 つのセクションに分かれます。空行で分けるのは単なる筆者の流儀ですが、シナリオを 3 つのセクションに分けるのは Rails コミュニティで一般的な慣習です。各セクションは次のような名前で呼ばれます。

- Given セクション
- When セクション
- Then セクション

■ Given セクション

Given セクションにはシナリオの前提条件を記述します（14～15 行）。

```
    click_link "顧客管理"
    first("table.listing").click_link "編集"
```

click_link メソッドはリンク（a 要素）をクリックします。引数には、リンク文字列または a 要素の id 属性の値を指定します。first メソッドは引数に指定された CSS セレクタに合致する最初の要素をページの中から見つけます。first メソッドの戻り値は Capybara::Element オブジェクトです。このオブジェクトの click_link メソッドを呼び出せば、見つかった要素の内側にあるリンクがクリックされます。

> 実は、このページには「編集」リンクが 1 個しか存在しないので、first メソッドで範囲を絞り込む必要はありません。first メソッドの使用例を示すために、あえてこのように書いています。

■ When セクション

When セクションはシナリオの本体です。ユーザーがブラウザ上でどんな操作をするのかを記述します（17～24 行）。

```
    fill_in "メールアドレス", with: "test@example.jp"
    within("fieldset#home-address-fields") do
      fill_in "郵便番号", with: "9999999"
    end
    within("fieldset#work-address-fields") do
      fill_in "会社名", with: "テスト"
    end
    click_button "更新"
```

メールアドレス欄に「test@example.jp」、郵便番号欄に「9999999」、会社名欄に「テスト」と記入して、「更新」ボタンをクリックします。

■ Then セクション

Then セクションには、シナリオの結果を確かめるコードを記述します（26～29 行）。

```
      customer.reload
      expect(customer.email).to eq("test@example.jp")
      expect(customer.home_address.postal_code).to eq("9999999")
      expect(customer.work_address.company_name).to eq("テスト")
```

まず、reload メソッドで Customer オブジェクトの各属性の値をデータベースから取得し直します。そして、When セクションで行った操作の結果として、各属性値が正しく変化しているかどうかを確認しています。

■ テストの実行

では、テストを実行してみましょう。

```
$ rspec spec/features/staff/customer_management_spec.rb
..

Finished in 1.16 seconds (files took 0.81488 seconds to load)
1 example, 0 failures
```

エグザンプル（シナリオ）が 1 個実行されて、失敗はありません。

17-1-4 顧客アカウント新規登録機能のテスト

続いて、顧客アカウントを新規登録する機能のシナリオを書きましょう。

リスト 17-5　spec/features/staff/customer_management_spec.rb

```
   :
   8      before do
   9        switch_namespace(:staff)
  10        login_as_staff_member(staff_member)
  11      end
  12
  13 +    scenario "職員が顧客、自宅住所、勤務先を追加する" do
  14 +      click_link "顧客管理"
  15 +      first("div.links").click_link "新規登録"
  16 +
  17 +      fill_in "メールアドレス", with: "test@example.jp"
  18 +      fill_in "パスワード", with: "pw"
  19 +      fill_in "form_customer_family_name", with: "試験"
```

```
20 +      fill_in "form_customer_given_name", with: "花子"
21 +      fill_in "form_customer_family_name_kana", with: "シケン"
22 +      fill_in "form_customer_given_name_kana", with: "ハナコ"
23 +      fill_in "生年月日", with: "1970-01-01"
24 +      choose "女性"
25 +      within("fieldset#home-address-fields") do
26 +        fill_in "郵便番号", with: "1000001"
27 +        select "東京都", from: "都道府県"
28 +        fill_in "市区町村", with: "千代田区"
29 +        fill_in "町域、番地等", with: "千代田 1-1-1"
30 +        fill_in "建物名、部屋番号等", with: ""
31 +      end
32 +      within("fieldset#work-address-fields") do
33 +        fill_in "会社名", with: "テスト"
34 +        fill_in "部署名", with: ""
35 +        fill_in "郵便番号", with: ""
36 +        select "", from: "都道府県"
37 +        fill_in "市区町村", with: ""
38 +        fill_in "町域、番地等", with: ""
39 +        fill_in "建物名、部屋番号等", with: ""
40 +      end
41 +      click_button "登録"
42 +
43 +      new_customer = Customer.order(:id).last
44 +      expect(new_customer.email).to eq("test@example.jp")
45 +      expect(new_customer.birthday).to eq(Date.new(1970, 1, 1))
46 +      expect(new_customer.gender).to eq("female")
47 +      expect(new_customer.home_address.postal_code).to eq("1000001")
48 +      expect(new_customer.work_address.company_name).to eq("テスト")
49 +    end
50
51      scenario "職員が顧客、自宅住所、勤務先を更新する" do
52        click_link "顧客管理"
53        first("table.listing").click_link "編集"
 :
```

顧客アカウント更新のシナリオと同様に3つのセクションから構成されており、書かれている内容も本質的には同じです。

24行目の `choose` メソッドはラジオボタンを選択します。引数にはラジオボタンのラベル文字列またはラジオボタンの `id` 要素の値を指定します。

27行目と36行目で使われている `select` メソッドは、ドロップダウンリスト（セレクトボックス）の項目を選択します。引数には選択項目の値を指定し、`from` オプションにドロップダウンリストのラベル文字列もしくは `select` 要素の `id` 要素または `name` 要素の値を指定します。

テストを実行して、すべてのシナリオが成功することを確認してください。

```
$ rspec spec/features/staff/customer_management_spec.rb
..

Finished in 2.24 seconds (files took 0.85355 seconds to load)
2 examples, 0 failures
```

17-2 顧客アカウント新規登録・更新機能の改良

テストを書いたことで、私たちは安心感を持って機能強化やソースコードの改善に取り組むことができます。この節では、顧客情報の新規登録・更新時に値の正規化とバリデーションが行われるようにします。

17-2-1 モデルオブジェクトにおける値の正規化とバリデーション

Chapter 14 で値の正規化とバリデーションのさまざまなやり方を学びました。その知識を用いて、顧客関連のモデルクラス群の機能拡張を行いましょう。

■ Customer モデル

Customer モデルでは、まず gender 属性と birthday 属性に関するバリデーションを追加します。

リスト 17-6　app/models/customer.rb

```
1     class Customer < ApplicationRecord
2       has_one :home_address, dependent: :destroy
3       has_one :work_address, dependent: :destroy
4
5  +    validates :gender, inclusion: { in: %w(male female), allow_blank: true }
6  +    validates :birthday, date: {
7  +      after: Date.new(1900, 1, 1),
8  +      before: ->(obj) { Date.today },
9  +      allow_blank: true
10 +    }
11 +
```

```
12    def password=(raw_password)
:
```

genderの属性ではinclusionタイプのバリデーションを使用しています。このバリデーションは、値が特定のリストの中にあることを確かめるためのものです。値のリストはinオプションで指定します。

email属性やfamily_name属性などCustomerモデルの他の属性のバリデーションは、StaffMemberモデルと同様のやり方で行えるので、次節で別途実装します。

■ Addressモデル、HomeAddressモデル、WorkAddressモデル

HomeAddressモデルとWorkAddressモデルは、値の正規化やバリデーションに関して共通する部分もあれば、異なっている部分もあります。たとえば、郵便番号の正規化や形式チェックは同じやり方で行うことになりますが、presenceタイプのバリデーションはHomeAddressモデルでしか行いません（勤務先の郵便番号は任意項目）。

両モデルで共通する部分は両モデルの親であるAddressモデルで記述し、異なっている部分はそれぞれのモデルで記述します。

Addressモデルのソースコードを次のように書き換えてください。

リスト17-7 app/models/address.rb

```
1     class Address < ApplicationRecord
2  +    include StringNormalizer
3  +
4       belongs_to :customer
5  +
6  +    before_validation do
7  +      self.postal_code = normalize_as_postal_code(postal_code)
8  +      self.city = normalize_as_name(city)
9  +      self.address1 = normalize_as_name(address1)
10 +      self.address2 = normalize_as_name(address2)
11 +    end
12
13      PREFECTURE_NAMES = %w(
:
24      )
25 +
26 +    validates :postal_code, format: { with: /\A\d{7}\z/, allow_blank: true }
27 +    validates :prefecture, inclusion: { in: PREFECTURE_NAMES, allow_blank: true }
28    end
```

7 行目で使用している normalize_as_postal_code メソッドを StringNormalizer モジュールに追加します。

リスト 17-8 app/models/concerns/string_normalizer.rb

```
 :
14      def normalize_as_furigana(text)
15        NKF.nkf("-W -w -Z1 --katakana", text).strip if text
16      end
17 +
18 +    def normalize_as_postal_code(text)
19 +      NKF.nkf("-W -w -Z1", text).strip.gsub(/-/, "") if text
20 +    end
21    end
```

郵便番号に含まれる全角文字を半角文字に変換した後、マイナス記号を除去しています。

続いて、HomeAddress モデルにバリデーションを追加します。

リスト 17-9 app/models/home_address.rb

```
1    class HomeAddress < Address
2 +    validates :postal_code, :prefecture, :city, :address1, presence: true
3 +    validates :company_name, :division_name, absence: true
4    end
```

3 行目で使われている absence タイプのバリデーションは、指定された属性が空であることを確かめます。

WorkAddress モデルでは company_name 属性と division_name 属性に関して、値の正規化を行った後、company_name 属性が空ではないことを確かめます。

リスト 17-10 app/models/work_address.rb

```
1    class WorkAddress < Address
2 +    before_validation do
3 +      self.company_name = normalize_as_name(company_name)
4 +      self.division_name = normalize_as_name(division_name)
5 +    end
6 +
7 +    validates :company_name, presence: true
8    end
```

■ 翻訳ファイル

次に、フォーム中に表示されるエラーメッセージが正しく日本語で表示されるように、翻訳ファイルを用意します。まずは、Customer モデルの翻訳ファイルです。

リスト 17-11 config/locales/models/customer.ja.yml (New)

```
1  ja:
2    activerecord:
3      attributes:
4        customer:
5          email: メールアドレス
6          password: パスワード
7          family_name: 氏名（姓）
8          given_name: 氏名（名）
9          family_name_kana: フリガナ（姓）
10         given_name_kana: フリガナ（名）
11         birthday: 生年月日
12         gender: 性別
13     errors:
14       models:
15         customer:
16           attributes:
17             email:
18               taken: が他の顧客と重複しています。
19             birthday:
20               after_or_equal_to: には 1900 年 1 月 1 日以降の日付を指定してください。
21               before: が未来の日付です。
```

そして、Address モデルの翻訳ファイルです。

リスト 17-12 config/locales/models/address.ja.yml (New)

```
1  ja:
2    activerecord:
3      attributes:
4        address:
5          postal_code: 郵便番号
6          prefecture: 都道府県
7          city: 市区町村
8          address1: 町域、番地等
9          address2: 建物名、部屋番号等
10       work_address:
11         company_name: 会社名
```

```
12          division_name: 部署名
```

Railsはモデルクラスの翻訳データを探す際に、クラスの継承関係を考慮します。あるモデルの翻訳データが存在しないとき、もしその親クラスのための翻訳データがあれば、それを使用します。したがって、Addressモデルの翻訳データがあれば、HomeAddressモデルのための翻訳データを作る必要はありません。またWorkAddressモデルの翻訳データに関しても、Addressモデルの翻訳データに存在する項目は記述しなくても構いません。

■ 動作確認

では、バリデーションがうまく働くかどうか確かめましょう。翻訳ファイルを追加したので、Baukis2を再起動してください。そして、ブラウザで適当な顧客の編集フォームを開き、生年月日欄に「2100/01/01」といった未来の日付を入力して、「更新」ボタンを押してみてください。すると、図17-1のようなエラー画面が表示されるはずです。

画面にはエラーを引き起こした箇所のソースコードが引用されており、app/forms/staff/customer_form.rbの24行目でエラーが起きていることがわかります。該当部分は次のとおり。

リスト17-13　app/forms/staff/customer_form.rb

```
 :
22    def save
23      ActiveRecord::Base.transaction do
24        customer.save!
25        customer.home_address.save!
26        customer.work_address.save!
27      end
28    end
 :
```

モデルオブジェクトのsave!メソッドは、感嘆符なしのsaveメソッドと異なり、保存前に行われるバリデーションで失敗すると例外ActiveRecord::RecordInvalidを発生させます。原因がわかりましたね。

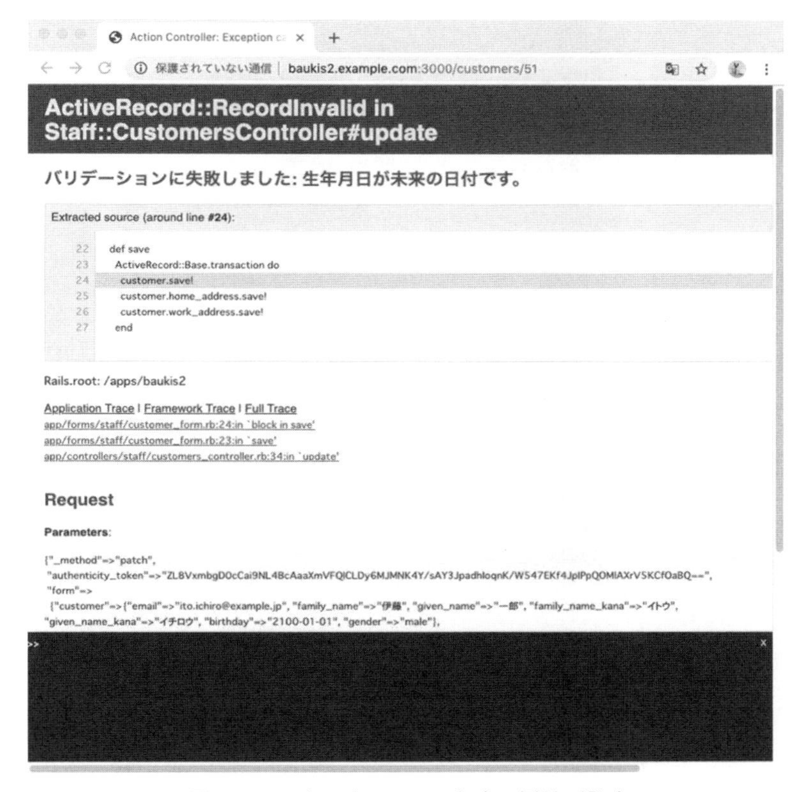

図 17-1　バリデーション失敗で例外が発生

17-2-2 フォームオブジェクトにおけるバリデーションの実施

■ CustomerForm の修正

CustomerForm オブジェクトの save メソッドで例外 ActiveRecord::RecordInvalid が発生しないようにするためには、どうすればよいでしょうか。答えは単純です。事前に Customer オブジェクトのバリデーションを行い、失敗したら CustomerForm オブジェクトの save メソッド自体をキャンセルすればいいのです。

リスト 17-14　app/forms/staff/customer_form.rb

```
 :
22    def save
```

```
23 +     if customer.valid?
24         ActiveRecord::Base.transaction do
25           customer.save!
26           customer.home_address.save!
27           customer.work_address.save!
28         end
29 +     end
30     end
 :
```

試してみましょう。先ほどと同様に、顧客アカウントの編集フォームで生年月日欄に未来の日付を記入し、「更新」ボタンをクリックすると、**図 17-2** のように正しくエラーメッセージが表示されます。

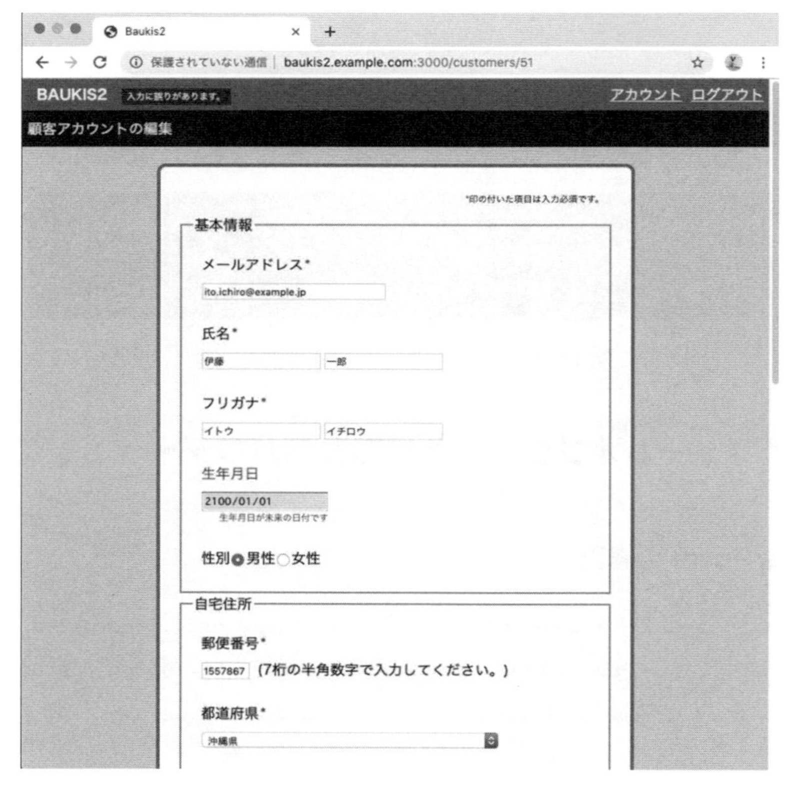

図 17-2　生年月日フィールドにエラーメッセージが表示された

うまくいっているようですね。しかし、生年月日を元に戻したうえで、自宅住所の郵便番号欄に「XYZ」のような無効な値を記入して「更新」ボタンをクリックすると、例外 `ActiveRecord::RecordInvalid`

が発生してしまいます（図 17-3）。

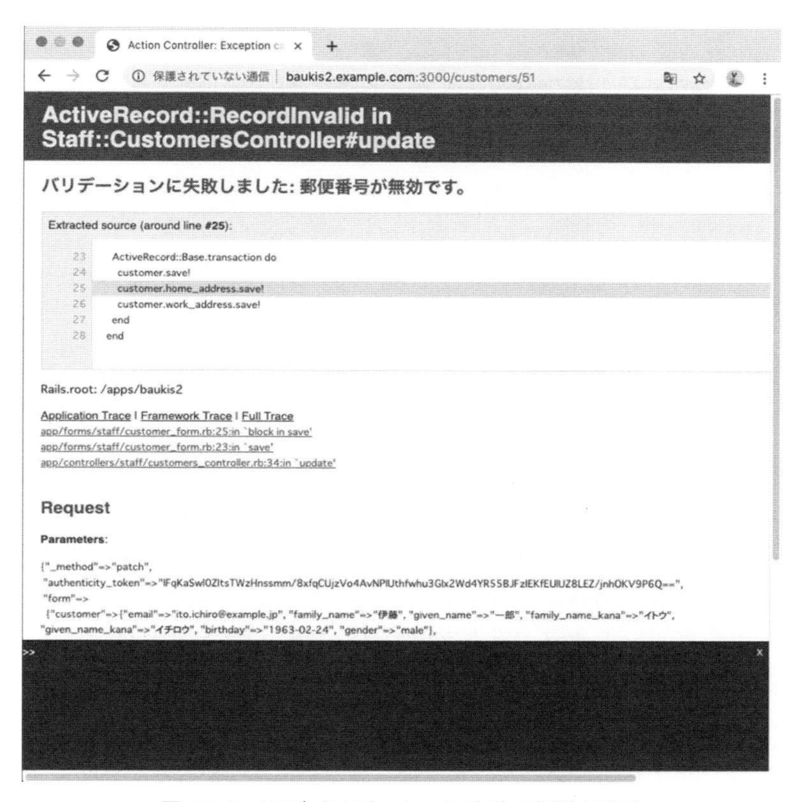

図 17-3　再びバリデーション失敗で例外が発生

ただし、例外を引き起こしている箇所は前回とは異なります。

```
        customer.home_address.save!
```

何と、HomeAddress オブジェクトを保存しようとしています。Customer オブジェクトのバリデーションを実行しても、関連付けられたオブジェクトのバリデーションまでは自動的に行われないのです。

では、次のように書き換えてみましょう。

リスト 17-15　app/forms/staff/customer_form.rb

```
 :
19        customer.work_address.assign_attributes(work_address_params)
```

```
20      end
21
22 +    def valid?
23 +      customer.valid?  && customer.home_address.valid?  &&
24 +        customer.work_address.valid?
25 +    end
26
27      def save
28 -      if customer.valid?
28 +      if valid?
29          ActiveRecord::Base.transaction do
30            customer.save!
31            customer.home_address.save!
32            customer.work_address.save!
33          end
34        end
35      end
 :
```

Customerオブジェクトのvalid?メソッドを呼ぶ代わりに、自分自身のvalid?メソッドを呼んでいます。valid?メソッドでは、Customerオブジェクト、HomeAddressオブジェクト、WorkAddressオブジェクトに対して、順にvalid?メソッドを呼んでいます。それぞれ真偽値を返しますので、演算子&&で論理積を取れば、すべてのオブジェクトでバリデーションが成功するかどうかを調べられます。

確かに、ブラウザで顧客アカウントの編集フォームを開き、自宅住所の郵便番号欄に無効な値を入力して「更新」ボタンをクリックすると、郵便番号欄の下に「郵便番号が無効です。」というエラーメッセージが表示されます（画面キャプチャは省略）。

しかし、まだ完全な問題解決に至っていません。顧客の基本情報セクションでバリデーションが失敗すると、自宅住所や勤務先のバリデーションが行われないのです。試しに、生年月日欄に未来の日付、自宅住所の郵便番号欄に無効な値を入力して「更新」ボタンをクリックしてみてください。生年月日欄にはエラーメッセージが表示されますが、郵便番号欄には表示されないはずです。

なぜでしょうか？ いま定義したvalid?メソッドの中身をご覧ください。

```
customer.valid? && customer.home_address.valid? &&
  customer.work_address.valid?
```

真偽値を返す3つの式を演算子&&で結合しています。演算子&&の重要な特徴は、左辺が偽を返したら右辺を評価せずに偽を返す、ということです。このため、顧客の生年月日が無効であれば、自宅住所のバリデーションは行われないのです。

この問題を解決するには、valid?メソッドを次のように書き換えます。

リスト 17-16 app/forms/staff/customer_form.rb

```
 :
22      def valid?
23 -      customer.valid?  && customer.home_address.valid?  &&
24 -        customer.work_address.valid?
23 +      [ customer, customer.home_address, customer.work_address ]
24 +        .map(&:valid?).all?
25      end
 :
```

最初に3つのモデルオブジェクトを要素とする配列を作っています。この配列に対して map(&:valid?) という形のメソッド呼び出しを行うと、[false, false, true] のような3つの真偽値を含む配列を返します（409ページのコラム参照）。これらの真偽値は、3つのモデルオブジェクトにおけるバリデーションの成否を示しています。そして、配列の all?メソッドは、配列の全要素が真である場合に真を返し、そうでない場合に偽を返します。つまり、改良版の valid?メソッドでは、3つのモデルオブジェクトすべてで必ずバリデーションが行われるのです。

もう一度ブラウザに戻って、顧客の生年月日と自宅住所の郵便番号に無効な値を入力して「更新」ボタンをクリックしてください。今度は両方の入力欄の下にエラーメッセージが表示されるはずです。

Column Array#map メソッド

配列のインスタンスメソッド map は、配列の各要素に対してある処理を行いその結果を要素とする新たな配列を作って返します。次の使用例をご覧ください。

```
ary = [ x, y, z ].map { |e| e.name }
```

map メソッドに与えたブロックが「ある処理」の内容です。配列の各要素に対して name メソッドを呼び出すという処理です。したがって、この式は次の式と同じ結果をもたらします。

```
ary = [ x.name, y.name, z.name ]
```

map メソッドには、もう1つの呼び出し方があります。

```
ary = [ x, y, z ].map(&:name)
```

実は、この式の結果も最初に示した式とまったく同じになります。

map メソッドの引数&:name は、シンボル:name の前に単項演算子&を付けたものです。単項演算子&の働きは対象となるオブジェクトの種類によって異なります。それがシンボルである場合、シン

ボルは1個の引数を取るブロックに変換されます。そのブロック内では、シンボルと同じ名前のメソッドがブロック引数に対して呼び出されます。すなわち、`&:name` という式は `{ |e| e.name }` と同等のブロックに変換されるのです。

17-2-3 バリデーションのテスト

では、Capybara でバリデーションのテストを書きましょう。

リスト 17-17　spec/features/staff/customer_management_spec.rb

```
 :
67        expect(customer.work_address.company_name).to eq("テスト")
68      end
69 +
70 +    scenario "職員が生年月日と自宅の郵便番号に無効な値を入力する" do
71 +      click_link "顧客管理"
72 +      first("table.listing").click_link "編集"
73 +
74 +      fill_in "生年月日", with: "2100-01-01"
75 +      within("fieldset#home-address-fields") do
76 +        fill_in "郵便番号", with: "XYZ"
77 +      end
78 +      click_button "更新"
79 +
80 +      expect(page).to have_css("header span.alert")
81 +      expect(page).to have_css(
82 +        "div.field_with_errors input#form_customer_birthday")
83 +      expect(page).to have_css(
84 +        "div.field_with_errors input#form_home_address_postal_code")
85 +    end
86    end
```

シナリオの Then セクションでは、`have_css` マッチャーを用いたテストが行われています。`have_css` マッチャーは、引数として CSS セレクタを取り、それに合致する要素がページの中で見つかるかどうかを確かめます。

81～82 行をご覧ください。

```
    expect(page).to have_css(
```

```
        "div.field_with_errors input#form_customer_birthday")
```

CSS セレクタはスペースで 2 つの部分に分かれます。前半は class 属性に"field_with_errors"という値を含む div 要素、後半は id 属性に"form_customer_birthday"という値を持つ input 要素を表現しています。これで、生年月日の入力欄が<div class="field_with_errors">と</div>で囲まれているかどうかを判定できます。

17-2-4 autosave オプションによる処理の簡素化

394ページの Memo で触れましたが、Customer オブジェクトをデータベースに保存する際に、関連付けられた HomeAddress オブジェクトと WorkAddress オブジェクトが自動的にデータベース保存されるかどうかは、Customer オブジェクトを新規登録するのか更新するのかによって決まります。ルールは次のとおりです。

- Customer オブジェクトを新規登録する場合は、関連付けられたオブジェクトも保存される。
- Customer オブジェクトを更新する場合は、関連付けられたオブジェクトは保存されない。

一読すると直観に反するように思えますが、自然な仕様です。Customer オブジェクトに多数のオブジェクトが関連付けられているかもしれません。Customer オブジェクトの更新が、それらの多数のオブジェクトにおけるデータベース保存処理（バリデーション処理を含む）の引き金にならない、というのは安全な設計です。

しかし、このルールはクラスメソッド has_one の autosave オプションを用いて変更できます。Customer モデルのソースコードを次のように書き換えてください。

リスト 17-18 app/models/customer.rb

```
1   class Customer < ApplicationRecord
2 -   has_one :home_address, dependent: :destroy
2 +   has_one :home_address, dependent: :destroy, autosave: true
3 -   has_one :work_address, dependent: :destroy
3 +   has_one :work_address, dependent: :destroy, autosave: true
4
5     validates :gender, inclusion: { in: %w(male female), allow_blank: true }
:
```

autosave オプションに true を指定すると、常に Customer オブジェクトがデータベースに保存される際に、関連付けられたオブジェクトも自動的にデータベースに保存されるようになります。

> autosave オプションに false を指定すると、データベース未保存の Customer オブジェクトがデータベースに保存された場合でも、関連付けられたオブジェクトは自動的にデータベースに保存されなくなります。autosave オプションの指定を省略した場合とは振る舞いが異なるので、注意してください。

この事実を利用すると `CustomerForm` クラスのコードを簡略化できます。まず、`valid?`メソッドを削除してください。

リスト 17-19　app/forms/staff/customer_form.rb

```
   :
19       customer.work_address.assign_attributes(work_address_params)
20     end
21 -
22 -   def valid?
23 -     [ customer, customer.home_address, customer.work_address ]
24 -       .map(&:valid?).all?
25 -   end
21
22     def save
   :
```

そして、`save` メソッドを次のように書き換えます。

リスト 17-20　app/forms/staff/customer_form.rb

```
   :
22     def save
23 -     if valid?
24 -       ActiveRecord::Base.transaction do
25 -         customer.save!
26 -         customer.home_address.save!
27 -         customer.work_address.save!
28 -       end
29 -     end
23 +     customer.save
24     end
   :
```

`Customer` オブジェクトを保存すれば、`HomeAddress` オブジェクトと `WorkAddress` オブジェクトも保存されます。保存の前にはすべてのオブジェクトにおいてバリデーションが行われるので、`CustomerForm` クラスの `valid?`メソッドは不要になります。

委譲のテクニックを用いれば、CustomerForm クラスのコードはさらに簡単になります。さらに、次のように書き換えましょう。

リスト 17-21 app/forms/staff/customer_form.rb

```
1     class Staff::CustomerForm
2       include ActiveModel::Model
3
4       attr_accessor :customer
5 -     delegate :persisted?, to: :customer
5 +     delegate :persisted?, :save, to: :customer
:
21 -
22 -     def save
23 -       customer.save
24 -     end
:
```

17-3 ActiveSupport::Concern によるコード共有

この節では、StaffMember モデルと Administrator モデルからコードの一部をモジュールとして抽出し、Customer モデルに組み込みます。

17-3-1 PersonalNameHolder モジュールの抽出

名前とフリガナの取り扱い方法は、職員でも顧客でも変わりません。値の正規化とバリデーションに関連するコードを PersonalNameHolder モジュールとして抽出します。

まず、StaffMember クラスに PersonalNameHolder モジュールを組み込みます。

リスト 17-22 app/models/staff_member.rb

```
1     class StaffMember < ApplicationRecord
2       include StringNormalizer
3 +     include PersonalNameHolder
4
:
```

そして、このファイルを次のように書き換えてください。

リスト 17-23 app/models/staff_member.rb

```
:
 7      before_validation do
 8        self.email = normalize_as_email(email)
 9 -      self.family_name = normalize_as_name(family_name)
10 -      self.given_name = normalize_as_name(given_name)
11 -      self.family_name_kana = normalize_as_furigana(family_name_kana)
12 -      self.given_name_kana = normalize_as_furigana(given_name_kana)
13      end
14 -
15 -    HUMAN_NAME_REGEXP = /\A[\p{han}\p{hiragana}\p{katakana}\u{30fc}A-Za-z]+\z/
16 -    KATAKANA_REGEXP = /\A[\p{katakana}\u{30fc}]+\z/
17
18      validates :email, presence: true, "valid_email_2/email": true,
19        uniqueness: { case_sensitive: false }
20 -    validates :family_name, :given_name, presence: true,
21 -      format: { with: HUMAN_NAME_REGEXP, allow_blank: true }
22 -    validates :family_name_kana, :given_name_kana, presence: true,
23 -      format: { with: KATAKANA_REGEXP, allow_blank: true }
24      validates :start_date, presence: true, date: {
:
```

app/models/concerns ディレクトリに PersonalNameHolder モジュールのソースコードを新たに追加します。

リスト 17-24 app/models/concerns/personal_name_holder.rb (New)

```
 1  module PersonalNameHolder
 2    extend ActiveSupport::Concern
 3
 4    HUMAN_NAME_REGEXP = /\A[\p{han}\p{hiragana}\p{katakana}\u{30fc}\p{alpha}]+\z/
 5    KATAKANA_REGEXP = /\A[\p{katakana}\u{30fc}]+\z/
 6
 7    included do
 8      include StringNormalizer
 9
10      before_validation do
11        self.family_name = normalize_as_name(family_name)
12        self.given_name = normalize_as_name(given_name)
13        self.family_name_kana = normalize_as_furigana(family_name_kana)
14        self.given_name_kana = normalize_as_furigana(given_name_kana)
15      end
```

```
16
17      validates :family_name, :given_name, presence: true,
18        format: { with: HUMAN_NAME_REGEXP, allow_blank: true }
19      validates :family_name_kana, :given_name_kana, presence: true,
20        format: { with: KATAKANA_REGEXP, allow_blank: true }
21    end
22  end
```

Customer モデルにも PersonalNameHolder モジュールを組み込みます。

リスト 17-25　app/models/customer.rb

```
1    class Customer < ApplicationRecord
2 +    include PersonalNameHolder
3 +
4      has_one :home_address, dependent: :destroy, autosave: true
5      has_one :work_address, dependent: :destroy, autosave: true
:
```

ソースコードの変更が済んだら、テストを実行してすべてのエグザンプルが成功することを確認してください。次に、ブラウザを使って、値の正規化やバリデーションが正しく行われるかどうかを確かめてください。

17-3-2 EmailHolder モジュールの抽出

メールアドレスの取り扱い方法は、職員、管理者、顧客で共通しています。EmailHolder モジュールとして抜き出しましょう。

StaffMember モデルから StringNormalizer モジュールを外して、代わりに EmailHolder モジュールを組み込みます。

リスト 17-26　app/models/staff_member.rb

```
1    class StaffMember < ApplicationRecord
2 -    include StringNormalizer
2 +    include EmailHolder
3      include PersonalNameHolder
4
:
```

このファイル 7～12 行を削除します。

リスト 17-27 app/models/staff_member.rb

```
 :
 7 -     before_validation do
 8 -       self.email = normalize_as_email(email)
 9 -     end
10 -
11 -     validates :email, presence: true, "valid_email_2/email": true,
12 -       uniqueness: { case_sensitive: false }
13       validates :start_date, presence: true, date: {
 :
```

Administrator モデルに EmailHolder モジュールを組み込みます。

リスト 17-28 app/models/administrator.rb

```
1     class Administrator < ApplicationRecord
2 +     include EmailHolder
3 +
4       def password=(raw_password)
:
```

app/models/concerns ディレクトリに EmailHolder モジュールのソースコードを新たに追加します。

リスト 17-29 app/models/concerns/email_holder.rb (New)

```
 1  module EmailHolder
 2    extend ActiveSupport::Concern
 3
 4    included do
 5      include StringNormalizer
 6
 7      before_validation do
 8        self.email = normalize_as_email(email)
 9      end
10
11      validates :email, presence: true, "valid_email_2/email": true,
12        uniqueness: { case_sensitive: false }
13    end
14  end
```

Customer モデルに EmailHolder モジュールを組み込みます。

リスト 17-30 app/models/customer.rb

```
1    class Customer < ApplicationRecord
2 +    include EmailHolder
3      include PersonalNameHolder
:
```

RSpec によるテストとブラウザによる動作確認を行ってください。

17-3-3 PasswordHolder モジュールの抽出

`Administrator` モデルのソースコードからパスワード関連のコードを `PasswordHolder` モジュールとして抽出します。

リスト 17-31 app/models/administrator.rb

```
1    class Administrator < ApplicationRecord
2      include EmailHolder
3 +    include PasswordHolder
3 -
4 -    def password=(raw_password)
5 -      if raw_password.kind_of?(String)
6 -        self.hashed_password = BCrypt::Password.create(raw_password)
7 -      elsif raw_password.nil?
8 -        self.hashed_password = nil
9 -      end
10 -   end
11   end
```

抜き出されてできた `PasswordHolder` モジュールのソースコードは次のとおりです。

リスト 17-32 app/models/concerns/password_holder.rb (New)

```
1    module PasswordHolder
2      extend ActiveSupport::Concern
3
4      def password=(raw_password)
5        if raw_password.kind_of?(String)
6          self.hashed_password = BCrypt::Password.create(raw_password)
7        elsif raw_password.nil?
8          self.hashed_password = nil
```

```
 9        end
10      end
11    end
```

PasswordHolder モジュールを StaffMember モデルに組み込みます。

リスト 17-33 app/models/staff_member.rb

```
 1    class StaffMember < ApplicationRecord
 2      include EmailHolder
 3      include PersonalNameHolder
 4 +    include PasswordHolder
 5
 :
21        before: -> (obj) { 1.year.from_now.to_date },
22        allow_blank: true
23      }
24 -
25 -    def password=(raw_password)
26 -      if raw_password.kind_of?(String)
27 -        self.hashed_password = BCrypt::Password.create(raw_password)
28 -      elsif raw_password.nil?
29 -        self.hashed_password = nil
30 -      end
31 -    end
32
33      def active?
34        !suspended? && start_date <= Date.today &&
35          (end_date.nil? || end_date > Date.today)
36      end
37    end
```

同様に、PasswordHolder モジュールを Customer モデルに組み込みます。

リスト 17-34 app/models/customer.rb

```
1    class Customer < ApplicationRecord
2      include EmailHolder
3      include PersonalNameHolder
4 +    include PasswordHolder
5
6      has_one :home_address, dependent: :destroy, autosave: true
7      has_one :work_address, dependent: :destroy, autosave: true
8
```

```
 9      validates :gender, inclusion: { in: %w(male female), allow_blank: true }
10      validates :birthday, date: {
11        after: Date.new(1900, 1, 1),
12        before: ->(obj) { Date.today },
13        allow_blank: true
14      }
15 -
16 -    def password=(raw_password)
17 -      if raw_password.kind_of?(String)
18 -        self.hashed_password = BCrypt::Password.create(raw_password)
19 -      elsif raw_password.nil?
20 -        self.hashed_password = nil
21 -      end
22 -    end
23    end
```

最後に、RSpec によるテストとブラウザによる動作確認をお忘れなく。

Chapter 18 フォームオブジェクト

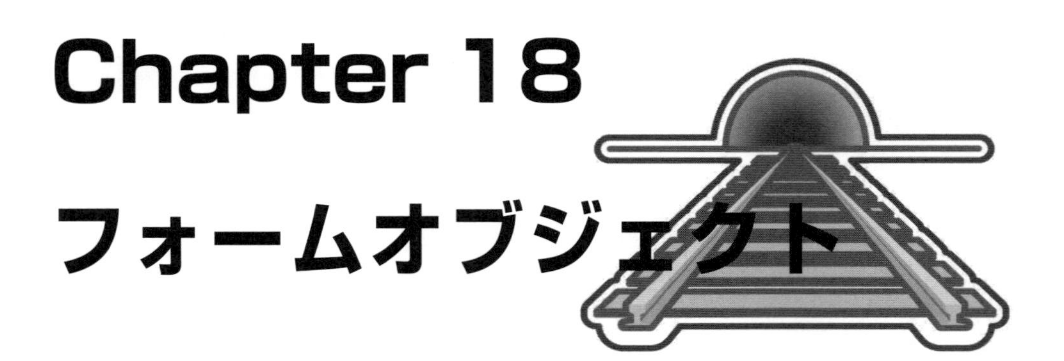

Chapter 18 では、Baukis2 の顧客管理機能を拡張しながら、フォームオブジェクトの発展的な使い方を学びます。前半部分では条件によってフォームの特定部分を任意入力にする方法、後半部分では 1 対多で関連付けられたオブジェクトを 1 つのフォームで取り扱う方法を解説します。

18-1 自宅住所と勤務先の任意入力

この節では、職員が顧客アカウントを新規登録・更新する際に、自宅住所と勤務先の入力を省略できるように Baukis2 を改造します。

18-1-1 フィールドの有効化・無効化

■ 詳細仕様

Chapter 16 と Chapter 17 で、Baukis2 に基礎的な顧客管理機能を作りましたが、重要な課題が残っています。自宅住所と勤務先の入力はオプショナル（省略可能）であるという仕様が実現されていません。

私が考えている詳細仕様は次のようなものです。

- 自宅住所セクションの上に「自宅住所を入力する」というチェックボックス（以下、X と呼ぶ）があり、これが On のときには自宅住所セクション内のフィールドが有効化され、Off のときには無効化される。
- X が Off の場合は、`HomeAddress` オブジェクトのバリデーションと保存は行われない。
- 顧客アカウントの新規登録時、X の初期状態は Off である。
- 顧客アカウントの編集時、X の初期状態は次のルールで決まる。
  - ▷ 顧客アカウントの自宅住所がデータベースに保存済みであれば On。
  - ▷ そうでなければ Off。
- すでに自宅住所のデータを持っている顧客アカウントの編集をする場合、職員が X を Off に変えて「更新」ボタンをクリックすると、（フォーム全体のバリデーションが成功すれば）自宅住所は削除される。

以上の仕様は自宅住所セクションについて述べたものです。同様の仕様が勤務先セクションについても適用されます。

■ フォームオブジェクトの書き換え

まず、フォームオブジェクト（`Staff::CustomerForm` クラス）のソースコードを次のように書き換えます。

リスト 18-1　app/forms/staff/customer_form.rb

```
1     class Staff::CustomerForm
2       include ActiveModel::Model
3
4 -     attr_accessor :customer
4 +     attr_accessor :customer, :inputs_home_address, :inputs_work_address
5       delegate :persisted?, :save, to: :customer
6
7       def initialize(customer = nil)
8         @customer = customer
9         @customer ||= Customer.new(gender: "male")
10 +       self.inputs_home_address = @customer.home_address.present?
11 +       self.inputs_work_address = @customer.work_address.present?
12        @customer.build_home_address unless @customer.home_address
13        @customer.build_work_address unless @customer.work_address
14      end
 :
```

4行目で「自宅住所を入力する」および「勤務先を入力する」という2つのチェックボックスの状態を表す属性を定義しています。

10〜11行では、顧客アカウントの編集時における2つのチェックボックスの初期状態を変更しています。顧客アカウントが `HomeAddress` オブジェクトあるいは `WorkAddress` オブジェクトを持っていれば、該当するチェックボックスがOnになるようにしています。

■ ERBテンプレートの書き換え

続いて、「自宅住所を入力する」および「勤務先を入力する」という2つのチェックボックスをERBテンプレートに埋め込みます。

リスト18-2　app/views/staff/customers/_form.html.erb

```
 1   <%= FormPresenter.new(f, self).notes %>
 2   <fieldset id="customer-fields">
 3     <legend>基本情報</legend>
 4     <%= render "customer_fields", f: f %>
 5   </fieldset>
 6 + <div class="check-boxes">
 7 +   <%= f.check_box :inputs_home_address %>
 8 +   <%= f.label :inputs_home_address, "自宅住所を入力する" %>
 9 + </div>
10   <fieldset id="home-address-fields">
11     <legend>自宅住所</legend>
12     <%= render "home_address_fields", f: f %>
13   </fieldset>
14 + <div class="check-boxes">
15 +   <%= f.check_box :inputs_work_address %>
16 +   <%= f.label :inputs_work_address, "勤務先を入力する" %>
17 + </div>
18   <fieldset id="work-address-fields">
19     <legend>勤務先</legend>
20     <%= render "work_address_fields", f: f %>
21   </fieldset>
```

■ JavaScriptコードの追加

2つのチェックボックスの状態に応じて、フィールドの有効・無効を切り替えるJavaScriptプログラムを追加します。

まず、JavaScript ライブラリ jQuery をインストールします。

```
$ yarn add jquery
```

Webpacker に jQuery を組み込みます。

リスト 18-3　config/webpack/environment.js

```
 1 - const { environment } = require('@rails/webpacker')
 1 + const { environment } = require("@rails/webpacker")
 2 +
 3 + const webpack = require("webpack")
 4 + environment.plugins.prepend("Provide",
 5 +   new webpack.ProvidePlugin({
 6 +     $: "jquery/src/jquery",
 7 +     jQuery: "jquery/src/jquery"
 8 +   })
 9 + )
10
11   module.exports = environment
```

app/javascript/packs ディレクトリにある application.js をコピーして新規ファイル staff.js を作成します。

```
$ pushd app/javascript/packs
$ cp application.js staff.js
$ popd
```

staff.js からコメント行を取り去ると次のような内容になります。

```
require("@rails/ujs").start()
require("turbolinks").start()
require("@rails/activestorage").start()
require("channels")
```

このファイルを次のように書き換えます。

リスト 18-4　app/javascript/packs/staff.js

```
 :
 4   require("channels")
 5 +
```

```
 6 + import "../staff/customer_form.js";
```

職員用のレイアウトテンプレートを次のように書き換えます。

リスト 18-5　app/views/layouts/staff.html.erb

```
 1    <!DOCTYPE html>
 2    <html>
 3      <head>
 4        <title>Baukis2</title>
 5        <%= csrf_meta_tags %>
 6        <%= csp_meta_tag %>
 7
 8        <%= stylesheet_link_tag "staff", media: "all", "data-turbolinks-track": " >
      reload" %>
 9 -      <%= javascript_pack_tag "application", "data-turbolinks-track": "reload" %>
 9 +      <%= javascript_pack_tag "staff", "data-turbolinks-track": "reload" %>
10      </head>
 :
```

app/javascript ディレクトリの下に staff サブディレクトリを作成します。

```
$ mkdir -p app/javascript/staff
```

そして、そこに新規ファイル customer_form.js を次のような内容で作成します。

リスト 18-6　app/javascript/staff/customer_form.js (New)

```
 1  function toggle_home_address_fields() {
 2    const checked = $("input#form_inputs_home_address").prop("checked");
 3    $("fieldset#home-address-fields input").prop("disabled", !checked);
 4    $("fieldset#home-address-fields select").prop("disabled", !checked);
 5  }
 6
 7  function toggle_work_address_fields() {
 8    const checked = $("input#form_inputs_work_address").prop("checked");
 9    $("fieldset#work-address-fields input").prop("disabled", !checked);
10    $("fieldset#work-address-fields select").prop("disabled", !checked);
11  }
12
13  $(document).on("ready turbolinks:load", () => {
```

```
14      toggle_home_address_fields();
15      toggle_work_address_fields();
16      $("input#form_inputs_home_address").on("click", () => {
17        toggle_home_address_fields();
18      });
19      $("input#form_inputs_work_address").on("click", () => {
20        toggle_work_address_fields();
21      });
22    });
```

1〜5 行で toggle_home_address_fields という関数を定義しています。

```
function toggle_home_address_fields() {
  const checked = $("input#form_inputs_home_address").prop("checked");
  $("fieldset#home-address-fields input").prop("disabled", !checked);
  $("fieldset#home-address-fields select").prop("disabled", !checked);
}
```

2 行目では、prop メソッドで input 要素の checked 属性の値を取得しています。3〜4 行では、同じく prop メソッドで input 要素と select 要素の disabled 属性の値をセットしています。prop メソッドは第 2 引数がなければ値の取得、あれば値の設定として使えます。2〜4 行全体で、「自宅住所を入力する」というチェックボックスが Off であれば、自宅住所セクションにあるフィールドをすべて無効にする処理を行っています。

7〜11 行では、勤務先セクション内のフィールドの有効・無効を切り替える toggle_work_address_fields という関数を定義しています。処理内容は、toggle_home_address_fields 関数と基本的に同じです。

14〜15 行をご覧ください。

```
  toggle_home_address_fields();
  toggle_work_address_fields();
```

1〜11 行で定義した 2 つの関数を順に呼び出しています。これらの関数呼び出しは、HTML 文書の読み込みが完了した時点で行われます。

16〜18 行をご覧ください。

```
  $("input#form_inputs_home_address").on("click", () => {
    toggle_home_address_fields();
  });
```

ユーザーが「自宅住所を入力する」というチェックボックスをクリックしたときに、toggle_home_address_fields 関数が呼び出されるようにしています。

> イベント"click"は、ユーザーがキーボード操作でチェックボックスの状態を切り替えたときにも発生します。

19～21 行の処理内容は 16～18 行とほぼ同じです。ユーザーが「勤務先を入力する」というチェックボックスをクリックしたときに、toggle_work_address_fields 関数が呼び出されるようにしています。

■ 動作確認

では、ブラウザで動作確認をしましょう。職員として Baukis2 にログインし、適当な顧客アカウントの編集フォームを開くと、図 18-1 のような画面が表示されます。

図 18-1　セクション全体の有効・無効を切り替えるチェックボックスを追加

ただし、勤務先データのない顧客の場合、「勤務先を入力する」チェックボックスはOffで、勤務先セクション内のフィールドは無効化されています。

そして、「自宅住所を入力する」チェックボックスをOffにすると、図18-2のように自宅住所セクション内のフィールドが無効化されます。

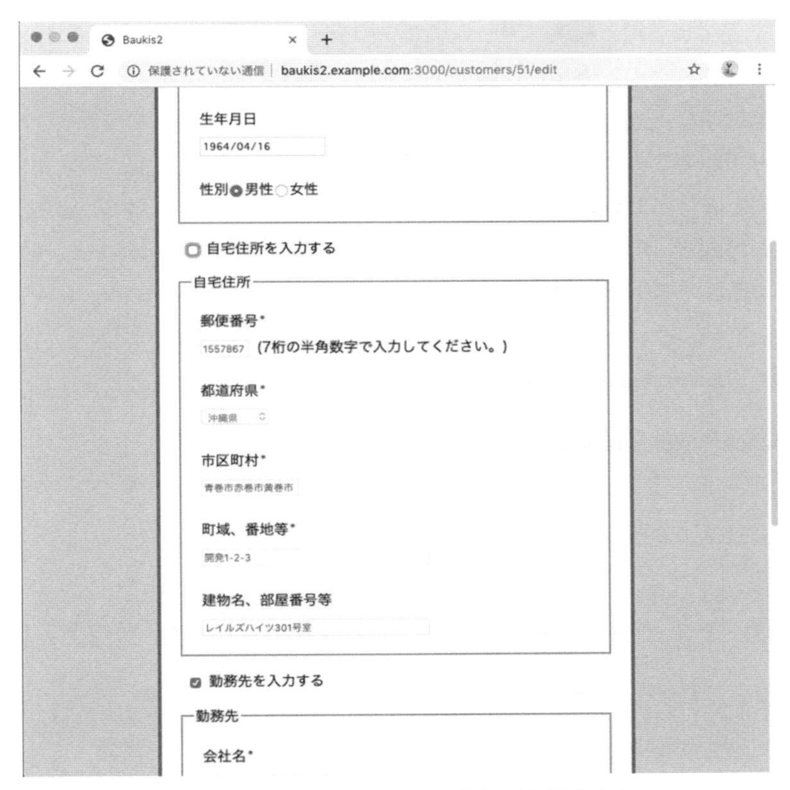

図18-2 自宅住所セクション全体が無効化された

このチェックボックスをOnに戻せば、自宅住所セクション内のフィールドが再び有効化されます。同様に、勤務先セクションに関しても内側のフィールドの有効・無効を切り替えられることを確認してください。

18-1-2 フォームオブジェクトの修正

■ assign_attributes メソッドの書き換え (1)

顧客アカウントの新規登録・編集フォームに2つのチェックボックスを加えた結果、自宅住所セクションと勤務先セクションの一方または両方を無効にできるようになりました。しかし、まだ完成したわけではありません。

試しにブラウザで顧客アカウントの新規登録フォームを開き、基本情報セクションの各フィールドに有効な値を入力し、自宅セクションを無効にしたまま「登録」ボタンをクリックしてみてください。Staff::CustomerForm クラスの home_address_params メソッドの中で例外 ActionController::ParameterMissing が発生するはずです。なぜなら、Strong Parameters によるフィルタリングで必須とされている home_address というキーがパラメータに含まれていないからです。

そこで、Staff::CustomerForm クラスのソースコードを次のように修正します。

リスト 18-7　app/forms/staff/customer_form.rb

```
 :
16      def assign_attributes(params = {})
17        @params = params
18 +      self.inputs_home_address = params[:inputs_home_address] == "1"
19 +      self.inputs_work_address = params[:inputs_work_address] == "1"
20
21        customer.assign_attributes(customer_params)
20 -      customer.home_address.assign_attributes(home_address_params)
21 -      customer.work_address.assign_attributes(work_address_params)
22 +
23 +      if inputs_home_address
24 +        customer.home_address.assign_attributes(home_address_params)
25 +      end
26 +
27 +      if inputs_work_address
28 +        customer.work_address.assign_attributes(work_address_params)
29 +      end
30      end
 :
```

まず、18～19行では2つのチェックボックスの On ／ Off の状態を表すパラメータの値（On なら"1"、Off なら"0"）から、inputs_home_address 属性と inputs_work_address 属性に値を true または false

をセットしています。

23〜25 行では、inputs_home_address 属性が true の場合にのみ、HomeAddress オブジェクトに値を割り当てるようにソースコードを書き換えています。27〜29 行でも同様の修正を行っています。

では、動作確認をしましょう。先ほどと同様に、顧客アカウント新規登録フォームで基本情報セクションの各フィールドに有効な値を入力し、そのまま「登録」ボタンをクリックしてください。すると、例外は発生しなくなりましたが別の問題が現れました。自宅住所セクションと勤務先セクションにバリデーションによるエラーメッセージが表示されるのです。

■ assign_attributes メソッドの書き換え (2)

この問題の解決は案外簡単で、Staff::CustomerForm クラスのソースコードを次のように修正するだけです。

リスト 18-8　app/forms/staff/customer_form.rb

```
 :
23        if inputs_home_address
24          customer.home_address.assign_attributes(home_address_params)
25 +      else
26 +        customer.home_address = nil
27        end
28
29        if inputs_work_address
30          customer.work_address.assign_attributes(work_address_params)
31 +      else
32 +        customer.work_address = nil
33        end
 :
```

しかし、根本的な解決ではありません。もう一度、顧客アカウントの新規登録フォームを開き、基本情報セクションに何か無効な値を入力して、そのまま「登録」ボタンをクリックしてください。すると、app/presenters/form_presenter.rb の 54 行目で例外 NoMethodError が発生します。

```
        object.errors.full_messages_for(name).each do |message|
```

object 属性が nil であるためです。私たちは Staff::CustomerForm オブジェクトを次の 2 つの処理のために使っています。

①HTML フォームの生成
②オブジェクトのバリデーション・保存

処理②で HomeAddress オブジェクトが邪魔になるからといって、それを消してしまっては処理①で支障が生じるのです。

■ assign_attributes メソッドの書き換え (3)

Staff::CustomerForm#assign_attributes メソッドの最終形は、次のようになります。

リスト 18-9　app/forms/staff/customer_form.rb

```
      :
23        if inputs_home_address
24          customer.home_address.assign_attributes(home_address_params)
25        else
26 -        customer.home_address = nil
26 +        customer.home_address.mark_for_destruction
27        end
28
29        if inputs_work_address
30          customer.work_address.assign_attributes(work_address_params)
31        else
32 -        customer.work_address = nil
32 +        customer.work_address.mark_for_destruction
33        end
      :
```

関連付けられたモデルオブジェクトに対して mark_for_destruction メソッドを呼び出すと、このオブジェクトには「削除対象」という“印”が付けられます。この印の付いたモデルオブジェクトは、親（私たちのケースでは Customer オブジェクト）が保存される際に、自動的にデータベースから削除されます（データベースが未保存なら単にバリデーションと保存の処理がスキップされます）。

ただし、この印付けの仕組みがうまく作用するためには、クラスメソッド has_one の autosave オプションに true が指定されている必要があります。

> クラスメソッド has_many にも autosave オプションがあり、これに true を指定すれば「削除対象」の印付けが有効になります。

では、最終的な動作確認のため、以下のようなさまざまな条件で顧客アカウントの新規登録・編集フォームに値を入力して「登録」ボタンまたは「更新」ボタンをクリックし、期待された結果になるかをチェックしてください。

1. 新規登録フォームで基本情報セクションのみに有効な値を入力する。
2. 新規登録フォームで基本情報セクションのみに無効な値を入力する。
3. 新規登録フォームですべてのセクションに有効な値を入力する。
4. 新規登録フォームですべてのセクションに無効な値を入力する。
5. 編集フォームで自宅住所セクションと勤務先セクションを無効にする。
6. 編集フォームですべてのセクションに有効な値を入力する。
7. 編集フォームですべてのセクションに無効な値を入力する。

5番目の条件による動作確認では、更新処理が完了した後で顧客詳細情報ページを開き、自宅住所と勤務先が削除されていることをチェックしてください。

18-1-3 Capybaraによるテスト

■ 既存シナリオの修正

顧客アカウントの新規登録・編集フォームに2つのチェックボックスを加えたため、Chapter 17で作成したCapybaraによるテストが失敗します。

```
$ rspec  ./spec/features/staff/customer_management_spec.rb
F..

Failures:

  1) 職員による顧客管理 職員が顧客、自宅住所、勤務先を追加する
     Failure/Error: expect(new_customer.home_address.postal_code).to eq("1000001")

     NoMethodError:
       undefined method ‘postal_code’ for nil:NilClass
     # ./spec/features/staff/customer_management_spec.rb:47:in ‘block (2 levels) in

Finished in 2.56 seconds (files took 0.83041 seconds to load)
3 examples, 1 failure
::::
```

2つのチェックボックスをOnにする操作をシナリオに加えます。

リスト 18-10 spec/features/staff/customer_management_spec.rb

```
 :
13      scenario "職員が顧客、自宅住所、勤務先を追加する" do
14        click_link "顧客管理"
15        first("div.links").click_link "新規登録"
16
17        fill_in "メールアドレス", with: "test@example.jp"
18        fill_in "パスワード", with: "pw"
19        fill_in "form_customer_family_name", with: "試験"
20        fill_in "form_customer_given_name", with: "花子"
21        fill_in "form_customer_family_name_kana", with: "シケン"
22        fill_in "form_customer_given_name_kana", with: "ハナコ"
23        fill_in "生年月日", with: "1970-01-01"
24        choose "女性"
25 +      check "自宅住所を入力する"
26        within("fieldset#home-address-fields") do
27          fill_in "郵便番号", with: "1000001"
28          select "東京都", from: "都道府県"
29          fill_in "市区町村", with: "千代田区"
30          fill_in "町域、番地等", with: "千代田 1-1-1"
31          fill_in "建物名、部屋番号等", with: ""
32        end
33 +      check "勤務先を入力する"
34        within("fieldset#work-address-fields") do
 :
```

テストが成功することを確認します。

```
$ rspec  ./spec/features/staff/customer_management_spec.rb
...

Finished in 2.4 seconds (files took 0.81718 seconds to load)
3 examples, 0 failures
:::::
```

■ シナリオの追加

次に、この節で行った修正の成果を確かめるシナリオを 1 つ追加します。

リスト 18-11　spec/features/staff/customer_management_spec.rb

```
 :
10        login_as_staff_member(staff_member)
11      end
12 +
13 +    scenario "職員が顧客（基本情報のみ）を追加する" do
14 +      click_link "顧客管理"
15 +      first("div.links").click_link "新規登録"
16 +      fill_in "メールアドレス", with: "test@example.jp"
17 +      fill_in "パスワード", with: "pw"
18 +      fill_in "form_customer_family_name", with: "試験"
19 +      fill_in "form_customer_given_name", with: "花子"
20 +      fill_in "form_customer_family_name_kana", with: "シケン"
21 +      fill_in "form_customer_given_name_kana", with: "ハナコ"
22 +      fill_in "生年月日", with: "1970-01-01"
23 +      choose "女性"
24 +      click_button "登録"
25 +
26 +      new_customer = Customer.order(:id).last
27 +      expect(new_customer.email).to eq("test@example.jp")
28 +      expect(new_customer.birthday).to eq(Date.new(1970, 1, 1))
29 +      expect(new_customer.gender).to eq("female")
30 +      expect(new_customer.home_address).to be_nil
31 +      expect(new_customer.work_address).to be_nil
32 +    end
33
34      scenario "職員が顧客、自宅住所、勤務先を追加する" do
 :
```

テストが成功することを確認します。

```
$ rspec  ./spec/features/staff/customer_management_spec.rb
...

Finished in 4.3 seconds (files took 0.79117 seconds to load)
4 examples, 0 failures
...
```

他にもさまざまな条件によるシナリオを作るべきところですが、紙幅の都合により割愛します。章末の「演習問題」にシナリオを作る問題がありますので、ぜひ挑戦してみてください。

18-2 顧客電話番号の管理 (1)

この節では、顧客の電話番号を記録する phones テーブルを作成した後で、顧客詳細ページに電話番号を表示するところまでを作ります。

18-2-1 電話番号管理機能の仕様

電話番号のデータ仕様を、以下のように定めます。

- 各顧客アカウントは 0〜2 個の個人電話番号を持つ。
- 顧客アカウントが自宅住所データを持つ場合、自宅住所に 0〜2 個の電話番号を関連付ける。
- 顧客アカウントが勤務先データを持つ場合、勤務先に 0〜2 個の電話番号を関連付ける。
- 電話番号は重複してもよい。
- 電話番号には「この電話に優先的に連絡する」という意味の優先フラグがある。
- 優先フラグが On である電話番号は、0 個以上何個存在してもよい。
- `number` カラムには入力されたとおりの電話番号(記号を含んでもよい)を保存し、`number_for_index` カラムには検索用の電話番号を保存する。

電話番号には 3 つの種類(個人電話番号、自宅電話番号、勤務先電話番号)がありますが、住所の場合と異なり持っているカラムが異なるわけではないし、関連付けによって容易に種類を判別できるので、単一テーブル継承は利用しません。

ユーザーインターフェースの仕様は、次のとおりです。

- 職員が顧客を新規登録・編集するフォームに、電話番号の入力欄と優先フラグのチェックボックスをそれぞれ 6 個(個人電話番号に 2 個、自宅電話番号に 2 個、勤務先電話番号に 2 個)設置する。
- 登録済みの電話番号を削除するには、該当する番号の入力欄を空にする。

18-2-2 phones テーブルと Phone モデル

■ マイグレーションスクリプト

phones テーブルのマイグレーションスクリプトと Phone モデルの骨組みを生成します。

```
$ bin/rails g model phone
```

Phone モデルの spec ファイルを削除します。

```
$ rm spec/models/phone_spec.rb
```

マイグレーションスクリプトを次のように書き換えます。

リスト 18-12　db/migrate/2019101000005_create_phones.rb

```
  :
 1    class CreatePhones < ActiveRecord::Migration[6.0]
 2      def change
 3        create_table :phones do |t|
 4 +        t.references :customer, null: false
 5 +        t.references :address
 6 +        t.string :number, null: false # 電話番号
 7 +        t.string :number_for_index, null: false # 索引用電話番号
 8 +        t.boolean :primary, null: false, default: false # 優先フラグ
 9
10          t.timestamps
11        end
12 +
13 +      add_index :phones, :number_for_index
14 +      add_foreign_key :phones, :customers
15 +      add_foreign_key :phones, :addresses
16      end
17    end
  :
```

customers テーブルと addresses テーブルとの間で関連付けが行われます。ただし、個人電話番号は addresses テーブルと関連付けされないので、address_id カラムには NULL 制約を課していません。

number_for_index カラムには、電話番号から数字以外の文字（+と-）を除去した文字列がセットさ

れます。本書の続編である『Ruby on Rails 6 実践ガイド［機能拡張編］』で実装される検索機能での使用を見越してカラムにインデックスを設定しています。

マイグレーションを実行します。

```
$ bin/rails db:migrate
```

■ Phone モデルの実装

Phone モデルのソースコードを次のように書き換えます。

リスト 18-13　app/models/phone.rb

```
   :
 1     class Phone < ApplicationRecord
 2 +     include StringNormalizer
 3 +
 4 +     belongs_to :customer, optional: true
 5 +     belongs_to :address, optional: true
 6 +
 7 +     before_validation do
 8 +       self.number = normalize_as_phone_number(number)
 9 +       self.number_for_index = number.gsub(/\D/, "") if number
10 +     end
11 +
12 +     before_create do
13 +       self.customer = address.customer if address
14 +     end
15 +
16 +     validates :number, presence: true,
17 +       format: { with: /\A\+?\d+(-\d+)*\z/, allow_blank: true }
18     end
   :
```

9 行目で number 属性の値から数字以外の文字（正規表現では\D）を gsub メソッドですべて除去し、number_for_index 属性にセットしています。

12〜14 行をご覧ください。

```
before_create do
  self.customer = address.customer if address
end
```

before_create ブロックには、このオブジェクトがデータベースに初めて保存される直前に実行されるべき処理を記述します。ここでは、このオブジェクトが Address オブジェクトと関連付けられている場合に、Customer オブジェクトとの関連付けを行っています。

16〜17 行では電話番号のバリデーションを行っています。

```
validates :number, presence: true,
  format: { with: /\A\+?\d+(-\d+)*\z/, allow_blank: true }
```

形式チェックに使用している正規表現は、先頭にプラス記号（+）が 0 個または 1 個あり、1 個以上の数字が並び、「マイナス記号（-）1 個と 1 個以上の数字」という組み合わせが 0 個以上並んで末尾に至る、という文字列に対するものです。「090-1234-5678」や「+81-3-1234-5678」や「110」などに合致します。

次に、Phone モデルの before_validation ブロックで使用されている normalize_as_phone_number メソッドを StringNormalizer モジュールに追加します。

リスト 18-14　app/models/concerns/string_normalizer.rb

```
 :
18      def normalize_as_postal_code(text)
19        NKF.nkf("-W -w -Z1", text).strip.gsub(/-/, "") if text
20      end
21 +
22 +    def normalize_as_phone_number(text)
23 +      NKF.nkf("-W -w -Z1", text).strip if text
24 +    end
25    end
```

処理内容は normalize_as_name メソッドとまったく同じですが、目的が異なるので流用せずに別メソッドとして定義することにしました。

18-2-3 顧客、自宅住所、勤務先との関連付け

■ Customer モデル

Customer モデルと Phone モデルを関連付けます。

リスト 18-15　app/models/customer.rb

```
 :
 6     has_one :home_address, dependent: :destroy, autosave: true
 7     has_one :work_address, dependent: :destroy, autosave: true
 8 +   has_many :phones, dependent: :destroy
 9 +   has_many :personal_phones, -> { where(address_id: nil).order(:id) },
10 +     class_name: "Phone", autosave: true
11
12     validates :gender, inclusion: { in: %w(male female), allow_blank: true }
 :
```

9～10行をご覧ください。

```
has_many :personal_phones, -> { where(address_id: nil).order(:id) },
  class_name: "Phone", autosave: true
```

記号`->`で`Proc`オブジェクトを作り、クラスメソッド`has_many`の第2引数に指定しています。この`Proc`オブジェクトは、関連付けの**スコープ**を示します。

Rails用語のスコープ（scope）は、モデルクラスの文脈では「検索の付帯条件」を意味します。9～10行の`has_many`メソッドは`personal_phones`という名前の関連付けを設定しています。基本的には、8行目で行われている関連付け`phones`と同様に`Phone`モデルと関連付けられています。ただし、個人電話番号だけを絞り込むために`where(address_id: nil)`という付帯条件を指定しています。

> 8～10行の記述によりCustomerクラスには、phonesとpersonal_phonesという2つのインスタンスメソッドが定義されます。前者は、顧客が持っているすべての電話番号（自宅電話番号、勤務先電話番号を含む）のリストを返します。後者は、顧客の個人電話番号（address_idカラムがNULLのレコード）だけを返します。

スコープには`order(:id)`のようなソート順も指定できます。フォームの中に電話番号が一定の順序で並ぶようにするためにこの指定を加えています。

なお、関連付け`phones`に`autosave`オプションが付いていないのは、自宅電話番号や勤務先電話番号の自動保存は`Address`モデル側で行われるからです。

■ Addressモデル

`Address`モデルのソースコードを次のように修正します。

リスト 18-16　app/models/address.rb

```
1    class Address < ApplicationRecord
2      include StringNormalizer
3
4      belongs_to :customer
5 +    has_many :phones, -> { order(:id) }, dependent: :destroy, autosave: true
6
7      before_validation do
:
```

5行目でクラスメソッド has_many を用いて、Address モデルと Phone モデルとの間に 1 対多の関連付けを行っています。第 2 引数にはスコープを表す Proc オブジェクトを指定しました。ここでは関連付けの範囲を絞り込むためではなく、ソート順を一定にする目的でスコープを用いています。

■ シードデータの投入

電話番号管理機能の動作確認を容易にするため、シードデータを増やしておきましょう。Customer オブジェクトを投入するスクリプトを次のように書き換えてください。

リスト 18-17　db/seeds/development/customers.rb

```
:
44         gender: m < 5 ? "male" : "female"
45       )
46 +     if m % 2 == 0
47 +       c.personal_phones.create!(number: sprintf("090-0000-%04d", n * 10 + m))
48 +     end
49       c.create_home_address!(
50         postal_code: sprintf("%07d", rand(10000000)),
51         prefecture: Address::PREFECTURE_NAMES.sample,
52         city: city_names.sample,
53         address1: "開発 1-2-3",
54         address2: "レイルズハイツ 301 号室"
55       )
56 +     if m % 10 == 0
57 +       c.home_address.phones.create!(number: sprintf("03-0000-%04d", n))
58 +     end
59       if m % 3 == 0
60         c.create_work_address!(
61           postal_code: sprintf("%07d", rand(10000000)),
62           prefecture: Address::PREFECTURE_NAMES.sample,
```

```
63          city: city_names.sample,
64          address1: "試験 4-5-6",
65          address2: "ルビービル 2F",
66          company_name: company_names.sample
67        )
68      end
69    end
70  end
```

47 行目をご覧ください。

```
      c.personal_phones.create!(number: sprintf("090-0000-%04d", n * 10 + m))
```

Customer オブジェクト c の personal_phones メソッドを呼び、さらに create! メソッドを呼んでいます。personal_phones メソッドの戻り値は ActiveRecord::Associations オブジェクトで、その create! メソッドは関連付け対象のオブジェクトを作成してデータベースに保存します。つまり、47 行目では Customer オブジェクト c に個人電話番号を追加する処理が行われています。

57 行目にもよく似たコードが書かれています。

```
      c.home_address.phones.create!(number: sprintf("03-0000-%04d", n))
```

Customer オブジェクト c の自宅住所に電話番号を追加しています。

```
$ bin/rails db:reset
```

18-2-4 顧客詳細ページへの電話番号の表示

顧客詳細ページに電話番号を表示します。まず、ERB テンプレートの本体を次のようにに書き換えてください。

リスト 18-18 app/views/staff/customers/show.html.erb

```
 :
13      <tr><th>更新日時</th><td class="date"><%= p1.updated_at %></td></tr>
14 +    <tr><th>個人電話番号 (1)</th><td><%= p1.personal_phones[0] %></td></tr>
15 +    <tr><th>個人電話番号 (2)</th><td><%= p1.personal_phones[1] %></td></tr>
16      <% if @customer.home_address %>
 :
```

```
23          <tr><th>建物名、部屋番号等</th><td><%= p2.address2 %></td></tr>
24 +        <tr><th>自宅電話番号 (1)</th><td><%= p2.phones[0] %></td></tr>
25 +        <tr><th>自宅電話番号 (2)</th><td><%= p2.phones[1] %></td></tr>
26        <% end %>
27        <% if @customer.work_address %>
 :
36          <tr><th>建物名、部屋番号等</th><td><%= p3.address2 %></td></tr>
37 +        <tr><th>勤務先電話番号 (1)</th><td><%= p3.phones[0] %></td></tr>
38 +        <tr><th>勤務先電話番号 (2)</th><td><%= p3.phones[1] %></td></tr>
39        <% end %>
40      </table>
41    </div>
 :
```

CustomerPresenter クラスのソースコードを次のように書き換えてください。

リスト 18-19　app/presenters/customer_presenter.rb

```
 :
33        end
34      end
35 +
36 +    def personal_phones
37 +      object.personal_phones.map(&:number)
38 +    end
39    end
```

AddressPresenter クラスのソースコードを次のように書き換えてください。

リスト 18-20　app/presenters/address_presenter.rb

```
 :
10        end
11      end
12 +
13 +    def phones
14 +      object.phones.map(&:number)
15 +    end
16    end
```

ブラウザで適当な顧客の詳細表示ページを開くと、図 18-3 のような画面が表示されます。

図 18-3　顧客詳細情報ページに電話番号を表示

18-3 顧客番号の管理 (2)

前節に引き続き、Baukis2 に顧客の電話番号を管理する機能を追加します。

18-3-1 個人電話番号の入力欄表示

顧客データの新規登録・編集フォームに個人電話番号の入力欄を 2 個表示するため、個人電話番号を 2 個未満しか持っていない顧客に不足分の Phone モデルを追加する処理を CustomerForm クラスに追加します。

リスト 18-21 app/forms/staff/customer_form.rb

```
 :
 7      def initialize(customer = nil)
 8        @customer = customer
 9        @customer ||= Customer.new(gender: "male")
10 +      (2 - @customer.personal_phones.size).times do
11 +        @customer.personal_phones.build
12 +      end
13        self.inputs_home_address = @customer.home_address.present?
14        self.inputs_work_address = @customer.work_address.present?
15        @customer.build_home_address unless @customer.home_address
16        @customer.build_work_address unless @customer.work_address
17      end
 :
```

次に、個人電話番号の入力欄を顧客データの新規登録・編集フォームに追加します。

リスト 18-22 app/views/staff/customers/_customer_fields.html.erb

```
 1    <%= f.fields_for :customer, f.object.customer do |ff| %>
 2      <%= markup do |m|
 3        p = CustomerFormPresenter.new(ff, self)
 4        p.with_options(required: true) do |q|
 5          m << q.text_field_block(:email, "メールアドレス", size: 32)
 6          m << q.password_field_block(:password, "パスワード", size: 32)
 7          m << q.full_name_block(:family_name, :given_name, "氏名")
 8          m << q.full_name_block(:family_name_kana, :given_name_kana, "フリガナ")
 9        end
10        m << p.birthday_field_block(:birthday, "生年月日")
11        m << p.gender_field_block
12 +      m.div(class: "input-block") do
13 +        m << p.decorated_label(:personal_phones, "電話番号")
14 +        m.ol do
15 +          p.object.personal_phones.each_with_index do |phone, index|
16 +            m << render("phone_fields", f: ff, phone: phone, index: index)
17 +          end
18 +        end
19 +      end
20      end %>
21    <% end %>
```

HTML の ol 要素を用いて、番号付きリストとして電話番号の入力欄を表示しています。

16行目をご覧ください。

```
m << render("phone_fields", f: ff, phone: phone, index: index)
```

部分テンプレートphone_fieldsに対して、フォームビルダー（ff）の他にPhoneオブジェクト（phone）と番号（index）を渡しています。これらの情報が、電話番号の入力欄を生成するのに必要となります。

ところで、13行目でFormPresenterクラスのdecorated_labelメソッドを呼び出していますが、これは現在privateメソッドとして定義されています。そのままではエラーになりますので、publicメソッドに昇格させましょう。app/presenters/form_presenter.rbを次のように修正してください。

リスト18-23 app/presenters/form_presenter.rb

```
  :
60      end
61
62 -    private def decorated_label(name, label_text, options = {})
62 +    def decorated_label(name, label_text, options = {})
63        label(name, label_text, class: options[:required] ? "required" : nil)
64      end
65    end
```

続いて、部分テンプレート_phone_fields.html.erbを新たに作成します。

リスト18-24 app/views/staff/customers/_phone_fields.html.erb (New)

```
1  <%= f.fields_for :phones, phone, index: index do |ff| %>
2    <%= markup(:li) do |m|
3      m << ff.text_field(:number)
4      m << ff.check_box(:primary)
5      m << ff.label(:primary, "優先")
6    end %>
7  <% end %>
```

これまでのfields_forメソッドと異なり、indexオプションが指定されています。このオプションに指定される値は、部分テンプレート_customer_fields.html.erbに由来します。関連部分（15～17行）はこうなっていましたね。

```
p.object.personal_phones.each_with_index do |phone, index|
  m << render("phone_fields", f: ff, phone: phone, index: index)
```

```
        end
```

下線を引いた部分のブロック引数 index には、0 と 1 が順にセットされます。この 0 と 1 が部分テンプレート _phone_fields.html.erb に渡されて fields_for メソッドの index オプションに指定されるのです。

このオプションの役割を理解するため、指定しなかった場合と指定した場合で何が変化するかを見てみましょう。

変化するのは input 要素の name 属性の値です。index オプションを指定しなかった場合、個人電話番号入力欄の name は form[customer][phones][number] となります。他方、index オプションに 0 を指定した場合、それが form[customer][phones][0][number] に変わります。個人電話番号の入力欄は 2 個存在するので、それらを識別するために index オプションの指定が必要なのです。

> 角括弧の中に数字を含むような値が name 属性に設定されたことにより、フォームから送信されるデータの構造が大きく変化します。このことが、次ページ以降で CustomorForm クラスを拡張する際の重要な要因となります。とりあえずは、name 属性の値に角括弧のペア（[ ]）が 4 個含まれる点と最後から 2 番目の角括弧の中に数字が入っている点を記憶して次に進んでください。

チェックボックスと右のラベルが水平に並ぶようにスタイルシートを変更します。

リスト 18-25　app/assets/stylesheets/staff/form.scss

```
 :
35        div.check-boxes, div.radio-buttons {
36          label {
37            display: inline-block;
38          }
39        }
40 +      input[type="checkbox"] + label {
41 +        display: inline-block;
42 +      }
43        div.buttons {
 :
```

では、ブラウザで表示の確認をしましょう。適当な顧客アカウントの編集フォームを開き、図 18-4 のように電話番号の入力欄と優先フラグのチェックボックスが 2 個ずつ表示されれば OK です。

顧客アカウントの新規登録フォームにおいても動作確認をしてください。

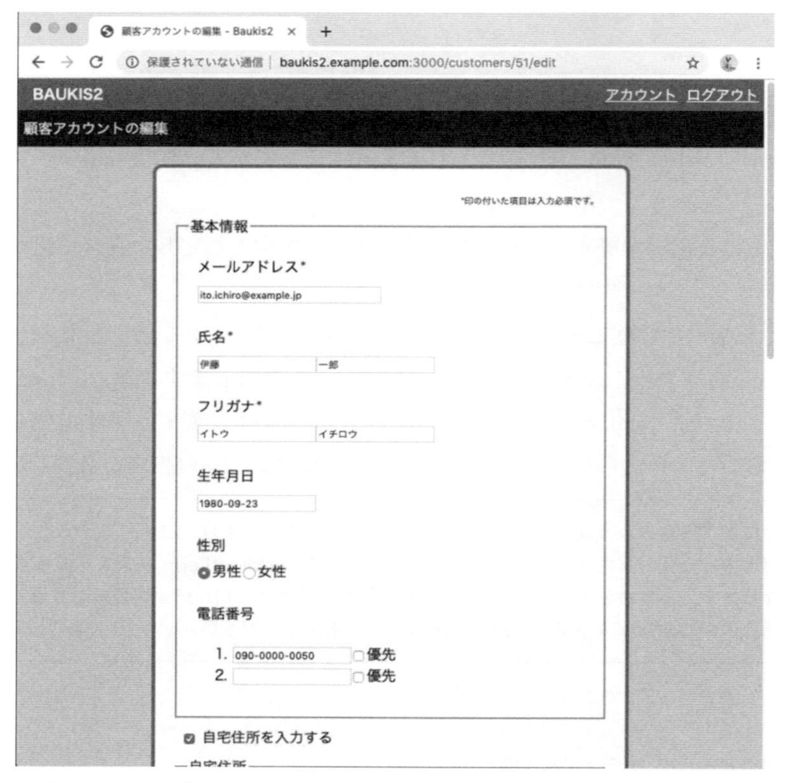

図 18-4　顧客アカウント編集フォームに個人電話番号入力欄を設置

18-3-2 個人電話番号の新規登録、更新、削除

■ CustomerForm クラスの拡張 (1)

フォームからの送信データを受けるコードを実装します。

リスト 18-26　app/forms/staff/customer_form.rb

```
 :
19    def assign_attributes(params = {})
20      @params = params
21      self.inputs_home_address = params[:inputs_home_address] == "1"
22      self.inputs_work_address = params[:inputs_work_address] == "1"
23
```

```
24       customer.assign_attributes(customer_params)
25 +     phones = phone_params(:customer).fetch(:phones)
26 +
27 +     customer.personal_phones.size.times do |index|
28 +       attributes = phones[index.to_s]
29 +       if attributes && attributes[:number].present?
30 +         customer.personal_phones[index].assign_attributes(attributes)
31 +       else
32 +         customer.personal_phones[index].mark_for_destruction
33 +       end
34 +     end
35
36       if inputs_home_address
 :
49     private def customer_params
50 -     @params.require(:customer).permit(
50 +     @params.require(:customer).except(:phones).permit(
51         :email, :password,
 :
63     private def work_address_params
64       @params.require(:work_address).except(:phones).permit(
65         :postal_code, :prefecture, :city, :address1, :address2,
66         :company_name, :division_name
67       )
68     end
69 +
70 +   private def phone_params(record_name)
71 +     @params.require(record_name)
72 +       .slice(:phones).permit(phones: [ :number, :primary ])
73 +   end
74   end
```

まず、63〜68 行の `work_address_params` メソッドと 70〜73 行に追加したメソッド `phone_params` を比較してください。2 つ構造上の違いがあります。1 つは引数の有無です。もう 1 つは、`permit` メソッドの引数の型が異なります。

`phone_params` メソッドが引数を取るのは、このメソッドを個人電話番号、自宅電話番号、勤務先電話番号で共用したいからです。その点を踏まえれば、`work_address_params` メソッドの間に本質的な違いはありません。

`permit` メソッドの引数の違いは、より重要です。`work_address_params` メソッドでは、`permit` メソッドの引数に許されるパラメータのリストを指定しています。他方、`phone_params` メソッドでは、`permit` メソッドに次のようなハッシュを指定しています。

```
{ phones: [ :number, :primary ] }
```

> permit メソッドの最後の引数であるため、ソースコード上はハッシュを示す中括弧（{ }）が省略されています。

この場合、Strong Parameters は phones パラメータの値として次の 4 つの条件を満たすものだけを許可します。

1. phones パラメータの値はハッシュである。
2. そのハッシュの各キーは、"0"、"1"、"2"などの数字である。
3. そのハッシュの各値は、ハッシュである。
4. 内側のハッシュの各キーは、"number"または"primary"である。

つまり、次のハッシュは phones パラメータの値として許されます。

```
{
  "0" => { "number" => "090-1234-5678", "primary" => "1" },
  "1" => { "number" => "", "primary" => "0" }
}
```

ただし、内側のハッシュに"number"または"primary"以外のキーが含まれていても、phones パラメータ全体が不許可になるわけではなく、内側のハッシュから不要なキーが取り除かれるだけです。

さて、Strong Parameters の振る舞いをもう一度検討しましょう。72 行目の permit メソッドに指定されたハッシュの:phones キーに指定されているのは [:number, :primary] という配列です。他方、フォームから送信されてくる phones パラメータの値は、二重入れ子構造を持つハッシュです。配列とハッシュ、ここに食い違いがあります。

実は、Strong Parameters はパラメータの中に含まれる数字のキーを持つハッシュを一種の"配列"として取り扱います。先ほど phones パラメータの値の例として挙げたハッシュの場合、Strong Parameters はそれをあたかも

```
[
  { "number" => "090-1234-5678", "primary" => "1" },
  { "number" => "", "primary" => "0" }
]
```

のような配列であるかのように見なします。そして、このような構造の“配列”を許可するには、

```
permit(phones: [ :number, :primary ])
```

という形で permit メソッドを呼び出すのです。

■ CustomerForm クラスの拡張 (2)

次に、CustomerForm クラスのソースコードの 25 行目をご覧ください。

```
      phones = phone_params(:customer).fetch(:phones)
```

式 phone_params(:customer) は、次のような構造のハッシュに相当する ActionController::Parameters オブジェクト（218ページ参照）を返します。

```
{
  phones: {
   "0" => { "number" => "090-1234-5678", "primary" => "1" },
   "1" => { "number" => "", "primary" => "0" }
  }
}
```

このオブジェクトに対して、fetch メソッドを呼び出すと引数に指定されたキーの値を返します。つまり、次のような構造のハッシュに相当する ActionController::Parameters オブジェクトを返します。

```
{
   "0" => { "number" => "090-1234-5678", "primary" => "1" },
   "1" => { "number" => "", "primary" => "0" }
}
```

これが 25 行目でローカル変数 phones にセットされます。

> ActionController::Parameters#fetch メソッドは、引数に指定されたキーが存在しない場合、例外 ActionController::ParameterMissing を引き起こします。

続いて、27～34 行をご覧ください。

```
      customer.personal_phones.size.times do |index|
        attributes = phones[index.to_s]
        if attributes && attributes[:number].present?
```

```
        customer.personal_phones[index].assign_attributes(attributes)
      else
        customer.personal_phones[index].mark_for_destruction
      end
    end
```

customer.personal_phones.size は常に 2 を返しますので、times ブロックは 2 回繰り返されます。ブロック引数 index には順に 0 と 1 がセットされます。28 行ではローカル変数 phones から、内側のハッシュを 1 個取り出しています。

> ローカル変数 phones の中身はハッシュで、そのキーは"0"、"1"のような数字です。そのため、28 行目では index.to_s のようにしてローカル変数 index の値を整数から数字に変換しています。

28 行目で、ローカル変数 attributes には次のようなハッシュ（正確に言えば、ActionController::Parameters オブジェクト）がセットされます。

```
{ "number" => "090-1234-5678", "primary" => "1" }
```

29〜33 行では、パラメータ number の値に中身があるかどうかで条件分岐しています。中身があれば assign_attributes メソッドで属性に値をセットし、空であれば mark_for_destruction メソッド（430ページ参照）でオブジェクトに「削除対象」のマークを付けます。

■ 動作確認

以下の項目について、ブラウザで動作確認してください。

- 個人電話番号を入力せずに、従来どおり顧客アカウントの新規登録ができる。
- 2 個の個人電話番号（1 個は優先フラグ付き）を持つ顧客アカウントの新規登録ができる。
- 2 個の個人電話番号を持つ顧客アカウントの編集フォームで、1 つの個人電話番号の入力欄を空にして「更新」ボタンをクリックすると、その顧客アカウントの個人電話番号は 1 個になる。

■ Capybara によるテスト

電話番号の管理機能を Capybara でテストしましょう。顧客管理機能の spec ファイル customer_management_spec.rb はファイルサイズが大きくなってきたので、新たに phone_management_spec.rb というファイルを作り、そこに「職員が顧客の電話番号を追加する」というシナリオを追加します。

リスト 18-27　spec/features/staff/phone_management_spec.rb (New)

```
 1  require "rails_helper"
 2
 3  feature "職員による顧客電話番号管理" do
 4    include FeaturesSpecHelper
 5    let(:staff_member) { create(:staff_member) }
 6    let!(:customer) { create(:customer) }
 7
 8    before do
 9      switch_namespace(:staff)
10      login_as_staff_member(staff_member)
11    end
12
13    scenario "職員が顧客の電話番号を追加する" do
14      click_link "顧客管理"
15      first("table.listing").click_link "編集"
16
17      fill_in "form_customer_phones_0_number", with: "090-9999-9999"
18      check "form_customer_phones_0_primary"
19      click_button "更新"
20
21      customer.reload
22      expect(customer.personal_phones.size).to eq(1)
23      expect(customer.personal_phones[0].number).to eq("090-9999-9999")
24    end
25  end
```

電話番号の入力欄にはラベルが付いていないため、17 行目では `fill_in` メソッドの引数に `input` 要素の `id` 属性の値を指定しています。18 行目の `check` メソッドも同様です。

テストを実行して、シナリオ 1 個が成功することを確認してください。

```
$ rspec spec/features/staff/phone_management_spec.rb
```

他にもテストすべきシナリオはたくさんありますが、紙幅の都合により割愛します。

18-3-3 自宅電話番号の新規登録、更新、削除

自宅電話番号の管理機能は、個人電話番号の管理機能とほぼ同様の考え方で実装できます。

■ 自宅電話番号の入力欄表示

フォームに自宅電話番号の入力欄を常に2個表示するため、CustomerForm オブジェクトを次のように修正します。

リスト 18-28 app/forms/staff/customer_form.rb

```
 :
 7       def initialize(customer = nil)
 8         @customer = customer
 9         @customer ||= Customer.new(gender: "male")
10         (2 - @customer.personal_phones.size).times do
11           @customer.personal_phones.build
12         end
13         self.inputs_home_address = @customer.home_address.present?
14         self.inputs_work_address = @customer.work_address.present?
15         @customer.build_home_address unless @customer.home_address
16         @customer.build_work_address unless @customer.work_address
17 +       (2 - @customer.home_address.phones.size).times do
18 +         @customer.home_address.phones.build
19 +       end
20       end
 :
```

17～19行で、自宅電話番号の数が2個になるまで Phone オブジェクトを自宅住所を関連付けています。10～12行の処理と同様の処理です。

フォームの自宅住所セクションに自宅電話番号の入力欄を追加します。

リスト 18-29 app/views/staff/customers/_home_address_fields.html.erb

```
 :
11         m << p.text_field_block(:address2, "建物名、部屋番号等", size: 40)
12 +       m.div(class: "input-block") do
13 +         m << p.decorated_label(:personal_phones, "電話番号")
14 +         m.ol do
15 +           p.object.phones.each_with_index do |phone, index|
16 +             m << render("phone_fields", f: ff, phone: phone, index: index)
17 +           end
18 +         end
19 +       end
20       end %>
21   <% end %>
 :
```

ブラウザで適当な顧客の編集フォームを開くと、図 18-5 のような画面が表示されます。

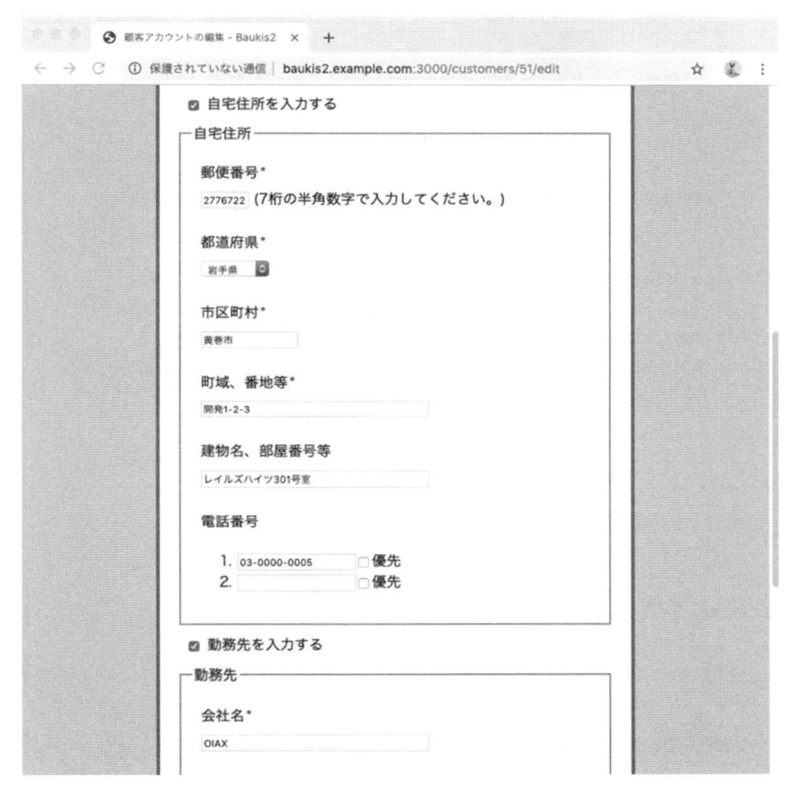

図 18-5　顧客アカウント編集フォームに自宅電話番号入力欄を設置

■ 自宅電話番号の新規登録、更新、削除

続いて、フォームから送信されるデータを処理するコードを実装します。

リスト 18-30　app/forms/staff/customer_form.rb

```
 :
39        if inputs_home_address
40          customer.home_address.assign_attributes(home_address_params)
41 +        phones = phone_params(:home_address).fetch(:phones)
42 +
43 +        customer.home_address.phones.size.times do |index|
44 +          attributes = phones[index.to_s]
```

```
45 +          if attributes && attributes[:number].present?
46 +            customer.home_address.phones[index].assign_attributes(attributes)
47 +          else
48 +            customer.home_address.phones[index].mark_for_destruction
49 +          end
50 +        end
51       else
52         customer.home_address.mark_for_destruction
53       end
 :
70     private def home_address_params
71 -     @params.require(:home_address).permit(
71 +     @params.require(:home_address).except(:phones).permit(
72         :postal_code, :prefecture, :city, :address1, :address2,
73       )
74     end
 :
```

ブラウザによる動作確認を行ってください。

■ Capybaraによるテスト

先ほど作ったspecファイルに「職員が顧客の自宅電話番号を追加する」シナリオを追加します。

リスト 18-31　spec/features/staff/phone_management_spec.rb

```
 :
23       expect(customer.personal_phones[0].number).to eq("090-9999-9999")
24     end
25 +
26 +   scenario "職員が顧客の自宅電話番号を追加する" do
27 +     click_link "顧客管理"
28 +     first("table.listing").click_link "編集"
29 +
30 +     fill_in "form_home_address_phones_0_number", with: "03-9999-9999"
31 +     check "form_home_address_phones_0_primary"
32 +     click_button "更新"
33 +
34 +     customer.reload
35 +     expect(customer.home_address.phones.size).to eq(1)
36 +     expect(customer.home_address.phones[0].number).to eq("03-9999-9999")
37 +   end
38 end
```

テストを実行して、シナリオ2個が成功することを確認してください。

```
$ rspec spec/features/staff/phone_management_spec.rb
..

Finished in 2.19 seconds (files took 2.54 seconds to load)
2 examples, 0 failures
```

18-4 演習問題

問題 1

顧客アカウントの新規登録・編集フォームにおいて、「自宅住所を入力する」チェックボックスの状態（On ／ Off）に応じて自宅住所セクション全体表示・非表示が切り替わるように、`app/javascript/staff/customer_form.js` を修正してください。なお、jQuery の`$`関数で選択された要素の表示・非表示を切り替えるには `toggle` メソッドを用いてください。引数に `true` を指定すれば表示され、`false` を指定すれば非表示になります。

問題 2

前問と同様に、「勤務先を入力する」チェックボックスの（On ／ Off）に応じて勤務先セクション全体表示・非表示が切り替わるようにしてください。

問題 3

職員が勤務先データのない既存顧客に会社名の情報を追加するシナリオを、`spec/features/staff/customer_management_spec.rb` に加え、テストが成功することを確認してください（ヒント：シナリオの冒頭で `customer.work_address.destroy` を実行すれば、シナリオの前提条件である「勤務先データのない既存顧客」を作り出すことができます）。

問題 4

職員が顧客の勤務先電話番号を新規登録、更新、削除する機能を実装してください。

問題 5

職員が既存の顧客アカウントに勤務先電話番号を追加するシナリオを spec/features/staff/phone_management_spec.rb に加え、テストが成功することを確認してください。

Appendix　演習問題解答

A-1　Chapter 5 解答

問題 1

```
$ pushd app/views/layouts
$ cp staff.html.erb admin.html.erb
$ cp staff.html.erb customer.html.erb
$ pushd app/assets/stylesheets
$ cp staff.css admin.css
$ cp staff.css customer.css
$ cp -r staff admin
$ cp -r staff customer
$ popd
```

リスト A-1　app/views/layouts/admin.html.erb

```
  :
8 -     <%= stylesheet_link_tag "staff", media: "all", "data-turbolinks-track": " >
reload" %>
8 +     <%= stylesheet_link_tag "admin", media: "all", "data-turbolinks-track": " >
reload" %>
  :
```

リスト A-2　app/views/layouts/customer.html.erb

```
  :
8 -     <%= stylesheet_link_tag "staff", media: "all", "data-turbolinks-track": " >
reload" %>
8 +     <%= stylesheet_link_tag "customer", media: "all", "data-turbolinks-track": " >
reload" %>
  :
```

リスト A-3　app/assets/stylesheets/admin.css

```
1    /*
2 -  *= require_tree ./staff
2 +  *= require_tree ./admin
3    */
```

リスト A-4　app/assets/stylesheets/customer.css

```
1    /*
2 -  *= require_tree ./staff
2 +  *= require_tree ./customer
3    */
```

リスト A-5　app/assets/stylesheets/admin/_colors.scss

```
  :
 8 -  /* シアン系 */
 8 +  /* マゼンタ系 */
 9
10 -  $dark_cyan: #448888;
10 +  $dark_magenta: #884488;
11 -  $very_dark_cyan: darken($dark_cyan, 25%);
11 +  $very_dark_magenta: darken($dark_magenta, 25%);
```

リスト A-6　app/assets/stylesheets/customer/_colors.scss

```
  :
 8 -  /* シアン系 */
 8 +  /* 黄色系 */
 9
10 -  $dark_cyan: #448888;
10 +  $dark_yellow: #888844;
11 -  $very_dark_cyan: darken($dark_cyan, 25%);
11 +  $very_dark_yellow: darken($dark_yellow, 25%);
```

リスト A-7　app/assets/stylesheets/admin/layout.scss

```
  :
19 -     background-color: $dark_cyan;
19 +     background-color: $dark_magenta;
  :
```

リスト A-8　app/assets/stylesheets/customer/layout.scss

```
  :
19 -     background-color: $dark_cyan;
19 +     background-color: $dark_yellow;
  :
```

リスト A-9　app/assets/stylesheets/admin/container.scss

```
  :
11 -         background-color: $very_dark_cyan;
11 +         background-color: $very_dark_magenta;
  :
```

リスト A-10　app/assets/stylesheets/customer/container.scss

```
  :
11 -         background-color: $very_dark_cyan;
11 +         background-color: $very_dark_yellow;
  :
```

問題 2

リスト A-11　config/initializers/assets.rb

```
1    Rails.application.config.assets.version = "1.0"
2    Rails.application.config.assets.paths << Rails.root.join("node_modules")
3 -  Rails.application.config.assets.precompile += %w( staff.css )
3 +  Rails.application.config.assets.precompile += %w( staff.css admin.css customer.css )
```

A-2　Chapter 7 解答

問題 1

```
$ bin/rails g model Administrator
```

リスト A-12　db/migrate/20190101000001_create_administrators.rb

```
 1   class CreateAdministrators < ActiveRecord::Migration[6.0]
 2     def change
 3       create_table :administrators do |t|
 4 +       t.string :email, null: false
 5 +       t.string :hashed_password
 6 +       t.boolean :suspended, null: false, default: false
 7
 8         t.timestamps
 9       end
10     end
11   end
```

問題 2

リスト A-13　db/migrate/20190101000001_create_administrators.rb

```
 :
 8         t.timestamps
 9       end
10 +
11 +     add_index :administrators, "LOWER(email)", unique: true
12     end
13   end
```

問題 3

```
$ bin/rails db:migrate
```

問題 4

リスト A-14　app/models/administrator.rb

```
 1   class Administrator < ApplicationRecord
```

```
2 +   def password=(raw_password)
3 +     if raw_password.kind_of?(String)
4 +       self.hashed_password = BCrypt::Password.create(raw_password)
5 +     elsif raw_password.nil?
6 +       self.hashed_password = nil
7 +     end
8 +   end
9   end
```

問題 5

リスト A-15　db/seeds/development/administrators.rb (New)

```
1   Administrator.create!(
2     email: "hanako@example.com",
3     password: "foobar"
4   )
```

リスト A-16　db/seeds.rb

```
1 - table_names = %w(staff_members)
1 + table_names = %w(staff_members administrators)
2
3   table_names.each do |table_name|
:
```

```
$ bin/rails db:reset
```

問題 6

リスト A-17　spec/models/administrator_spec.rb

```
1   require "rails_helper"
2
3   RSpec.describe Administrator, type: :model do
4 -   pending "add some examples to (or delete) #{__FILE__}"
4 +   describe "#password=" do
5 +     example "文字列を与えると、hashed_password は長さ 60 の文字列になる" do
6 +       member = Administrator.new
```

```
 7 +       member.password = "baukis"
 8 +       expect(member.hashed_password).to be_kind_of(String)
 9 +       expect(member.hashed_password.size).to eq(60)
10 +     end
11 +
12 +     example "nil を与えると、hashed_password は nil になる" do
13 +       member = Administrator.new(hashed_password: "x")
14 +       member.password = nil
15 +       expect(member.hashed_password).to be_nil
16 +     end
17 +   end
18   end
```

```
$ rspec spec/models/administrator_spec.rb
```

問題 7

リスト A-18　app/controllers/admin/base.rb (New)

```
 1  class Admin::Base < ApplicationController
 2    private def current_administrator
 3      if session[:administrator_id]
 4        @current_administrator ||=
 5          Administrator.find_by(id: session[:administrator_id])
 6      end
 7    end
 8
 9    helper_method :current_administrator
10  end
```

問題 8

リスト A-19　app/controllers/admin/top_controller.rb

```
 1 - class Admin::TopController < ApplicationController
 1 + class Admin::TopController < Admin::Base
 :
```

問題 9

リスト A-20　config/routes.rb

```
   :
 9     namespace :admin do
10       root "top#index"
11 +     get "login" => "sessions#new", as: :login
12 +     post "session" => "sessions#create", as: :session
13 +     delete "session" => "sessions#destroy"
14     end
   :
```

問題 10

リスト A-21　app/views/admin/shared/_header.html.erb

```
 1   <header>
 2     <span class="logo-mark">BAUKIS2</span>
 3 +   <%=
 4 +     if current_administrator
 5 +       link_to "ログアウト", :admin_session, method: :delete
 6 +     else
 7 +       link_to "ログイン", :admin_login
 8 +     end
 9 +   %>
10   </header>
```

リスト A-22　app/assets/stylesheets/admin/layout.scss

```
   :
17   header {
18     padding: $moderate;
19     background-color: $dark_magenta;
20     color: $very_light_gray;
21     span.logo-mark {
22       font-weight: bold;
23     }
24 +   a {
25 +     float: right;
26 +     color: $very_light_gray;
27 +   }
28   }
```

```
:
```

A-3 Chapter 8 解答

問題 1

```
$ mkdir -p app/forms/admin
$ cp app/forms/staff/login_form.rb app/forms/admin
```

リスト A-23 app/forms/admin/login_form.rb

```
1 - class Staff::LoginForm
1 + class Admin::LoginForm
2     include ActiveModel::Model
3
4     attr_accessor :email, :password
5   end
```

```
$ mkdir -p app/services/admin
```

リスト A-24 app/services/admin/authenticator.rb (New)

```
 1 class Admin::Authenticator
 2   def initialize(administrator)
 3     @administrator = administrator
 4   end
 5
 6   def authenticate(raw_password)
 7     @administrator &&
 8       @administrator.hashed_password &&
 9       BCrypt::Password.new(@administrator.hashed_password) == raw_password
10   end
11 end
```

```
$ cp app/controllers/staff/sessions_controller.rb app/controllers/admin
```

リスト A-25　app/controllers/admin/sessions_controller.rb

```
 1 - class Staff::SessionsController < Staff::Base
 1 + class Admin::SessionsController < Admin::Base
 2     def new
 3 -     if current_staff_member
 3 +     if current_administrator
 4 -       redirect_to :staff_root
 4 +       redirect_to :admin_root
 5       else
 6 -       @form = Staff::LoginForm.new
 6 +       @form = Admin::LoginForm.new
 7         render action: "new"
 8       end
 9     end
10
11     def create
12 -     @form = Staff::LoginForm.new(params[:staff_login_form])
12 +     @form = Admin::LoginForm.new(params[:admin_login_form])
13       if @form.email.present?
14 -       staff_member =
14 +       administrator =
15 -         StaffMember.find_by("LOWER(email) = ?", @form.email.downcase)
15 +         Administrator.find_by("LOWER(email) = ?", @form.email.downcase)
16       end
17 -     if Staff::Authenticator.new(staff_member).authenticate(@form.password)
17 +     if Admin::Authenticator.new(administrator).authenticate(@form.password)
18 -       if staff_member.suspended?
18 +       if administrator.suspended?
19           flash.now.alert = "アカウントが停止されています。"
20           render action: "new"
21         else
22 -         session[:staff_member_id] = staff_member.id
22 +         session[:administrator_id] = administrator.id
23           flash.notice = "ログインしました。"
24 -         redirect_to :staff_root
24 +         redirect_to :admin_root
25         end
26       else
27         flash.now.alert = "メールアドレスまたはパスワードが正しくありません。"
28         render action: "new"
29       end
30     end
31
32     def destroy
33 -     session.delete(:staff_member_id)
```

```
33 +      session.delete(:administrator_id)
34        flash.notice = "ログアウトしました。"
35 -      redirect_to :staff_root
35 +      redirect_to :admin_root
36      end
37    end
```

```
$ mkdir -p app/views/admin/sessions
$ cp app/views/staff/sessions/new.html.erb app/views/admin/sessions
```

リスト A-26　app/views/admin/session/new.html.erb

```
 :
 6 - <%= form_with model: @form, url: :staff_session do |f| %>
 6 + <%= form_with model: @form, url: :admin_session do |f| %>
 :
```

```
$ pushd app/assets/stylesheets/
$ cp staff/sessions.scss admin/
$ cp staff/flash.scss admin/
$ popd
```

リスト A-27　app/assets/stylesheets/admin/sessions.scss

```
 :
11 -       border: solid 4px $dark_cyan;
11 +       border: solid 4px $dark_magenta;
 :
16 -         color: $very_dark_cyan;
16 +         color: $very_dark_magenta;
 :
```

リスト A-28　app/assets/stylesheets/admin/_colors.scss

```
 :
10   $dark_magenta: #884488;
```

```
11   $very_dark_magenta: darken($dark_magenta, 25%);
12 +
13 + /* 赤系 */
14 + $red: #cc0000;
15 +
16 + /* 緑系 */
17 + $green: #00cc00;
```

リスト A-29　app/views/admin/shared/_header.html.erb

```
1   <header>
2     <span class="logo-mark">BAUKIS2</span>
3 +   <%= content_tag(:span, flash.notice, class: "notice") if flash.notice %>
4 +   <%= content_tag(:span, flash.alert, class: "alert") if flash.alert %>
```

問題 2

リスト A-30　spec/factories/administrators.rb (New)

```
1  FactoryBot.define do
2    factory :administrator do
3      sequence(:email) { |n| "admin#{n}@example.com" }
4      password { "pw" }
5      suspended { false }
6    end
7  end
```

問題 3

```
$ mkdir -p spec/services/admin
```

リスト A-31　spec/services/admin/authenticator_spec.rb (New)

```
1  require "rails_helper"
2
3  describe Admin::Authenticator do
4    describe "#authenticate" do
5      example "正しいパスワードなら true を返す" do
6        a = build(:administrator)
```

```
 7        expect(Admin::Authenticator.new(a).authenticate("pw")).to be_truthy
 8      end
 9
10      example "誤ったパスワードならfalseを返す" do
11        a = build(:administrator)
12        expect(Admin::Authenticator.new(a).authenticate("xy")).to be_falsey
13      end
14
15      example "パスワード未設定ならfalseを返す" do
16        a = build(:administrator, password: nil)
17        expect(Admin::Authenticator.new(a).authenticate(nil)).to be_falsey
18      end
19
20      example "停止フラグが立っていてもtrueを返す" do
21        a = build(:administrator, suspended: true)
22        expect(Admin::Authenticator.new(a).authenticate("pw")).to be_truthy
23      end
24    end
25  end
```

```
$ rspec spec/services/admin/authenticator_spec.rb
```

A-4　Chapter 9 解答

問題 1

Administration::ArticlesController の show アクション

問題 2

リスト A-32　config/routes.rb

```
    :
 18         resources :staff_members
 19       end
 20     end
 21
 22 -   namespace :customer do
 23 -     root "top#index"
 24 -   end
 22 +   constraints host: config[:customer][:host] do
```

```
23 +     namespace :customer, path: config[:customer][:path] do
24 +       root "top#index"
25 +     end
26 +   end
27   end
```

問題 3

リスト A-33　spec/routing/hostname_constraints_spec.rb

```
 :
20         action: "new"
21       )
22     end
23
24 +   example "顧客トップページ" do
25 +     config = Rails.application.config.baukis2
26 +     url = "http://#{config[:customer][:host]}/#{config[:customer][:path]}"
27 +     expect(get: url).to route_to(
28 +       host: config[:customer][:host],
29 +       controller: "customer/top",
30 +       action: "index"
31 +     )
32 +   end
33
34     example "ホスト名が対象外なら routable ではない" do
35       expect(get: "http://foo.example.jp").not_to be_routable
36     end
 :
```

```
$ rspec spec/routing/hostname_constraints_spec.rb
```

A-5　Chapter 12 解答

問題 1

リスト A-34　app/controllers/admin/base.rb

```
1  class Admin::Base < ApplicationController
2    before_action :authorize
```

```
 3 +   before_action :check_account
 4
 5     private def current_administrator
 :
```

リスト A-35　app/controllers/admin/base.rb

```
 :
17         redirect_to :admin_login
18       end
19     end
20 +
21 +   private def check_account
22 +     if current_administrator && current_administrator.suspended?
23 +       session.delete(:administrator_id)
24 +       flash.alert = "アカウントが無効になりました。"
25 +       redirect_to :admin_root
26 +     end
27 +   end
28   end
```

リスト A-36　spec/requests/admin/staff_members_management_spec.rb

```
 :
10     before do
11       post admin_session_url,
12         params: {
13           admin_login_form: {
14             email: administrator.email,
15             password: "pw"
16           }
17         }
18     end
19 +
20 +   describe "一覧" do
21 +     example "成功" do
22 +       get admin_staff_members_url
23 +       expect(response.status).to eq(200)
24 +     end
25 +
26 +     example "停止フラグがセットされたら強制的にログアウト" do
```

```
27 +       administrator.update_column(:suspended, true)
28 +       get admin_staff_members_url
29 +       expect(response).to redirect_to(admin_root_url)
30 +     end
31 +   end
32
33     describe "新規登録" do
 :
```

```
$ rspec spec/requests/admin/staff_members_management_spec.rb
```

問題 2

リスト A-37　app/controllers/admin/sessions_controller.rb

```
 :
23         else
24           session[:administrator_id] = administrator.id
25 +         session[:admin_last_access_time] = Time.current
26           flash.notice = "ログインしました。"
27           redirect_to :staff_root
28         end
 :
```

リスト A-38　app/controllers/admin/base.rb

```
1    class Admin::Base < ApplicationController
2      before_action :authorize
3      before_action :check_account
4 +    before_action :check_timeout
5
6      private def current_administrator
 :
```

リスト A-39　app/controllers/admin/base.rb

```
 :
26         redirect_to :admin_root
27       end
```

```
28       end
29 +
30 +     TIMEOUT = 60.minutes
31 +
32 +     private def check_timeout
33 +       if current_administrator
34 +         if session[:admin_last_access_time] >= TIMEOUT.ago
35 +           session[:admin_last_access_time] = Time.current
36 +         else
37 +           session.delete(:administrator_id)
38 +           flash.alert = "セッションがタイムアウトしました。"
39 +           redirect_to :admin_login
40 +         end
41 +       end
42 +     end
43     end
```

リスト A-40　spec/requests/admin/staff_members_management_spec.rb

```
 :
26         example "停止フラグがセットされたら強制的にログアウト" do
27           administrator.update_column(:suspended, true)
28           get admin_staff_members_url
29           expect(response).to redirect_to(admin_root_url)
30         end
31 +
32 +       example "セッションタイムアウト" do
33 +         travel_to Admin::Base::TIMEOUT.from_now.advance(seconds: 1)
34 +         get admin_staff_members_url
35 +         expect(response).to redirect_to(admin_login_url)
36 +       end
37       end
38
39       describe "新規登録" do
 :
```

```
$ rspec spec/requests/admin/staff_members_management_spec.rb
```

A-6　Chapter 13 解答

問題 1

リスト A-41　app/controllers/admin/staff_members_controller.rb

```
1    class Admin::StaffMembersController < Admin::Base
2      def index
3        @staff_members = StaffMember.order(:family_name_kana, :given_name_kana)
4 +        .page(params[:page])
5      end
:
```

リスト A-42　app/views/admin/staff_members/index.html.erb

```
:
6       <%= link_to "新規登録", :new_admin_staff_member %>
7     </div>
8 +
9 +   <%= paginate @staff_members %>
10
11    <table class="listing">
:
38    </table>
39 +
40 +  <%= paginate @staff_members %>
41
42    <div class="links">
:
```

A-7　Chapter 14 解答

問題 1

リスト A-43　app/models/staff_member.rb

```
:
11      self.given_name_kana = normalize_as_furigana(given_name_kana)
12    end
13 +
14 +  HUMAN_NAME_REGEXP = /\A[\p{han}\p{hiragana}\p{katakana}\u{30fc}A-Za-z]+\z/
15    KATAKANA_REGEXP = /\A[\p{katakana}\u{30fc}]+\z/
```

```
16
17      validates :email, presence: true, email: { allow_blank: true },
18        uniqueness: { case_sensitive: false }
19 -    validates :family_name, :given_name, presence: true
19 +    validates :family_name, :given_name, presence: true,
20 +      format: { with: HUMAN_NAME_REGEXP, allow_blank: true }
21      validates :family_name_kana, :given_name_kana, presence: true,
22        format: { with: KATAKANA_REGEXP, allow_blank: true }
 :
```

問題 2

リスト A-44 spec/models/staff_member_spec.rb

```
 :
46      describe "バリデーション" do
47        example "@を2個含むemailは無効" do
48          member = build(:staff_member, email: "test@@example.com")
49          expect(member).not_to be_valid
50        end
51 +
52 +      example "アルファベット表記のfamily_nameは有効" do
53 +        member = build(:staff_member, family_name: "Smith")
54 +        expect(member).to be_valid
55 +      end
56 +
57 +      example "記号を含むfamily_nameは無効" do
58 +        member = build(:staff_member, family_name: "試験")
59 +        expect(member).not_to be_valid
60 +      end
61
62        example "漢字を含むfamily_name_kanaは無効" do
 :
```

```
$ rspec spec/models/staff_member_spec.rb
```

A-8　Chapter 15 解答

問題 1

リスト A-45　app/presenters/staff_member_presenter.rb

```
 1    class StaffMemberPresenter < ModelPresenter
 2      delegate :suspended?, to: :object
 3 +
 4 +    def full_name
 5 +      object.family_name + " " + object.given_name
 6 +    end
 7 +
 8 +    def full_name_kana
 9 +      object.family_name_kana + " " + object.given_name_kana
10 +    end
11
12      # 職員の停止フラグの On/Off を表現する記号を返す。
```

リスト A-46　app/views/admin/staff_members/index.html.erb

```
 :
21        <% @staff_members.each do |m| %>
22          <% p = StaffMemberPresenter.new(m, self) %>
23          <tr>
24 -          <td><%= m.family_name %> <%= m.given_name %></td>
25 -          <td><%= m.family_name_kana %> <%= m.given_name_kana %></td>
24 +          <td><%= p.full_name %></td>
25 +          <td><%= p.full_name_kana %></td>
26            <td class="email"><%= m.email %></td>
27            <td class="date"><%= m.start_date.strftime("%Y/%m/%d") %></td>
28            <td class="date"><%= m.end_date.try(:strftime, "%Y/%m/%d") %></td>
 :
```

問題 2

リスト A-47　app/views/staff/accounts/_form.html.erb

```
1 - <div class="notes">
2 -   <span class="mark">*</span> 印の付いた項目は入力必須です。
3 - </div>
4 - <div>
5 -   <%= f.label :email, "メールアドレス", class: "required" %>
```

```
  :
15 -    <%= f.text_field :family_name_kana, required: true %>
16 -    <%= f.text_field :given_name_kana, required: true %>
17 -  </div>
 1 +  <%= markup do |m|
 2 +    p = StaffMemberFormPresenter.new(f, self)
 3 +    m << p.notes
 4 +    p.with_options(required: true) do |q|
 5 +      m << q.text_field_block(:email, "メールアドレス", size: 32)
 6 +      m << q.full_name_block(:family_name, :given_name, "氏名")
 7 +      m << q.full_name_block(:family_name_kana, :given_name_kana, "フリガナ")
 8 +    end
 9 +  end %>
```

リスト A-48　app/assets/stylesheets/staff/form.scss

```
  :
24            color: $red;
25          }
26        }
27 +      div.input-block {
28 +        input { margin-right: $narrow * 2; }
29 +      }
30        div.notes {
  :
```

A-9　Chapter 18 解答

問題 1

リスト A-49　app/javascript/staff/customer_form.js

```
1    function toggle_home_address_fields() {
2      const checked = $("input#form_inputs_home_address").prop("checked");
3      $("fieldset#home-address-fields input").prop("disabled", !checked);
4      $("fieldset#home-address-fields select").prop("disabled", !checked);
5 +    $("fieldset#home-address-fields").toggle(checked);
6    }
  :
```

問題 2

リスト A-50　app/javascript/staff/customer_form.js

```
  :
  8     function toggle_work_address_fields() {
  9       const checked = $("input#form_inputs_work_address").prop("checked");
 10       $("fieldset#work-address-fields input").prop("disabled", !checked);
 11       $("fieldset#work-address-fields select").prop("disabled", !checked);
 12 +     $("fieldset#work-address-fields").toggle(checked);
 13     }
  :
```

問題 3

リスト A-51　spec/features/staff/customer_management_spec.rb

```
  :
106         expect(page).to have_css(
107           "div.field_with_errors input#form_home_address_postal_code")
108       end
109 +
110 +     scenario "職員が勤務先データのない既存顧客に会社名の情報を追加する" do
111 +       customer.work_address.destroy
112 +       click_link "顧客管理"
113 +       first("table.listing").click_link "編集"
114 +
115 +       check "勤務先を入力する"
116 +       within("fieldset#work-address-fields") do
117 +         fill_in "会社名", with: "テスト"
118 +       end
119 +       click_button "更新"
120 +
121 +       customer.reload
122 +       expect(customer.work_address.company_name).to eq("テスト")
123 +     end
124     end
```

```
$ rspec spec/features/staff/customer_management_spec.rb
```

問題 4

リスト A-52　app/forms/staff/customer_form.rb

```
:
55      if inputs_work_address
56        customer.work_address.assign_attributes(work_address_params)
57 +      phones = phone_params(:work_address).fetch(:phones)
58 +
59 +      customer.work_address.phones.size.times do |index|
60 +        attributes = phones[index.to_s]
61 +        if attributes && attributes[:number].present?
62 +          customer.work_address.phones[index].assign_attributes(attributes)
63 +        else
64 +          customer.work_address.phones[index].mark_for_destruction
65 +        end
66 +      end
67      else
68        customer.work_address.mark_for_destruction
69      end
:
86    private def work_address_params
87 -    @params.require(:work_address).permit(
87 +    @params.require(:work_address).except(:phones).permit(
88        :postal_code, :prefecture, :city, :address1, :address2,
89        :company_name, :division_name
90      )
91    end
:
```

リスト A-53　app/forms/staff/customer_form.rb

```
:
16      @customer.build_work_address unless @customer.work_address
17      (2 - @customer.home_address.phones.size).times do
18        @customer.home_address.phones.build
19      end
20 +    (2 - @customer.work_address.phones.size).times do
21 +      @customer.work_address.phones.build
22 +    end
23    end
:
```

リスト A-54　app/views/staff/customers/_work_address_fields.html.erb

```
  :
11      m << p.text_field_block(:address2, "建物名、部屋番号等", size: 40)
12 +    m.div(class: "input-block") do
13 +      m << p.decorated_label(:work_phones, "電話番号")
14 +      m.ol do
15 +        p.object.phones.each_with_index do |phone, index|
16 +          m << render("phone_fields", f: ff, phone: phone, index: index)
17 +        end
18 +      end
19 +    end
20    end %>
21  <% end %>
```

問題 5

リスト A-55　spec/features/staff/phone_management_spec.rb

```
  :
36      expect(customer.home_address.phones[0].number).to eq("03-9999-9999")
37    end
38 +
39 +  scenario "職員が顧客の勤務先電話番号を追加する" do
40 +    click_link "顧客管理"
41 +    first("table.listing").click_link "編集"
42 +
43 +    fill_in "form_work_address_phones_0_number", with: "03-9999-9999"
44 +    check "form_work_address_phones_0_primary"
45 +    click_button "更新"
46 +
47 +    customer.reload
48 +    expect(customer.work_address.phones.size).to eq(1)
49 +    expect(customer.work_address.phones[0].number).to eq("03-9999-9999")
50 +  end
51  end
```

```
$ rspec spec/features/staff/phone_management_spec.rb
```

索引

Symbols

A

B

C

D

E

F

G

H

I

J

K

L

M

N

O

P

R

S

T

U

V

W

X

Y

あ

い

え

お

か

● 著者プロフィール

黒田　努（くろだ　つとむ）

東京大学教養学部卒、同大学院総合文化研究科博士課程満期退学。ギリシャ近現代史専攻。専門調査員として、在ギリシャ日本国大使館に 3 年間勤務。中学生の頃に出会ったコンピュータの誘惑に負け、IT 業界に転身。株式会社ザッパラス技術部長、株式会社イオレ取締役副社長を経て、技術コンサルティングと IT 教育を事業の主軸とする株式会社オイアクスを設立。また、2011 年末に Ruby on Rails によるウェブサービス開発事業の株式会社ルビキタスを知人と共同で設立し、同社代表に就任。2019 年、株式会社オイアクスの社名を株式会社コアジェニックに変更し、関数型言語 Elixir を使った新規 Web サービス Teamgenik（チームジェニック）の事業を開始。

- 株式会社コアジェニック: https://coregenik.com
- 株式会社ルビキタス: https://rubyquitous.co.jp
- Twitter: tkrd_oiax
- Facebook: https://www.facebook.com/oiax.jp

● 執筆協力

藤山啓子、新真理、根上健

● スタッフ

AD ／装丁：岡田 章志＋ GY

イラスト：亀谷里美

本文デザイン／制作／編集：TSUC

本書のご感想をぜひお寄せください	
https://book.impress.co.jp/books/1118101134	
読者登録サービス CLUB impress	アンケート回答者の中から、抽選で**商品券（1万円分）**や**図書カード（1,000円分）**などを毎月プレゼント。当選は賞品の発送をもって代えさせていただきます。

■ 商品に関する問い合わせ先

インプレスブックスのお問い合わせフォームより入力してください。

https://book.impress.co.jp/info/

上記フォームがご利用頂けない場合のメールでの問い合わせ先

info@impress.co.jp

- ●本書の内容に関するご質問は、お問い合わせフォーム、メールまたは封書にて書名・ISBN・お名前・電話番号と該当するページや具体的な質問内容、お使いの動作環境などを明記のうえ、お問い合わせください。
- ●電話やFAX等でのご質問には対応しておりません。なお、本書の範囲を超える質問に関しましてはお答えできませんのでご了承ください。
- ●インプレスブックス（https://book.impress.co.jp/）では、本書を含めインプレスの出版物に関するサポート情報などを提供しておりますのでそちらもご覧ください。
- ●該当書籍の奥付に記載されている初版発行日から3年が経過した場合、もしくは該当書籍で紹介している製品やサービスについて提供会社によるサポートが終了した場合は、ご質問にお答えしかねる場合があります。

■ 落丁・乱丁本などの問い合わせ先

TEL 03-6837-5016 FAX 03-6837-5023

service@impress.co.jp

（受付時間／10:00-12:00、13:00-17:30 土日、祝祭日を除く）

●古書店で購入されたものについてはお取り替えできません。

■書店／販売店の窓口

株式会社インプレス 受注センター

TEL 048-449-8040

FAX 048-449-8041

株式会社インプレス 出版営業部

TEL 03-6837-4635

ルビーオンレイルズシックス　ジッセン

Ruby on Rails 6 実践ガイド

2019年12月21日　初版発行

著　者　黒田努（くろだ　つとむ）

発行人　小川 亨

編集人　高橋隆志

発行所　株式会社インプレス
〒101-0051 東京都千代田区神田神保町一丁目105番地
ホームページ https://book.impress.co.jp/

本書は著作権法上の保護を受けています。本書の一部あるいは全部について（ソフトウェア及びプログラムを含む）、株式会社インプレスから文書による許諾を得ずに、いかなる方法においても無断で複写、複製することは禁じられています。

Copyright © 2019 Tsutomu Kuroda All rights reserved.

印刷所　大日本印刷株式会社

ISBN978-4-295-00805-7 C3055

Printed in Japan